高等学校计算机应用规划教材

MATLAB R2007
基础教程

刘慧颖　编著

清华大学出版社

北　京

内 容 简 介

本书基于 MATLAB R2007，详细介绍了 MATLAB R2007 的基本用法，包括利用 MATLAB 进行科学计算、编写程序、绘制图形等。本书共分 13 章，包括 MATLAB R2007b 简介、基本使用方法、数组和数组运算、矩阵的代数运算、MATLAB 的数学运算、字符串、单元数组和结构体、MATLAB R2007b 程序设计、MATLAB 的符号计算功能、MATLAB 绘图、句柄图形、GUI(图形用户接口)设计、Simulink 的建模与仿真、文件和数据的导入与导出。本书重点介绍 MATLAB 的基础应用，以简练的语言和代表性的实例向读者介绍 MATLAB 的功能和使用方法，为初识 MATLAB 的用户提供指导。本书对 MATLAB 的常用函数和功能进行了详细的介绍，并通过实例及大量的图形进行说明。此外，本书每章都配有习题，辅助读者学习 MATLAB。

本书结构清晰、内容详尽，可以作为理工科院校相关专业的教材，也可以作为 MATLAB 初、中级用户学习的参考书。

本书电子教案、实例源文件和习题答案可以到 http://www.tupwk.com.cn/downpage/index.asp 网站下载。

图书在版编目(CIP)数据

MATLAB R2007 基础教程/刘慧颖 编著. —北京：清华大学出版社，2008.7（2021.8重印）
(高等学校计算机应用规划教材)
ISBN 978-7-302-18014-2

Ⅰ.M… Ⅱ.刘… Ⅲ.计算机辅助计算—软件包，MATLAB R2007—高等学校—教材 Ⅳ.TP391.75

中国版本图书馆 CIP 数据核字(2008)第 095938 号

责任编辑： 胡辰浩　袁建华
装帧设计： 孔祥峰
责任校对： 成凤进
责任印制： 杨　艳

出版发行： 清华大学出版社
　　　　　　网　　址：http://www.tup.com.cn，http://www.wqbook.com
　　　　　　地　　址：北京清华大学学研大厦 A 座　　邮　　编：100084
　　　　　　社 总 机：010-62770175　　　　　　邮　　购：010-62786544
　　　　　　投稿与读者服务：010-62776969，c-service@tup.tsinghua.edu.cn
　　　　　　质 量 反 馈：010-62772015，zhiliang@tup.tsinghua.edu.cn
印 装 者： 北京富博印刷有限公司
经　　销： 全国新华书店
开　　本： 185mm×260mm　　**印　张：** 23.25　　**字　数：** 537 千字
版　　次： 2008 年 7 月第 1 版　　**印　次：** 2021 年 8 月第 13 次印刷
定　　价： 68.00元

产品编号：028907-03

前　言

　　MATLAB 是当前最优秀的科学计算软件之一，也是许多科学领域中分析、应用和开发的基本工具。MATLAB 的全称是 Matrix Laboratory，是由美国 Mathworks 公司于上世纪 80 年代推出的数学软件，最初它是一种专门用于矩阵运算的软件，经过多年的发展，MATLAB 已经发展成为一种功能全面的软件，几乎可以解决科学计算中的所有问题。而且 MATLAB 编写简单、代码效率高等优点使得 MATLAB 在通信、信号处理、金融计算等领域都已经被广泛应用。

　　MATLAB R2007b 为 2007 年的最新版本。新版本在原有版本的基础上，升级了 Simulink 等模块，增加了新功能，并支持 Windows Vista 等操作系统，进一步增强了系统的功能及稳定性。本书详细介绍了 MATLAB R2007b 的功能和使用方法，并且按照由浅入深的顺序安排章节，依次介绍了 MATLAB R2007b 的基本应用、数学计算功能及高级应用，如编程功能、绘图、GUI 设计及 Simulink 建模等。通过详细介绍各功能中的常用函数、函数的使用方法，并讲解这些函数的具体应用，来使读者掌握这些功能。每一章的开始部分简要介绍本章的基本内容，并且指定学习目标，使读者能够明确学习任务。课后配有习题，课后习题紧扣每章内容，通过这些习题的训练，读者可以加深对 MATLAB 的了解，更加熟悉 MATLAB 的应用。通过阅读此书，读者可以快速、全面掌握 MATLAB R2007b 的使用方法，通过书中的实例及课后的习题训练，可以达到熟练应用和融会贯通。

　　本书内容共有 13 章。第 1 章介绍 MATLAB 的发展历史、基本功能特点和软件使用界面；第 2 章介绍 MATLAB 数学计算基本使用方法，包括 MATLAB 的常用数学函数、数据类型、操作函数及 MATLAB 脚本文件等，熟悉 MATLAB 的基本运算功能；第 3 章介绍 MATLAB 中的一维、二维和多维数组的创建、数组的基本运算、数组的常用操作；第 4 章介绍 MATLAB 中向量、数组的代数运算，包括矩阵运算、矩阵线性代数以及稀疏矩阵的相关操作；第 5 章介绍 MATLAB 的数学计算功能，包括函数运算、数据插值及微分方程求解等；第 6 章介绍 MATLAB 的其他数据结构，包括字符串、单元数组和结构体，为 MATLAB 编程及更多功能的实现打下基础；第 7 章介绍 MATLAB 程序设计，包括 MATLAB 程序设计的基本语法、规则及程序调试、程序优化和异常处理等；第 8 章介绍 MATLAB 的符号运算工具箱，包括功能和实现等；第 9 章介绍 MATLAB 绘图，绘图是 MATLAB 的一个重要特点，主要介绍基本的图形绘制、绘制图形的常用操作、特殊图形的绘制等内容；第 10 章介绍 MATLAB 句柄图形，为学习 MATLAB 图形用户接口(GUI)设计做好准备；第 11 章介绍 MATLAB GUI 设计；第 12 章介绍 Simulink，主要是介绍 Simulink 建模的基本操作、Simulink 的功能模块库以及 S 函数；第 13 章介绍 MATLAB 中的常用输入输出操作。

　　本书是多人智慧的结晶，除封面署名的作者外，参与编写的人员还有郑艳君、王毅、姜辉、王丙峰、王国贤、周友文、赵梅、陈道允、汤杰、李秀竹、董宇飞、王庆海、李启阳、王玮、王立文等。由于时间较紧，书中难免有错误与不足之处，恳请专家和广大读者批评指正。在编写本书的过程中参考了相关文献，在此向这些文献的作者深表感谢。我们的信箱是 huchenhao@263.net。

作　者

2008 年 4 月

目 录

第1章 MATLAB R2007简介

MATLAB 是一种将数据结构、编程特性以及图形用户界面完美地结合到一起的软件。MATLAB 的核心是矩阵和数组，在 MATLAB 中，所有数据都是以数组的形式来表示和存储的。MATLAB 中提供了常用的矩阵代数运算功能，同时还提供了非常广泛和灵活的数组运算功能，用于数据集的处理。MATLAB 的编程特性与其他高级语言类似，熟悉其他语言(如 Fortran 和 C 语言)的用户可以很快掌握 MATLAB 编程。同时它还可以与 Fortran 和 C 语言混合编程，进一步扩展了它的功能。在图形可视化方面，MATLAB 提供了大量绘图函数，方便用户进行图形绘制，同时 MATLAB 提供了图形用户接口(GUI)，通过 GUI，用户可以进行可视化编程。

本章主要介绍 MATLAB 的一些基本知识，主要包括 MATLAB 的功能、发展历史以及 MATLAB R2007 的新功能等，由于 MATLAB 软件在不断地更新，所以，还介绍了获取 MATLAB 最新信息的途径。另外，本章将对 MATLAB 的界面及路径管理等进行介绍。

本章学习目标

- ☑ 了解 MATLAB 语言的基本功能和特点
- ☑ 了解 MATLAB 的基本界面
- ☑ 了解 MATLAB 的路径搜索

1.1 MATLAB 简介

MATLAB 是 MathWorks 公司用 C 语言开发的软件，其中的矩阵算法来自 Linpack 和 Eispack 课题的研究成果。本节主要介绍 MATLAB 的整体情况及其特点。

1.1.1 初识 MATLAB

MATLAB 作为一种高级科学计算软件，是进行算法开发、数据可视化、数据分析以及数值计算的交互式应用开发环境。世界上许多科研工作者都在使用 MATLAB 产品来加快他们的科研进程，缩短数据分析和算法开发的时间，研发出更加先进的产品和技术。相对于传统的 C、C++或者 Fortran 语言，MATLAB 提供了高效快速解决各种科学计算问题的方法。目前，MATLAB 产品已经被广泛认可为科学计算领域内的标准软件之一。

MATLAB 可以被广泛地应用于不同领域，例如信号与图像处理、控制系统设计与仿真、通信系统设计与仿真、测量测试与数据采集、金融数理分析以及生物科学等。在 MATLAB 中内嵌了丰富的数学、统计和工程计算函数，使用这些函数进行问题的分析解答，无论是问题的提出还是结果的表达都采用工程师习惯的数学描述方法，这一特点使 MATLAB 成为了数学分析、算法开发及应用程序开发的良好环境。MATLAB 是 MathWorks 产品家族中所有产品的基础。附加的工具箱扩展 MATLAB 基本环境用于解决特定领域的工程问题。MATLAB 有以下几个特点：

- 高级科学计算语言。
- 代码、数据文件的集成管理环境。
- 算法设计开发的交互式工具。
- 用于线性代数、统计、傅立叶分析、滤波器设计、优化和数值计算的基本数学函数。
- 2-D 和 3-D 数据可视化。
- 创建自定义工程师图形界面的工具。
- 与第三方算法开发工具—— C/C++、FORTRAN、Java、COM、Microsoft Excel——集成开发基于 MATLAB 的算法。

1.1.2 MATLAB 的基本功能

MATLAB 将高性能的数值计算和可视化功能集成，并提供了大量的内置函数，从而被广泛地应用于科学计算、控制系统和信息处理等领域的分析、仿真和设计工作，而且利用 MATLAB 产品的开放式结构，可以很容易地对 MATLAB 的功能进行扩充，从而在不断深化对问题认识的同时，不断完善 MATLAB 产品以提高产品自身的竞争能力。

目前 MATLAB 的基本功能如下：

1. 数学计算功能

MATLAB 的数学计算功能是 MATLAB 的重要组成部分，也是最基础的部分，包括矩阵运算、数值运算以及各种算法。

2. 图形化显示功能

MATLAB 可以将数值计算的结果通过图形化的界面显示出来，包括 2D 和 3D 界面。

3. M 语言编程功能

用户可以在 MATLAB 中使用 M 语言编写脚本文件或者函数来实现用户所需要的功能，而且 M 语言语法简单，方便于学习和使用。

4. 编译功能

MATLAB 可以通过编译器将用户自己编写的 M 文件或者函数生成函数库，支持 Java 语言编程，提供 COM 服务和 COM 控制，输入输出各种 MATLAB 及其他标准格式的数据文件。通过这些功能，使得 MATLAB 能够同其他高级编程语言混合使用，大大提高了实用性。

5. 图形用户界面开发功能

利用图形化的工具创建图形用户界面开发环境(GUIDE)，支持多种界面元素：按钮 (PUSH BUTTON)、单选按钮(RADIO BUTTON)、复选框(CHECK BOXES)、滑块 (SLIDERS)、文本编辑框(EDIT BOX)和 ActiveX 控件，并提供界面外观、属性、行为响应等设置方式来实现相应的功能。利用图形界面，用户可以很方便地和计算机进行交流。

6. Simulink 建模仿真功能

Simulink 是 MATLAB 的重要组成部分，可以用来对各种动态系统进行建模、分析和仿真。Simulink 包含了强大的功能模块，而且利用简单的图形拖拽、连线等操作构建出系统框图模型，同时，Simulink 与基于有限状态机理论的 Stateflow 紧密集成，可以针对任何能用数学来描述的系统进行建模。

7. 自动代码生成功能

自动代码生成工具主要有 Real-Time Workshop 和 Stateflow Coder，通过代码生成工具可以直接将 Simulink 与 Stateflow 建立的模型转化为简捷可靠的程序代码，操作简单，整个代码生成的过程都是自动完成的，极大地方便了用户。

1.1.3　获取 MATLAB 的新信息

MATLAB 正处于不断的发展中，每年 MathWorks 公司定期发布 MATLAB 的新版本。MATLAB R2007b 更新了多个产品模块，添加新的特性，增加了对 64 位 Windows 操作系统的支持，推出了.NET 工具箱。用户可以通过登录网站 http://www.mathworks.com/ 了解 MATLAB 的最新信息。

1.2　MATLAB R2007b 用户界面概述

MATLAB 的用户界面包含 6 个常用窗口和大量功能强大的工具按钮。对这些窗口和工具的认识是掌握和应用 MATLAB R2007b 的基础。本节将介绍这些窗口和工具的基本知识。

1.2.1 启动 MATLAB R2007b

在正确完成安装并重新启动计算机之后，选择"开始"|"所有程序"| MATLAB| R2007b | MATLAB R2007b 命令(如图 1-1 所示)，或者直接双击桌面上的 MATLAB 图标，启动 MATLAB R2007b。

图 1-1　通过开始菜单启动 MATLAB

1.2.2 MATLAB R2007b 的主界面

MATLAB 的默认窗口如图 1-2 所示，其中包括菜单栏、工具栏、命令窗口、历史命令窗口、工作区浏览器和当前目录浏览器等。

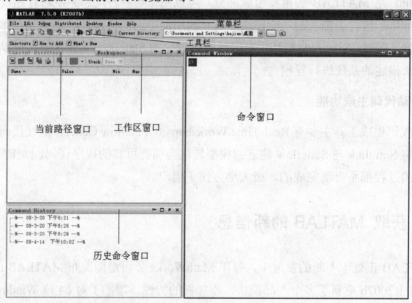

图 1-2　MATLAB 的主界面

用户可以通过 Desktop 菜单改变该界面，选择显示或隐藏的窗口，还可以改变窗口的大小、位置、风格等。

1.2.3 MATLAB R2007b 的主菜单及其功能

主菜单栏位于 MATLAB 主窗口的最上层，如图 1-3 所示，主菜单栏各菜单项及其下拉菜单的功能与界面介绍如下。

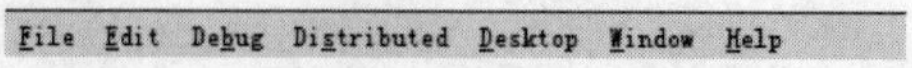

File　Edit　Debug　Distributed　Desktop　Window　Help

图 1-3　MATLAB 主菜单栏

1. File 菜单项

在 MATLAB 主窗口中，单击 File 主菜单项，或者按下 Alt+F 键，即会弹出如图 1-4 所示的 File 下拉菜单栏。

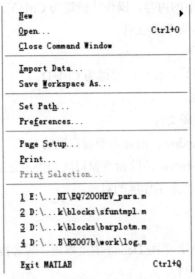

图 1-4　File 菜单栏

对应图 1-4，对 File 菜单中每项的介绍如下。

(1) New：用于建立新的 .m 文件、图形、模型和图形用户界面。

(2) Open：用于打开 MATLAB 的 .m、.mat、.mdl 等文件，Ctrl+O 是其快捷键。

(3) Close Command Window：关闭命令窗口。

(4) Import Data：用于从其他文件导入数据。

(5) Save Workspace As：选择路径，并将工作区的数据存放到所选路径的文件上。

(6) Set Path：设置工作路径。

(7) Preferences：设置命令窗口的属性。

(8) Page Setup：页面设置。

(9) Print：打印属性设置。

(10) Exit MATLAB：退出，Ctrl+Q 是其快捷键。

注释：

Exit MATLAB 选项上方按序号标记的 4 个 .m 文件表示的是调用文件的历史记录。

2. Edit 菜单项

在 MATLAB 的主窗口中，单击 Edit 主菜单项，或者按下 Alt+E 键，即会弹出如图 1-5 所示的 Edit 下拉菜单栏。

对应图 1-5，对 Edit 菜单中每项的介绍如下。

(1) Undo：撤销上一步操作，操作快捷键为 Ctrl+Z。

(2) Redo：重新执行上一步操作。

(3) Cut：剪切选中的对象，操作快捷键为 Ctrl+W。

(4) Copy：复制选中的对象，操作快捷键为 Alt+W。

(5) Paste：粘贴剪贴板中的内容，操作快捷键为 Ctrl+Y。

(6) Paste to Workspace：复制到工作区。

(7) Select All：全部选择。

(8) Delete：删除选中对象，操作快捷键为 Ctrl+D。

(9) Find：查找所选对象。

(10) Find Files：查找所需文件。

(11) Clear Command Window：清除命令窗口区的对象。

(12) Clear Command History：清除命令窗口区的历史记录。

(13) Clear Workspace：清除工作区的对象。

3. Debug 菜单项

在 MATLAB 的主窗口中，单击 Debug 主菜单项，或者按下"Alt+B"键，即会弹出如图 1-6 所示的 Debug 下拉菜单栏。

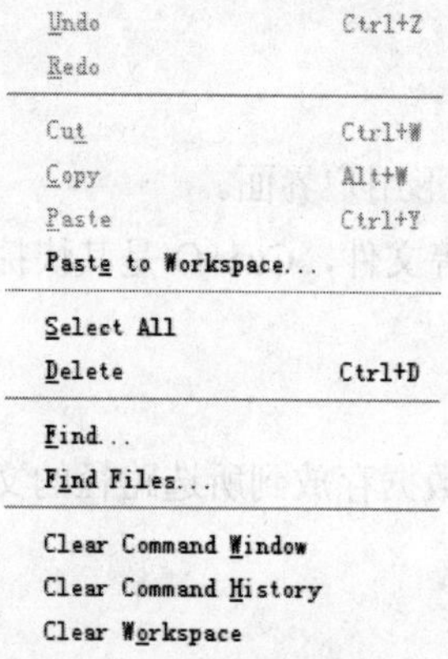

图 1-5   Edit 菜单栏 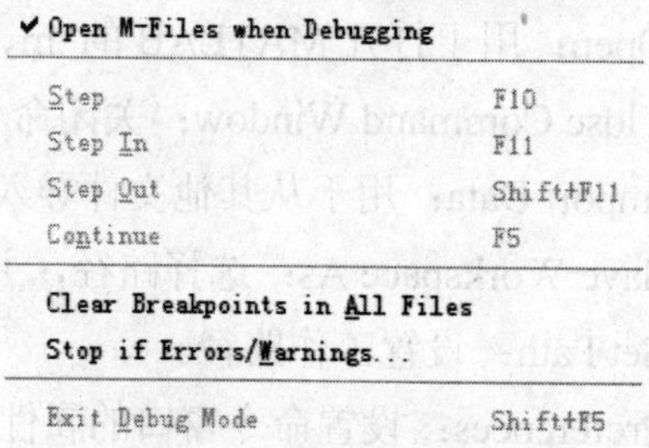   图 1-6   Debug 菜单栏

对应图 1-6，对 Debug 菜单中每项的介绍如下。

(1) Open M-Files when Debugging：调试时打开 M 文件。

(2) Step：单步调试，操作快捷键为 F10。

(3) Step in：单步调试时进入子程序，操作快捷键为 F11。

(4) Step out：单步调试时跳出子程序，操作快捷键为 Shift+F11。

(5) Continue：使程序执行到下一断点，操作快捷键为 F5。

(6) Clear Breakpoints in All Files：清除所有打开文件中的断点。

(7) Stop if Errors/Warnings：当程序出现错误或者警告时，停止执行。

(8) Exit Debug Mode：退出调试，操作快捷键为 Shift+ F5。

4. Distributed 菜单栏

在 MATLAB 的主窗口中，单击 Distributed 主菜单项，或者按下 Alt+S 键，即会弹出如图 1-7 所示的 Distributed 下拉菜单栏。

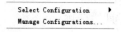

图 1-7　Distributed 菜单栏

对应图 1-7，对 Distributed 菜单中每项的介绍如下：

(1) Select Configuration：配置选择。

(2) Manage Configurations：配置管理。

5. Desktop 菜单栏

在 MATLAB 的主窗口中，单击 Desktop 主菜单项，或者按下 Alt+D 键，即会弹出如图 1-8 所示的 Desktop 下拉菜单栏。

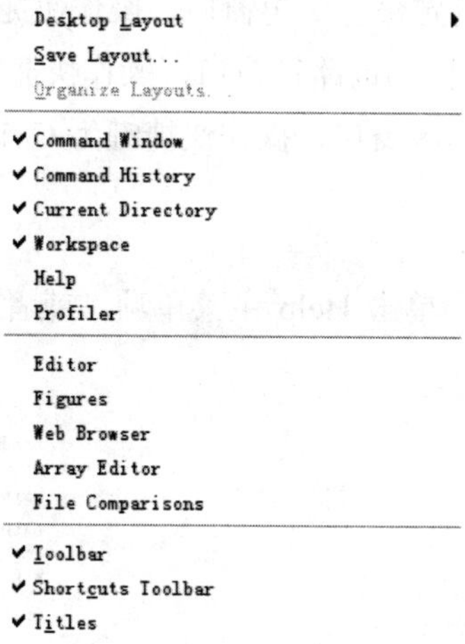

图 1-8　Desktop 菜单栏

对应图 1-8，对 Desktop 菜单中每项的介绍如下。

(1) Desktop Layout：工作区设置。

(2) Save Layouts：保存工作区设置。

(3) Organize Layouts：管理保存的工作区设置。

(4) Command Window：显示命令窗口。

(5) Command History：显示历史窗口。

(6) Current Directory：显示当前路径窗口。

(7) Workspace：显示工作区。

(8) Help：显示帮助窗口。

(9) Profiler：显示轮廓图窗口。

(10) Editor：显示 M 文件编辑窗口。

(11) Figures：显示图形窗口。

(12) Web Browser：显示网络浏览器窗口。

(13) Array Editor：显示矩阵编辑器窗口。

(14) File Comparisons：显示文件对比窗口。

(15) Toolbar：显示或者隐藏工具栏选项。

(16) Shortcuts Toolbar：显示或者隐藏快捷方式选项。

(17) Titles：显示或者隐藏标题栏选项。

6. Window 菜单栏

在 MATLAB 的主窗口中，单击 Window 主菜单项，或者按下 Alt+W 键，即会弹出如图 1-9 所示的 Window 下拉菜单栏。

对应图 1-9，对 Window 菜单中每项的介绍如下。

(1) Close All Documents：关闭所有文档。

(2) 0 Command Window：选定命令窗口，操作快捷键为 Ctrl+0。

(3) 1 Command History：选定命令历史窗口，操作快捷键为 Ctrl+1。

(4) 2 Current Directory：选定当前路径窗口，操作快捷键为 Ctrl+2。

(5) 3 Workspace：选定工作区窗口，操作快捷键为 Ctrl+3。

7. Help 菜单栏

在 MATLAB 的主窗口中，单击 Help 主菜单项，或者按下 Alt+H 键，即会弹出如图 1-10 所示的 Help 下拉菜单栏。

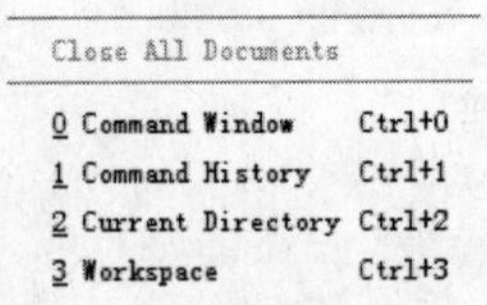

```
Close All Documents

0 Command Window      Ctrl+0
1 Command History     Ctrl+1
2 Current Directory   Ctrl+2
3 Workspace           Ctrl+3
```

```
Product Help

Using the Desktop
Using the Command Window

Web Resources              ▶
Check for Updates

Demos

Terms of Use
Patents

About MATLAB
```

图 1-9　Window 菜单栏 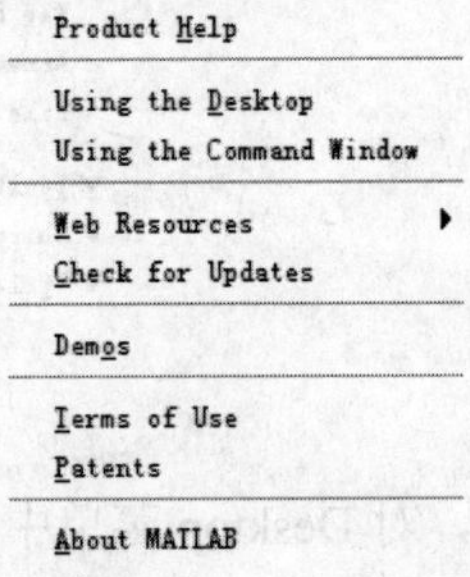　　　　　　　图 1-10　Help 菜单栏

对应图 1-10，对 Help 菜单中每项的介绍如下。

(1) Product Help：产品帮助手册。

(2) Using the Desktop：介绍使用 Desktop。

(3) Using the Command Window：介绍命令窗口。

(4) Web Resources：网络资源。

(5) Check for Updates：检查软件是否更新。

(6) Demos：范例程序。

(7) Terms of Use：使用说明。

(8) Patents：专利说明。

(9) About MATLAB：显示有关 MATLAB 的信息。

1.2.4　MATLAB R2007b 的窗口

MATLAB R2007b 的主要窗口有 4 个，分别为命令窗口、命令历史窗口、工作区窗口和当前路径窗口，如图 1-2 所示。

本节主要内容是对 MATLAB 工作界面的这些窗口进行介绍。

1. 命令窗口

打开 MATLAB 时，命令窗口自动显示于 MATLAB 界面中，如图 1-2 中右侧的主窗口。命令窗口是和 MATLAB 编译器连接的主要窗口。">>"为运算提示符，表示 MATLAB 处于准备状态，用户可以输入命令，按下 Enter 键执行，并在命令窗口中显示运行结果。如可在命令窗口中输入如下内容：

```
>> x=[-5:5];
>> y=x.^2
```

得到结果为：

```
y =
    25   16    9    4    1    0    1    4    9   16   25
```

继续输入命令以绘制 x-y 的图形，如下所示：

```
>> plot(x,y)
```

得到的图形如图 1-11 所示。

2. 命令历史窗口

默认情况下命令历史窗口位于左下角，显示用户曾经输入过的命令，并显示输入的时间，方便用户查询。对于命令历史窗口中的命令，用户可以在某节点上单击右键，在弹出的快捷菜单中选择命令进行相应的操作，如图 1-12 所示，或者双击再次执行。

3.工作区窗口

工作区窗口与当前路径窗口共享一块空间，可以通过标签显示或隐藏。工作区窗口中显示当前工作区中的所有变量及其大小和类型等。通过工作区可以对这些变量进行管理。工作区的界面如图 1-13 所示，其中包含了工作区工具栏和显示窗口。通过工具栏可以新建或删除变量、导入导出数据、绘制变量的图形等。另外右键单击变量名可以对该变量进行操作，如图 1-14 所示。

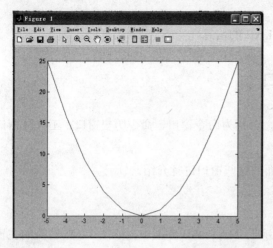

图 1-11　通过 MATLAB 命令窗口绘制图形示例

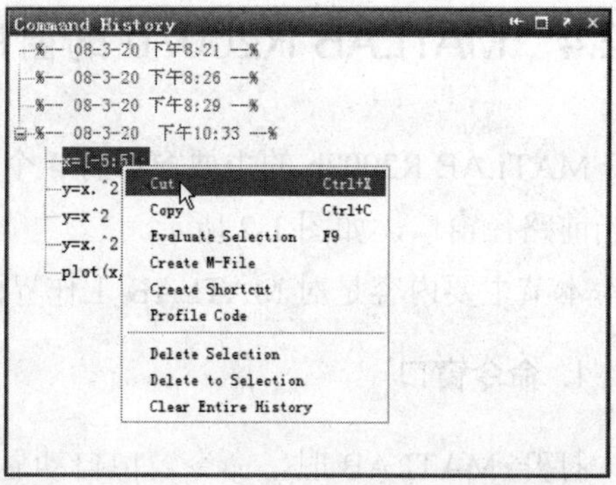

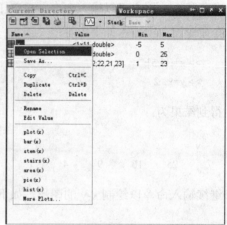

图 1-12　MATLAB 的历史命令窗口操作

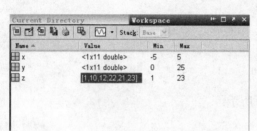

图 1-13　MATLAB 工作区

图 1-14　对 MATLAB 工作区的操作

4. 当前路径窗口

当前路径窗口显示当前路径下的所有文件和文件夹及其相关信息，并且可以通过当前路径工具栏或单击右键打开的快捷菜单对这些文件进行操作，如图 1-15 所示。

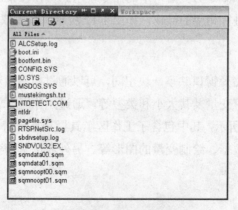

图 1-15　MATLAB 当前路径窗口

1.3　MATLAB R2007b 的路径搜索

MATLAB 中有一个专门用于寻找 M 文件的路径搜索器，用于查找文件系统中的 M 文件。在默认情况下，MATLAB 的搜索路径包含 MATLAB 产品中的全部文件。在 MATLAB 中所有要运行的命令必须存在于搜索路径中，或者存在于当前文件夹中。本节介绍 MATLAB 的路径搜索。

1.3.1　MATLAB R2007b 的当前目录

查看 MATLAB 当前路径的方式有两种：查看工具栏中的当前路径栏，或者在命令窗口中输入查看命令，如下所示。

```
>> cd
C:\MATLAB\R2007b\work
```

用户可以通过工具栏中的当前路径工具改变当前路径，如图 1-16 所示。

图 1-16　改变当前路径

1.3.2　MATLAB R2007b 的路径搜索

1. 路径设置

除 MATLAB 默认的搜索路径外，用户还可以设置其他搜索路径。设置方法为：选择 MATLAB 窗口中的 File | Set Path 命令，打开路径搜索对话框，如图 1-17 所示。用户可以单击 Add Folder 或者 Add With Subfolders 按钮添加选中目录或者添加选中目录及其子目录。单击后，打开浏览文件夹对话框，选择待添加的路径。

下面介绍路径设置中的常用函数及用法。

在命令窗口中输入 path 命令可以查看 MATLAB 中的搜索路径，如下所示。

```
>> path
    MATLABPATH
C:\MATLAB\R2007b\toolbox\matlab\general

C:\MATLAB\R2007b\toolbox\matlab\ops
C:\MATLAB\R2007b\toolbox\matlab\lang
C:\MATLAB\R2007b\toolbox\matlab\elmat
C:\MATLAB\R2007b\toolbox\matlab\elfun
```

C:\MATLAB\R2007b\toolbox\matlab\specfun

C:\MATLAB\R2007b\toolbox\matlab\matfun

C:\MATLAB\R2007b\toolbox\matlab\datafun

……

图 1-17   MATLAB 路径搜索对话框

用户可以通过 path('newpath')命令改变搜索路径，其中的路径为字符串。或者在命令窗口中输入 editpath 命令或 pathtool 命令，打开 Set Pathc 路径设置对话框。

2. MATLAB 的搜索顺序

当在命令窗口中或者一个 M 文件中输入一个元素名称时，MATLAB 按照下面的顺序搜索该元素的意义，以元素 foo 为例进行介绍。

(1) 查找工作区中是否存在名为 foo 的变量。

(2) 在当前路径中查找是否存在名为 foo.m 的文件。

(3) 按照顺序查找搜索路径中是否存在该文件。如果存在多个名为 foo.m 的文件，则调用首先查到的文件。

因此，在为变量和函数命名时，须考虑 MATLAB 的路径搜索顺序，合理地为变量和函数命名，保证程序的正确运行。

1.4 习　　题

1. 阐述 MATLAB 的功能。

2. 访问 http://www.mathworks.com/，了解 MATLAB 的更多信息。

3. 认识并了解 MATLAB 的各窗口，查看其中的菜单及工具栏的内容。

4. 查看 MATLAB 的当前路径，将其设置为 MATLAB 根目录。

第2章 基本使用方法

如前所述，MATLAB R2007b 具有功能强大、简便、直观等优点。本章将介绍 MATLAB R2007b 的基本使用方法，包括其简单操作、数据类型、操作符、常用数学函数和 MATLAB 脚本文件等。用户在学习完本章的内容后，可以进行基本的数学运算，能够解决学习和科研中遇到的数学问题，能够编写简单的脚本文件。

本章学习目标

☑ 有限速率化学反应模型的应用
☑ 掌握利用 MATLAB R2007b 的命令窗口进行简单的数学运算
☑ 掌握常用的操作命令和快捷键
☑ 了解 MATLAB R2007b 的数据类型
☑ 了解 MATLAB R2007b 的操作符
☑ 了解 MATLAB R2007b 的基本数学函数
☑ 了解 MATLAB R2007b 脚本编程

2.1 简单的数学运算

2.1.1 最简单的计算器使用法

MATLAB R2007b 的命令窗口为用户提供了一个很好的交互平台，当命令窗口处于激活状态时，会出现 ">>" 提示符。用户可以在提示符后面输入命令或直接输入数学表达式进行运算。

下面介绍几种基本数学计算方法。

1. 直接输入法

在命令窗口中直接输入数学表达式，按 Enter 键即可得到运算结果。

例 2-1 圆柱体的底面半径为 5，高为 10，计算该圆柱体的底面积和体积。

在 MATLAB 中直接输入表达式：

```
>> 0.5*pi*5^2
ans =
    39.2699
>> 0.5*pi*5^2*10
ans =
    392.6991
>>
```

当没有将结果赋予一个变量时，MATLAB 自动为结果赋予暂时变量名 ans，即 answer。

2. 存储变量法

例 2-2　使用存储变量法再次求解例 2-1。

首先计算圆柱体的底面积，再利用底面积和高计算圆柱体的体积。如下所示：

```
>> s= 0.5*pi*5^2
s =
    39.2699
>> v=s*10
v =
    392.6991
>>
```

在本例中，计算圆柱体的底面积时，将结果保存为 s，在求体积时直接利用该结果，避免了重复计算，并且思路清晰，运算过程一目了然。

在大多数情况下，MATLAB 对空格不予处理，因此在书写表达式时，可以利用空格调整表达式的格式，使表达式更易于阅读。在 MATLAB 表达式中，遵守四则运算法则，与通常法则相同。即运算从左到右进行，乘法和除法优先于加减法，指数运算优先于乘除法，括号的运算级别最高；在有多重括号存在的情况下，从括号的最里边向最外边逐渐扩展。需要注意的是，在 MATLAB 中只用小括号代表运算级别，中括号只用于生成向量和矩阵，花括号用于生成单元数组。

2.1.2　MATLAB 中的常用数学函数

MATLAB 提供了一系列的函数支持基本的数学运算，这些函数中的大多数调用格式和我们平时的书写习惯一致，方便用户记忆和书写。

例 2-3　已知三角形的三条边长度分别 1、2、$\sqrt{3}$，求长度为 1 和 2 的两条边的夹角大小。

利用余弦定理进行求解。在命令窗口中输入如下命令：

```
>> a=1;b=2;c=sqrt(3);
>> cos_alpha = (a^2 + b^2 -c^2) / (2*a*b)
cos_alpha =
    0.5000
```

```
>> alpha=acos(cos_alpha)
alpha =
    1.0472
>> alpha=alpha*180/pi
alpha =
    60.0000
```

该例中首先计算夹角的余弦，然后通过反余弦函数求该角的大小，得到值为弧度，因此将其转化为角度。或者使用函数 acosd 返回该角的度数。在命令窗口中输入如下内容：

```
>> clear alpha;
>> alpha=acosd(cos_alpha)
alpha =
    60.0000
>>
```

可见，返回的结果与上面相同，但是直接返回了该角的度数。

MATLAB 提供的基本初等函数包括三角函数(表 2-1)、指数函数和对数函数(表 2-2)、复数函数(表 2-3)、取整和求余函数(表 2-4)、坐标变换函数(表 2-5)、数理函数(表 2-6)和一些特殊函数。限于篇幅，对于其他函数这里不再一一介绍，仅在下列表中给出这些函数的名称和功能。

表 2-1 MATLAB 三角函数表

函 数 名	描 述
acos / acosd	反余弦函数，返回值为弧度/角度
acot / acotd	反余切函数，返回值为弧度/角度
acsc / acscd	反余割函数，返回值为弧度/角度
asec / asecd	反正割函数，返回值为弧度/角度
asin / asind	反正弦函数，返回值为弧度/角度
atan / atand	反正切函数，返回值为弧度/角度
cos / cosd	余弦函数，输入值为弧度/角度
cot / cotd	余切函数，输入值为弧度/角度
csc / cscd	余割函数，输入值为弧度/角度
sec / secd	正割函数，输入值为弧度/角度
sin / sind	正弦函数，输入值为弧度/角度
tan / tand	正切函数，输入值为弧度/角度
atan2	四个象限内反正切
acosh / cosh	(反)双曲余弦函数
acoth / coth	(反)双曲余切函数
acsch / csch	(反)双曲余割函数
asech / sech	(反)双曲正割函数
asinh / sinh	(反)双曲正弦函数
atanh / tanh	(反)双曲正切函数

表 2-2　指数函数和对数函数表

函　数　名	描　　述
^	乘方运算符
exp	求幂(以 e 为底)
expm1	指数减 1(即 exp(x)-1)
log	求自然对数(以 e 为底)
log10	求以 10 为底的对数
log1p	求 x+1 的自然对数
log2	求以 2 为底的对数，用于浮点数分割
nthroot	返回实数的 n 次根
pow2	求以 2 为底的幂
reallog	求非负实数的自然对数
realpow	求非负实数的乘方
realsqrt	求非负实数的平方根
sqrt	求平方根
nextpow2	求最小的 p，使得不 2^p 小于给定的数 n

表 2-3　复数函数表

函　数　名	描　　述
abs	求实数的绝对值或者复数的模
angle	求复数的相角(以弧度为单位)
conj	求复数的共轭值
imag	求复数的虚部
real	求复数的实部
unwrap	复数的相角展开
isreal	判断是否为实数
cplxpair	将矢量按共轭复数对重新排列
complex	由实部和虚部创建复数

表 2-4　取整和求余函数

函　数　名	描　　述
fix	取整
floor	floor(x)，取不大于 x 的最大整数
ceil	ceil (x)，取不小于 x 的最小整数
round	四舍五入
mod	求模或者有符号取余
rem	求除法的余数
sign	符号函数

表 2-5　坐标变换函数

函　数　名	描　述
cart2sph	笛卡尔坐标到球坐标的转换
cart2pol	笛卡尔坐标到柱坐标或极坐标的转换
pol2cart	柱坐标或极坐标到笛卡尔坐标的转换
sph2cart	球坐标到笛卡尔坐标的转换

表 2-6　离散数学

函　数　名	描　述
factor	factor(n) 返回 n 的全部素数因子
factorial	阶乘
gcd	最大公因数
isprime	判断是否为素数
lcm	最小公倍数
nchoosek	多项式系数或所有组合
perms	所有排列
primes	生成素数列表
rat, rats	进行分数估计

2.1.3　MATLAB 的数学运算符

数学表达式中的各种符号在 MATLAB R2007b 中的对应符号如表 2-7 所示。

表 2-7　数学运算符号及其功能

符　号	功　能	实　例
+	加法	3+5=8
-	减法	3-5=-2
*	矩阵乘法	3*5=15
.*	乘，点乘，即数组乘法	
/	右除	3/5 =0.6000
./	数组右除	
\	左除	3\5= 1.6667
.\	数组左除	
^	乘方	3^5= 243
.^	数组乘方	
'	矩阵共轭转置	
.'	矩阵转置	

需要注意的是，右除和左除的意义并不相同。右除为常规的除法，而左除的意义如下：

a\b=b/a

例 2-4 矩阵乘法和点乘。

```
>> A = magic(3)
A =
      8     1     6
      3     5     7
      4     9     2
>> B = round(rand(3)*10)
B =
     10     5     5
      2     9     0
      6     8     8
>> C1=A*B
C1 =
    118    97    88
     82   116    71
     70   117    36
>> C2=A.*B
C2 =
     80     5    30
      6    45     0
     24    72    16
```

在该例中 *C1* 为两个矩阵 *A* 和 *B* 的乘积，*C2* 的每个元素为 *A* 和 *B* 对应元素的乘积。

例 2-5 矩阵乘方和数组乘方。

继续【例 2-4】的输入。

```
>> C3 = A^2
C3 =
     91    67    67
     67    91    67
     67    67    91
>> C4 = A.^2
C4 =
     64     1    36
      9    25    49
     16    81     4
```

与上例类似，**C3** 为矩阵 **A** 的平方，**C4** 为矩阵对应元素的平方。

2.1.4 标点符号的使用

在 MATLAB 中，标点符号有着充分的意义，可以用标点符号进行运算，或者用标点符号包含特定的意义。MATLAB 中一些常用标点符号的含义如表 2-8 所示。

表 2-8 MATLAB 中的标点符号

标 点 符 号	定　　义	标 点 符 号	定　　义
分号(;)	数组行分隔符；取消运行显示	点(.)	小数点；结构体成员访问
逗号(,)	数组列分隔符；函数参数分隔符	省略号(...)	续行符
冒号(:)	在数组中应用较多，如生成等差数列	引号(')	定义字符串
圆括号(( ))	指定运算优先级；函数参数调用；数组索引	等号(=)	赋值语句
方括号([ ])	定义矩阵	感叹号(!)	调用操作系统运算
花括号({ })	定义单元数组	百分号(%)	注释语句的标识

下面对常用的符号进行介绍。

● 分号(;)

分号用于区分数组的行，或者用于一个语句的结尾处，取消运行显示。

例 2-6 分号的作用。

```
>> A=ones(3);
>> B=ones(3)
B =
     1     1     1
     1     1     1
     1     1     1
```

该例共有两条语句，第一条语句生成 3×3 的全 1 矩阵，以分号结尾，命令窗口中没有显示语句执行的结果；第二条语句与第一条类似，直接按 Enter 键，在命令窗口中显示该语句的运行结果。如要显示矩阵 *A* 的内容，即查看第一条语句的运行结果，则如下所示：

```
>> A
A =
     1     1     1
     1     1     1
     1     1     1
```

● 百分号(%)

该符号用于在程序文本中添加注释，增加程序的可读性。百分号之后的文本都将视作注释，系统不对其进行编译。

例 2-7　添加注释语句。

```
>> A = magic(3)                    % create a 3*3 magic matrix
A =
        8    1    6
        3    5    7
        4    9    2
```

该语句生成 3×3 魔术矩阵，%后面的语句没有执行。可以参考【例 2-4】中的结果进行比较。

注释：

魔术矩阵为每行、列以及对角之和均相等的矩阵。

2.2　常用的操作命令和快捷键

为方便用户操作，MATLAB 中定义了一些快捷键。掌握一些常用的操作命令和快捷键，可以使得对 MATLAB 的操作更加便利。MATLAB 中的常用快捷键和操作命令分别如表 2-9 和表 2-10 所示。

表 2-9　MATLAB 的常用快捷键

快 捷 键	功 能	快 捷 键	功 能
↑ (Ctrl + p)	调用上一行	Home(ctrl+a)	移动到命令行开头
↓ (Ctrl + n)	调用下一行	End(ctrl+e)	移动到命令行结尾
←(Ctrl + b)	光标左移一个字符	Ctrl + Home	移动到命令窗口顶部
→(Ctrl + f)	光标右移一个字符	Ctrl + End	移动到命令窗口底部
Ctrl + ←	光标左移一个单词	Shift + Home	选中光标和表达式开头之间的内容
Ctrl + →	光标右移一个单词	Shift + End	选中光标和表达式结尾之间的内容
Esc	取消当前输入行	Ctrl + k	剪切光标和表达式结尾之间的内容

表 2-10　MATLAB 常用操作命令

命 令	功 能	命 令	功 能
cd	显示或改变工作目录	hold	图形保持命令
clc	清空命令窗口	load	加载指定文件中的变量
clear	清除工作区中的变量	pack	整理内存碎片
clf	清除图形窗口	path	显示搜索目录
diary	日志文件命令	quit	退出 MATLAB
dir	显示当前目录下文件	save	保存内存变量
disp	显示变量或文字的内容	type	显示文件内容
echo	命令窗口信息显示开关		

2.3 MATLAB R2007b 的数据类型

数字为数学运算的最基本对象。在 MATLAB 中，数字的数据类型有双精度(double)型、单精度型和各种有符号和无符号整数型。本节主要介绍这些数据类型。

2.3.1 整数

MATLAB 支持 8 位、16 位、32 位和 64 位的有符号和无符号整数数据类型，如表 2-11 所示。

表 2-11 MATLAB 中的数据类型

数据类型	描 述
uint8	8 位无符号整数，范围为 0～255(即 0～2^8-1)
int8	8 位有符号整数，范围为-128～127(即-2^7～2^7-1)
uint16	16 位无符号整数，范围为 0～65535(即 0～2^{16}-1)
int16	16 位有符号整数，范围为-32768～32767(即-2^{15}～2^{15}-1)
uint32	32 位无符号整数，范围为 0～4294967295(即 0～2^{32}-1)
int32	32 位有符号整数，范围为-2147483648～2147483647(即-2^{31}～2^{31}-1)
uint64	64 位无符号整数，范围为 0～18446744073709551615(即 0～2^{64}-1)
int64	64 位有符号整数，范围为-9223372036854775808～9223372036854775807(即-2^{63}～2^{63}-1)

上述整数数据类型除了定义范围不同外，具有相同的性质。

由于 MATLAB 默认的数据类型为双精度型，因此在定义整形变量时，需指定变量的数据类型。

例 2-8 整形数据类型的定义。

```
>> x=int8(50)          %指定 x 的数据类型为 int8
x =
    50
>> class(x)
ans =
int8
>> y=50                %未指定 y 的数据类型
y =
    50
>> class(y)
ans =
double
```

　　类型相同的整数之间可以进行运算，返回相同类型的结果。在进行加、减和乘法运算时比较简单，在进行除法运算时稍微复杂一些，因为在多精度情况下，整数的除法不一定能得到整数的结果。在进行除法运算时，MATLAB 首先将两个数视为双精度类型进行运算，然后将结果转化为相应的整形数据。

　　例 2-9　整数的运算。

```
>> x=int8(45)
x =
    45
>> y=int8(-2)
y =
    -2
>> z1=x+y
z1 =
    43
>> z2=x-y
z2 =
    47
>> z3=x*y
z3 =
   -90
>> z4=x/y
z4 =
   -23
>> class(z1),class(z2),class(z3),class(z4)
ans =
int8
ans =
int8
ans =
int8
ans =
int8
>>
```

　　MATLAB 中不允许进行不同整数类型之间的运算。

　　例 2-10　不同整数类型之间不允许进行运算。

```
>> x=int8(40);
>> y=int16(20);
>> z=x+y
??? Error using ==> plus
Integers can only be combined with integers of the same class, or scalar doubles.
```

由于每种整数数据类型都有相应的取值范围，因此数学运算有可能产生结果溢出。MATLAB 利用饱和处理解决此类问题，即当运算结果超出了此类数据类型的上限或下限时，系统将结果设置为该上限或下限。

例 2-11　整数运算中的数据溢出。

```
>> x=int8(100);
>> y=int8(90);
>> z=x+y
z =
    127
>> x-3*y
ans =
    -27
>> x-y-y-y
ans =
   -128
```

当计算 $x+y$ 时，结果溢出上限，因此结果为 127；计算 $x-3*y$ 时，$3*y$ 溢出上限，结果为 127，继续计算，得到最后结果-27；计算 $x-y-y-y$ 时，从左到右进行计算，结果溢出下限，因此结果为-128。

2.3.2　浮点数

MATLAB 的默认数据类型是双精度类型(double)。为了节省存储空间，MATLAB 也支持单精度数据类型的数组。

单精度和双精度数据类型的取值范围和精度可以通过【例 2-12】的方式进行查看。

例 2-12　单精度和双精度数据类型的取值范围和精度。

```
>> realmin('single')
ans =
    1.1755e-038
>> realmax('single')
ans =
    3.4028e+038
>> eps('single')
ans =
    1.1921e-007
>> realmin('double')
ans =
    2.2251e-308
>> realmax('double')
ans =
    1.7977e+308
```

```
>> eps('double')
ans =
    2.2204e-016
```

创建单精度类型的变量时需要声明变量类型，与创建整型变量类似。单精度数据类型的数据进行运算时，返回值为单精度。

2.3.3　复数

复数由两个部分组成：实部和虚部。基本虚数单位等于 $\sqrt{-1}$，在 MATLAB 中虚数单位由 i 或者 j 表示。

MATLAB 中可以通过两种方法创建复数，第一种方法为直接输入法，见下面的例子。

例 2-13　通过直接输入法创建复数。

```
>> z = 6 + 7i
z =
    6.0000 + 7.0000i
>> x= 9;
>> y =5;
>> z = x+y*i
z =
    9.0000 + 5.0000i
```

另一种创建复数的方法为通过 complex 函数。complex 函数的调用方法如下：

● c = complex(a,b)，返回结果 c 为复数，其实部为 a，虚部为 b。输入参数 a 和 b 可以为标量，或者维数、大小相同的向量、矩阵或者多维数组；输出参数与 a 和 b 的结构相同。a 和 b 可以有不同的数据类型，当 a 和 b 为各种不同的类型时，返回值分别为：

　◇ 当 a 和 b 中有一个为单精度时，返回结果为单精度。

　◇ 如果 a 和 b 其中一个为整数类型,则另外一个必须有相同的整数类型,或者为双精度型，返回结果 c 为相同的整数类型。

● c = complex(a)，只有一个输入参数，返回结果 c 为复数，其实部为 a，虚部为 0。但是此时 c 的数据类型为复数。

例 2-14　通过 complex 函数创建复数。

```
>> a = uint8([1;2;3;4]);
>> b = uint8([2;2;7;7]);
>> c = complex(a,b)
c =
    1 +    2i
    2 +    2i
```

```
    3 +    7i
    4 +    7i
```

例 2-15　通过 complex 函数创建复数和直接创建复数的比较。

```
>> x=4;y=0;
>> z1=x+i*y;
>> z2=complex(x,y);
>> isreal(z1),isreal(z2)
ans =
    1
ans =
    0
```

2.3.4　逻辑变量

逻辑数据类型通过 1 和 0 分别表示逻辑真和逻辑假。一些 MATLAB 函数或操作符会返回逻辑真或逻辑假表示条件是否满足，如表达式(5 * 10) > 40 返回逻辑真。

在 MATLAB 中，存在逻辑数组，如下面的表达式返回逻辑数组。

```
>> [30 40 50 60 70] > 40
ans =
    0    0    1    1    1
```

1. 逻辑数组的创建

创建逻辑数组最简单的方法为直接输入元素的值为 true 或者 false。

例 2-16　直接创建逻辑数组。

```
>> x = [true, true, false, true, false]
x =
    1    1    0    1    0
>> class(x)
ans =
logical
```

逻辑数组也可以通过逻辑表达式生成，如下面的例子。

例 2-17　通过逻辑表达式生成逻辑数组。

```
>> x = magic(4) >= 9
x =
    1    0    0    1
    0    1    1    0
    1    0    0    1
    0    1    1    0
```

MATLAB 中返回逻辑值的函数和操作符如表 2-12 所示。

表 2-12　MATLAB 中返回逻辑值的函数和操作符

函　　数	说　　明
true, false	将输入参数转化为逻辑值
logical	将数值转化为逻辑值
& (and), | (or), ~ (not), xor, any, all	逻辑操作符
&&, ||	"并"和"或"的简写方式
== (eq), ~= (ne), < (lt), > (gt), <= (le), >= (ge)	关系操作符
所有的 is* 类型的函数，cellfun	判断函数
strcmp, strncmp, strcmpi, strncmpi	字符串比较

对于大型的逻辑数组，如果其中只有少数元素为 1，可以采用稀疏矩阵的方式进行存储和运算，如下面的例子。

```
>> x = sparse(magic(20) > 395)
x =
    (1,1)          1
    (1,4)          1
    (1,5)          1
    (20,18)        1
    (20,19)        1
```

2. 逻辑数组的应用

MATLAB 中逻辑数组主要有两种应用：用于条件表达式和用于数组索引。

如果仅当条件成立时执行某段代码，可以应用逻辑数组进行判断和控制，如下面的例子。

例 2-18　通过逻辑数组控制程序流程。

```
>> str = 'Hello';
>> if ~isempty(str) && ischar(str)
    sprintf('Input string is "%s"', str)
    end
ans =
    Input string is 'Hello'
```

该段程序中，只有当 *str* 非空并且为字符串时，执行 sprintf 语句。

在 MATLAB 中支持通过一个数组对另一个数组进行索引，如下面的代码。

```
>> A = 5:5:50
A =
```

　　　5　　　10　　　15　　　20　　　25　　　30　　　35　　　40　　　45　　　50
```
>> B = [1 3 6 7 10];
>> A(B)
ans =
```
　　　5　　　15　　　30　　　35　　　50

　　通过数组 *B* 对数组 *A* 的第 1、3、6、7、10 个元素进行访问。另外，MATLAB 允许以逻辑数组作为数组索引，对数组元素进行访问。见下面的例子。

例 2-19　　通过逻辑数组对数组进行索引，将数组 *A* 中超过 0.5 的元素置为 0。

```
>> A = rand(5);
>> B = A > 0.5;
>> A(B) = 0
A =
```
0	0	0	0.4057	0.0579
0.2311	0.4565	0	0	0.3529
0	0.0185	0	0	0
0.4860	0	0	0.4103	0.0099
0	0.4447	0.1763	0	0.1389

例 2-20　　通过逻辑数组对数组进行索引，将数组 *A* 中非素数置为 0。

```
>> A = magic(4)
A =
```
16	2	3	13
5	11	10	8
9	7	6	12
4	14	15	1

```
>> B = isprime(A)
B =
```
0	1	1	1
1	1	0	0
0	1	0	0
0	0	0	0

```
>> A(~B) = 0
A =
```
0	2	3	13
5	11	0	0
0	7	0	0
0	0	0	0

3. 逻辑数组的判断

MATLAB 中提供了一组函数用于判断数组是否为逻辑数组，如表 2-13 所示。

表 2-13　MATLAB 中用于判断数组是否为逻辑数组的方法

函　　数	功　　能
whos(x)	显示数组 x 的元素值及数据类型
islogical(x)	判断数组 x 是否为逻辑数组，是则返回真
isa(x, 'logical')	判断数组 x 是否为逻辑数组，是则返回真
class(x)	返回数组 x 的数据类型
cellfun('islogical', x)	判断单元数组的每个单元是否为逻辑值

例 2-21　判断数组是否为逻辑数组。

```
>> C{1,1} = pi;
>> C{1,2} = 1;
>> C{1,3} = ispc;
>> C{1,4} = magic(3)
C =
    [3.1416]    [1]    [1]    [3x3 double]
>> for k = 1:4
x(k) = islogical(C{1,k});
end
>> x
x =
    (3,1)        1
    (1,4)        1
    (1,5)        1
    (20,18)      1
    (20,19)      1
```

2.3.5　各种数据类型之间的转换

在 MATLAB 中，各种数据类型之间可以互相转换，转换方式为：(1) datatype(variable)，其中 datatype 为目标数据类型，variable 为待转换的变量；(2) cast(x,'type')，将 x 的类型转换为'type'指定的类型。

例 2-22　数据类型之间的转换。

```
>> x=single(6.9)
x =
    6.9000
>> x1=int8(x)
x1 =
    7
>> class(x1)
ans =
```

```
      int8
>> x2=double(x)
x2 =
        6.9000
>> class(x2)
ans =
double
>>
```

转换时，如果由高精确度数据类型转换为低精确度数据类型，则对数据进行四舍五入；如果由定义范围大的数据类型转换为定义范围小的数据类型，则返回目标数据类型的上限或下限。

2.3.6　数据类型操作函数

MATLAB R2007b 中提供了大量和数据类型相关的操作函数，如表 2-14 所示。

表 2-14　数据类型相关的函数

函　　数	描　　述
double	创建或转化为双精度类型
single	创建或转化为单精度类型
int8,int16, int32,int64	创建或转化为相应的有符号整数类型
uint8,uint16, uint32,uint64	创建或转化为相应的无符号整数类型
isnumeric	判断是否为整数或浮点数，是则返回 true(或者 1)
isinteger	判断是否为整数，是则返回 true(或者 1)
isfloat	判断是否为浮点数，是则返回 true(或者 1)
isa(x,'type')	判断是否为'type'指定的类型，是则返回 true(或者 1)
cast(x,'type')	设置 x 的类型为'type'
intmax('type')	'type'类型的最大整数值
intmin('type')	'type'类型的最小整数值
realmax('type')	'type'类型的最大浮点实数值
realmin('type')	'type'类型的最小浮点实数值
eps('type')	'type' 类型 eps 值
eps('x')	变量 x 的 eps 值

注释：

其中的'type'包括'numeric'、'integer'、'float'和所有的数据类型。

2.3.7　变量

变量是程序的基本元素之一。与其他语言不同，MATLAB 不需要对变量进行事先声明，也不需要指定变量的类型，系统会根据对变量赋予的值为变量自动指定类型。本节主要介绍变量的命名规则，关于变量的更多知识，将会在程序设计一章进行进一步介绍。

MATLAB 的变量命名规则与其他计算机语言类似。首先，变量名必须是一个单一的词，不能包含空格，另外其命名必须符合下列规则：

(1) 变量名区分大小写。如 *pi* 和 *Pi* 是两个不同的变量。在命令窗口中输入如下的命令，查看其结果。

```
>> pi
ans =
    3.1416
>> Pi
??? Undefined function or variable 'Pi'.
>> Pi=2.0
Pi =
    2
>> pi
ans =
    3.1416
```

pi 是系统预定义的变量，在命令窗口中输入 *pi*，则显示该变量的值为 3.1416。输入 *Pi*，系统提示该变量不存在，可见 *pi* 和 *Pi* 为两个不同的变量。将 *Pi* 赋值为 2.0，再次查看变量 *pi* 的值，仍旧为 3.1416，即 *Pi* 的改变不影响 *pi* 的值。

(2) 变量名长度不超过 63 个字符，超过的部分将会被忽略。

(3) 变量名必须以字母开始，其后可以为字母、数字或者下划线。MATLAB 中的变量名不支持其他符号，因为其他符号在 MATLAB 中具有特殊的意义。

除上述三条规则外，还有一些其他规定，如用户不能利用 MATLAB 中的关键字(保留字)作为变量名。用户可以利用 iskeyword 命令查看系统的预定义关键字，或者使用该函数判断一个字符串是否为预定义关键字。

```
>> iskeyword
ans =
    'break'
    'case'
    'catch'
    'continue'
    'else'
    'elseif'
    'end'
```

```
            'for'
            'function'
            'global'
            'if'
            'otherwise'
            'persistent'
            'return'
            'switch'
            'try'
            'while'
>> iskeyword if
ans =
     1
>> iskeyword keyword
ans =
     0
```

另外，用户可以使用 isvarname 函数判断一个变量名是否合法，如下代码所示：

```
>> isvarname keyword
ans =
     1
```

该例显示 keyword 为合法变量名，用户可以使用。

2.3.8　系统预定义的特殊变量

除用户定义的变量之外，MATLAB 定义了一些特殊变量，如果用户没有对这些变量另行赋值，则采用其默认值。MALTAB 的预定义特殊变量如表 2-15 所示。

表 2-15　MATLAB 的预定义变量

变 量 名	描　　述
ans	结果显示的默认变量名
beep	使计算机发出"嘟嘟"声
pi	圆周率
eps	浮点数的精度(2.2204e-016)，MALTAB 中的最小数
inf	无穷大，当如除数为 0 时系统返回 inf
NaN 或 nan	表示不定数，即结果不能确定
i 或 j	虚数单位
nargin	函数的输入参数个数
nargout	函数的输出参数个数
realmin	可用的最小正实数 2.2251e-308

（续表）

变　量　名	描　　述
realmax	可用的最大正实数值 1.7977e+308
bitmax	可用的最大正整数(以双精度格式存储)
varargin	可变的函数输入参数个数
varargout	可变的函数输出参数个数

下面以虚数单位 i 为例说明这些变量的用法。

例 2-23　系统预定义变量的使用。

```
>> clear i                        %清除该变量的定义
>> i
ans =
        0 + 1.0000i
>> i=1:3                          %重新定义变量 i 的值
i =
        1        2        3
>> clear i                        %清除该变量的定义
>> i
ans =
        0 + 1.0000i
```

该例中首先清除 i 的定义，查看 i 的值，为虚数单位，再对 i 重新赋值，则其原来的值被覆盖，清除其定义后，i 的值回到默认值。

MATLAB 中，允许用户再次定义这些变量，对这些变量赋值，如上例中对 i 再次赋值。但是在编写程序时，应尽量避免对系统预定义的变量重新赋值，或者使用已有函数名作为变量名，以免程序产生非预期结果。

2.4　MATLAB R2007b 的运算符

在前面已经介绍了 MATLAB 中的数学运算符，本节将介绍 MATLAB 的其他运算符，即关系运算符、逻辑运算符及一些其他字符。

MATLAB 中提供了一些关于逻辑运算的运算符和函数，这些运算符和函数用于求解真假命题的答案。逻辑运算的一个重要应用在于控制给予真假命题的一系列命令的流程，或者决定执行次序。

作为所有关系和逻辑表达式的输入，MATLAB 把任何非零数值当作真，而只把零当作假。所有关系和逻辑表达式的输出，当结果为真时输出为 1，当结果为假时输出为 0。

2.4.1 关系运算符

MATLAB 的关系运算符能用来比较两个相同大小的数组，或用来比较一个数组和一个标量。MATLAB 的关系运算符包括所有常用的比较运算符，如表 2-16 所示。

表 2-16 MATLAB 中的关系运算符

运 算 符	说 明	运 算 符	说 明
<	小于	<=	小于或等于
>	大于	>=	大于或等于
==	等于	~=	不等于

例 2-24 关系运算符的运用。

```
>> A=round(rand(1,10)*10)
A =
     6    3    2    0    7    4    9    5    4    8
>> B=ones(1,10)+2
B =
     3    3    3    3    3    3    3    3    3    3
>> R_Comp1=A>B
R_Comp1 =
     1    0    0    0    1    1    1    1    1    1
>> R_Comp2=A>5
R_Comp2 =
     1    0    0    0    1    0    1    0    0    1
>> R_Comp3=A==7
R_Comp3 =
     0    0    0    0    1    0    0    0    0    0
>>
```

上例简单说明了关系运算符的使用，在第 3 章中也会涉及到关系运算。

2.4.2 逻辑运算符

逻辑运算符主要包括"与"、"或"和"非"。使用逻辑运算符可以将多个表达式组合在一起，或者对关系表达式取反。MATLAB 中的逻辑运算符如表 2-17 所示。

表 2-17 MATLAB 中的逻辑运算符

运 算 符	描 述
&	与
&&	与，只适用于标量。a && b，当 a 的值为假时，则忽略 b 的值
|	或
||	或，只适用于标量。a || b，当 a 的值为真时，则忽略 b 的值
~	非

例 2-25　逻辑运算符的应用。

```
>> a=5,b=9
a =
     5
b =
     9
>> c1 = (a<b) && (b/a==fix(b/a))
c1 =
     0
>> c2 = (a<b) || (b/a==fix(b/a))
c2 =
     1
```

该例中，当 a 小于 b，并且 a 是 b 的因子两个条件同时满足时 $c1$ 为 1，否则为 0；当两个条件中至少有一个满足时，$c2$ 为 1，否则为 0。

2.4.3　运算符优先级

MATLAB 在执行含有关系运算和逻辑运算的数学运算时，同样遵循一套优先级原则。MATLAB 首先执行具有较高优先级的运算，然后执行具有较低优先级的运算；如果两个运算的优先级相同，则按从左到右的顺序执行。MALTAB 中各运算符的优先级顺序如表 2-18所示，表中按照优先级从高到低的顺序排列各运算符。

表 2-18　MATLAB 运算符的优先级

运　算　符
圆括号 ()
转置 (.'), 共轭转置 ('), 乘方 (.^), 矩阵乘方 (^)
标量加法 (+)、减法 (-)、取反 (~)
乘法 (.*), 矩阵乘法 (*), 右除 (./), 左除 (.\), 矩阵右除 (/), 矩阵左除 (\)
加法 (+), 减法 (-), 逻辑非 (~)
冒号运算符 (:)
小于 (<), 小于等于 (<=), 大于 (>), 大于等于 (>=), 等于 (==), 不等于 (~=)
数组逻辑与 (&)
数组逻辑或 (|)
逻辑与 (&&)
逻辑或 (||)

2.5　MATLAB 的一些基础函数

2.5.1　位操作函数

所有数据在计算机中是转化为二进制进行操作的，因此，有必要对数据进行按位操作。MATLAB 中提供了一些函数用于数据的按位操作，这些函数如表 2-19 所示。

表 2-19　MATLAB 中的位操作函数

函　　数	功　　能	调用格式举例
bitand	按位进行"与"操作	C = bitand(A, B)
bitcmp	按位进行"补"操作	C = bitcmp(A)，C = bitcmp(A, n)
bitget	获取指定位置的值	C = bitget(A, bit)
bitmax	获取双精度浮点整数的最大值	bitmax
bitor	按位进行"或"操作	C = bitor(A, B)
bitset	设定指定位置的值	C = bitset(A, bit)，C = bitset(A, bit, v)
bitshift	移位操作	C = bitshift(A, k)，C = bitshift(A, k, n)
bitxor	按位进行"异或"操作	C = bitxor(A, B)
swapbytes	按字节进行"逆"操作	Y = swapbytes(X)

例 2-26　MATLAB 的位操作函数。

```
>> A = 28;               % binary 11100
>> B = 21;               % binary 10101
>> bitand(A,B)
ans =
    20
>> bitor(A,B)
ans =
    29
>> bitcmp(A,5)
ans =
    3
>> bitxor(A,B)
ans =
    9
```

2.5.2　逻辑运算函数

除逻辑运算符外，MATLAB 中还提供了大量的逻辑运算函数，可以满足程序中的更多需求。MATLAB 中的逻辑运算函数如表 2-20 所示。

表 2-20　MATLAB 中的逻辑运算函数

函　　数	功　　能	调用格式举例
all	判断数组元素是否全部非零	B = all(A)，B = all(A, dim)
any	判断数组是否存在非零元素	B = any(A)，B = any(A, dim)
false	逻辑 0(假)	False，false(n) 等
find	查找非零元素的下标及其值	ind = find(X)，ind = find(X, k) 等
is*	查看元素状态	代表一类函数，如 iscell 等
isa	判断输入是否为给定类的对象	K = isa(obj, 'class_name')
iskeyword	判断字符串是否为 MATLAB 关键字	tf = iskeyword('str')，iskeyword str
isvarname	判断字符串是否为有效变量名	tf = isvarname('str')，isvarname str
logical	将数值变量转化为逻辑变量	K = logical(A)
true	逻辑 1(真)	True，true(n) 等
xor	逻辑 "异或"	C = xor(A, B)

例 2-27　逻辑运算函数。

```
>> A = [1 2 3; 4 5 6; 7 8 9];
>> B = logical(eye(3))
B =
    1    0    0
    0    1    0
    0    0    1
>> A(B)
ans =
    1
    5
    9
>> X = [1 0 4 -3 0 0 0 8 6];
>> indices = find(X)
indices =
    1    3    4    8    9
```

2.5.3　集合函数

MATLAB 中的集合函数如表 2-21 所示。

表 2-21 MATLAB 中的集合函数

函 数	功 能	调用格式举例
intersect	计算两个集合的交集	c = intersect(A, B)
ismember	集合的数组成员	tf = ismember(A, S)
		tf = ismember(A, S, 'rows')
setdiff	向量的集合差	c = setdiff(A, B)
		c = setdiff(A, B, 'rows')
issorted	判断几何元素是否按序排列	tf = issorted(A)
		tf = issorted(A, 'rows')
setxor	集合异或	c = setxor(A, B)
		c = setxor(A, B, 'rows')
union	两个向量的集合并	c = union(A, B)
		c = union(A, B, 'rows')
unique	删除集合中的重复元素	b = unique(A)
		b = unique(A, 'rows')

例 2-28 集合函数的操作。

```
>> A = [1 2 3 6];
>> B = [1 2 3 4 6 10 20];
>> [c, ia, ib] = intersect(A, B)
c =
     1     2     3     6
ia =                     %  c 中元素的 A 中的下标
     1     2     3     4
ib =                     %  c 中元素的 B 中的下标
     1     2     3     5
>> A = magic(5);
>> B = magic(4);
>> [c, i] = setdiff(A(:), B(:));
>> c'
ans =
    17    18    19    20    21    22    23    24    25
>> i'
ans =
     1    10    14    18    19    23     2     6    15
```

2.5.4 时间与日期函数

MATLAB 中的时间与日期函数如表 2-22 所示。

表 2-22　MATLAB 中的时间与日期函数

函　　数	功　　能	调用格式举例
addtodate	通过域修改日期	R = addtodate(D, N, F)
calendar	返回指定月的日历	c = calendar，c = calendar(d)
clock	返回当前时间的向量	c = clock
cputime	返回 CPU 运行时间	cputime
date	返回当前日期字符串	str = date
datenum	将时间和日期转化为日期格式	N = datenum(V)，N = datenum(S, F)
datestr	将时间和日期转化为字符串格式	S = datestr(V)，S = datestr(N)
datevec	将时间和日期转化为向量格式	V = datevec(N)，V = datevec(S, F)
eomday	返回指定月的最后一天	E = eomday(Y, M)
etime	时间向量之间的时间间隔	e = etime(t2, t1)
now	当前日期及时间	t = now
tic, toc	计时器	tic 　　any statements toc
weekday	返回指定日期的星期日期	[N, S] = weekday(D)

例 2-29　时间函数的应用。

```
>> d1 = datenum('02-Oct-1996')
d1 =
      729300
>> d2 = datestr(d1 + 10)
d2 =
12-Oct-1996
>> dv1 = datevec(d1)
dv1 =
      1996          10           2           0           0           0
>> dv2 = datevec(d2)
dv2 =
      1996          10          12           0           0           0
```

例 2-30　通过 datestr 函数转化输出格式。

```
>> d = '01-Mar-1999'
d =
01-Mar-1999
>> datestr(d)
ans =
01-Mar-1999
>> datestr(d, 2)
ans =
03/01/99
```

```
>> datestr(d, 17)
ans =
Q1-99
```

2.6　MATLAB 脚本文件

对于一些简单的问题，当需要的命令数很少时，用户可以直接在 MATLAB 的命令窗口中输入命令。但是，对于多数问题，所需的命令较多，或者需要逻辑运算，进行流程控制，此时采用直接输入命令的方法会引起不便。针对这些问题，一个合理的解决方法是使用脚本文件。脚本文件不接受输入参数，不返回任何值，而是代码的结合，该方法允许用户将一系列 MATLAB 命令输入到一个简单的脚本文件中，只要在 MATLAB 命令窗口中执行该文件，则会依次执行该文件中的命令。

2.6.1　脚本文件的用法

新建脚本文件(即 M 文件)可以通过两种方式进行，单击工具栏中的"新建"图标，或者选择 File New | M-file 命令。新建后系统会打开文件编辑窗口，在窗口中输入文件内容。

首先通过下面的例子了解脚本文件的用法。

例 2-31　编写求解圆柱体体积的脚本文件。

新建一个脚本文件，在编辑窗口中输入如下命令：

```
% script m-file example: calculate the volume and surface area of a colume
r=1;                    % the radius of the colume
h=1;                    % the hight of the colume
s=2*r*pi*h + 2*pi*r^2; % calculate the surface area
v=pi*r^2*h;             % calculate the volume
disp('The surface area of the colume is:'),disp(s);
disp('The volume of the colume is:'),disp(v);
```

编辑完成后，可以选择 Debug | Save and Run 命令保存并立即执行该脚本(或者单击工具栏中的相应按钮，或采用快捷键 F5)，或者只保存。这里我们选择保存，将其存为文件colume。在命令窗口中执行文件，显示结果如下：

```
>> colume
The surface area of the colume is:
    12.5664
The volume of the colume is:
     3.1416
```

在使用脚本文件时需要注意一点：在当前工作区中存在与该脚本同名的变量时，则输入该文件名时，系统将其作为变量名执行。如下例所示。

```
>> colume = 30;
>> colume
colume =
    30
```

在工作区中定义变量 colume 后，输入命令 colume，显示的为变量 *colume* 的值，此时可以使用 clear 命令清楚该变量的值，如下例所示。

```
>> clear('colume')
>> colume
The surface area of the colume is:
    12.5664
The volume of the colume is:
    3.1416
>>
```

MATLAB 提供了一些函数用于控制文件的执行，这些函数如表 2-23 所示。

表 2-23　　MATLAB 中用于控制文件执行的函数

函　　数	描　　述
beep	使计算机发出"嘟嘟"声
disp	显示变量内容
echo	在脚本文件执行时，控制脚本文件的内容是否显示
input	提示用户输入数据
keyboard	临时终止 M 文件的执行，让键盘控制脚本执行。按下回车则返回到脚本文件
pause pause(n)	暂停，直到用户按下任意键
waitforbuttonpress	暂停，直到用户按下按钮

2.6.2　块注释

在 MATLAB 7.0 以前的版本中，注释是逐行进行的，采用百分号(%)进行标记。逐行注释不利于用户增加和修改注释内容。在 MATLAB 7.0 及以后的版本中，用户可以使用"%{"和"%}"符号进行块注释，"%{"和"%}"分别代表注释块的起始和结束。

2.6.3　代码单元

在以往的版本中，MATLAB 通过编译器提供的操作命令和工具执行一段选中的代码。在 MATLAB 7.0 及以后的新版本中，用户可以使用代码单元完成这一操作。一个代码单元指用户在 M 文件中指定的一段代码，以一个代码单元符号(两个百分号加空格，即"%%")为开始标志，到另一个代码单元符号结束，如果不存在代码单元符号，则直到该文件结束。用户可以通过 MATLAB 编辑器中的 cell 菜单创建和管理代码单元。

需要注意的是，代码单元只能在 MATLAB 编辑器窗口中创建和使用，而在 MATLAB 命令窗口中是无效的。当在命令窗口中运行 M 文件时，将执行文件中的全部语句。

2.7　习　　题

1. 创建 double 的变量，并进行计算。

(1) a=87，b=190，计算 a+b、a-b、a*b。

(2) 创建 uint8 类型的变量，数值与(1)中相同，进行相同的计算。

2. 计算：

(1) $\sin(60°)$

(2) e^3

(3) $\cos\left(\dfrac{3}{4}\pi\right)$

3. 设 $u=2$，$v=3$，计算：

(1) $4\dfrac{uv}{\log v}$

(2) $\dfrac{\left(e^u+v\right)^2}{v^2-u}$

(3) $\dfrac{\sqrt{u-3v}}{uv}$

4. 计算如下表达式：

(1) $(3-5i)(4+2i)$

(2) $\sin(2-8i)$

5. 判断下面语句的运算结果。

(1) $4<20$

(2) $4<=20$

(3) $4==20$

(4) $4\sim=20$

(5) $'b'<'B'$

6. 设 $a=39$，$b=58$，$c=3$，$d=7$，判断下面表达式的值。

(1) $a>b$

(2) $a<c$

(3) $a>b\&\&b>c$

(4) $a==d$

(5) $a\,|\,b>c$

(6) $\sim d$

7. 编写脚本，计算上面第 2 题中的表达式。

8. 编写脚本，输出上面第 6 题中的表达式的值。

第3章　数组和数组运算

MATLAB 的一个重要功能是能够进行向量和矩阵运算，MATLAB 中的多数功能也是基于向量和矩阵运算。因此，矩阵在 MATLAB 中具有非常重要的位置。在 MATLAB 中，向量和矩阵主要由数组来表示，数组是 MATLAB 的核心数据结构。本章重点介绍数组及数组运算。

本章学习目标

- ☑ 掌握数组的创建方法
- ☑ 掌握数组的寻址及排序
- ☑ 掌握数组的运算
- ☑ 了解多维数组及其操作

3.1　数组的创建

3.1.1　一维数组的创建

一维数组的创建主要包括一维行向量和一维列向量的创建。创建一维行向量和一维列向量主要的区别在于创建数组时，数组元素是按照行排列还是按照列排列。

创建一维行向量，只需要把所有数组元素用空格或者逗号分隔，并用方括号把所有数组元素括起来即可；创建一维列向量，则需要把所有数组元素用分号分隔，并用方括号把数组元素括起来。

例 3-1　一维数组的创建。

```
>> A=[10 20 30 40 50]
A =
     10     20     30     40     50
>> B=[10;20;30;40;50]
B =
     10
```

```
        20
        30
        40
        50
```

注释:

也可以通过用专职运算符 (')，将已经创建好的行向量转置成列向量。

很多时候，往往需要创建数组元素等差的一维数列，这个时候可以按照以下方式来创建：

Var=start_val:step:stop_val

其中 Var 代表的是所要创建的一维数组，start_val 代表所创建等差数组的第一个数组元素；step 代表等差步长(步长为正，代表递增；步长为负，代表递减)；stop_val 代表所创建等差数组的最后一个元素。

MATLAB 中也可以通过 linspace 函数来创建一维等差数组：

Var=linspace(start_val,stop_val,n)

其中 n 表示等差数组中元素的个数。

用 logspace 函数则可以创建一维等比数组：

Var=logspace(start_val,stop_val,n)

表示产生从 $10^{\wedge}$ start_val 到 $10^{\wedge}$ stop_val 包含 n 个元素的一维等比数组 Var。

例 3-2 一维等差和等比数组的创建。

```
>> A=1:2:8
A =
    1    3    5    7
>> A=linspace(0,12,4)
A =
    0    4    8   12
>> A=logspace(0,2,5)
A =
    1.0000    3.1623   10.0000   31.6228  100.0000
```

3.1.2 二维数组的创建

创建二维数组与创建一维数组的方式类似。在创建二维数组时，用逗号或者空格区分同一行的不同元素，用分号或者软回车(Shift + Enter)区分不同行。

例 3-3 二维数组的创建。

```
>> B=[1,2;3,4]
B =
    1    2
    3    4
```

3.1.3　用其他方式生成数组

在上面介绍的数组生成方法中需要逐一输入数组的元素，对于简单数组是可行的，但是当数组的数据量很大时，比较费时。因此，MATLAB 中提供了一些生成数组的函数。

1. 等差数组的生成

在 MATLAB 中，可以利用冒号生成等差数组。格式为：数组名=[开始数字:公差:结束数字]，公差默认为 1。

例 3-4　等差数组的生成。

```
>> A1=[1:10]
A1 =
     1     2     3     4     5     6     7     8     9    10
>> A2=[1:2:10]
A2 =
     1     3     5     7     9
```

2. 其他用于生成数组的函数

除此之外，MATLAB 提供了一些其他函数用于生成特殊的数组，如表 3-1 所示。

表 3-1　MATALB 中的数组生成函数

函　数	功　能	用　法	备　注
Eye	生成单位矩阵	Y　=　eye(n) Y　=　eye(m,n) Y　=　eye(size(A)) eye(m, n, classname) eye([m,n],classname)	仅适用于二维数组
linspace	生成线性分布的向量	y = linspace(a,b) y = linspace(a,b,n)	生成从 a 到 b 之间的 n 个(默认为 100)均匀数字
logspace	生成对数分布的向量	y = logspace(a,b) y = logspace(a,b,n) y = logspace(a,pi)	生成从 10*a 到 10*b 之间的 n 个(默认为 50)均匀数字
Ones	用于生成全部元素为 1 的数组	Y = ones(n) Y = ones(m,n) Y = ones([m n]) Y = ones(m,n,p,...) Y = ones([m n p ...]) Y = ones(size(A)) ones(m, n,...,classname) ones([m,n,...],classname)	classname 用于指定生成数组的数据类型，其取值可以为 MATLAB 中任意的数据类型，如：'double'、'single'等

(续表)

函　　数	功　　能	用　　法	备　　注
Rand	生成随机数组，数组元素值均匀分布	Y = rand Y = rand(n) Y = rand(m,n) Y = rand([m n]) Y = rand(m,n,p,...) Y = rand([m n p...]) Y = rand(size(A)) rand(method,s) s = rand(method)	Method 用于指定函数所采用的方法，可以选择'state'、'seed'、'twister'
Randn	生成随机数组，数组元素服从正态分布	Y = randn Y = randn(n) Y = randn(m,n) Y = randn([m n]) Y = randn(m,n,p,...) Y = randn([m n p...]) Y = randn(size(A)) randn(method,s) s = randn(method)	
Zeros	用于生成全部元素为 0 的数组	B = zeros(n) B = zeros(m,n) B = zeros([m n]) B = zeros(m,n,p,...) B = zeros([m n p ...]) B = zeros(size(A)) zeros(m, n,...,classname) zeros([m,n,...],classname)	

例 3-5　利用数组生成函数生成数组。

```
>> A = rand(3)
A =
    0.4447    0.9218    0.4057
    0.6154    0.7382    0.9355
    0.7919    0.1763    0.9169
>> B = ones(3,2)
B =
    1    1
    1    1
    1    1
>> A=eye(4)
```

```
A =
    1      0      0      0
    0      1      0      0
    0      0      1      0
    0      0      0      1
>> B=rand(5)
B =
    0.9501    0.7621    0.6154    0.4057    0.0579
    0.2311    0.4565    0.7919    0.9355    0.3529
    0.6068    0.0185    0.9218    0.9169    0.8132
    0.4860    0.8214    0.7382    0.4103    0.0099
    0.8913    0.4447    0.1763    0.8936    0.1389
```

3.2　数组寻址、查找和排序

3.2.1　数组寻址与查找

数组中包含多个元素，因此在对数组的单个元素或者多个元素进行访问时，需要对数组进行寻址运算。在 MATLAB 中，数组寻址是通过对数组下标的访问实现的。

例 3-6　访问数组中的单个元素。

```
>> A=rand(1,10)
A =
  Columns 1 through 7
    0.2311    0.6068    0.4860    0.8913    0.7621    0.4565    0.0185
  Columns 8 through 10
    0.8214    0.4447    0.6154
>> A(3)
ans =
    0.4860
```

【例 3-6】利用 rand 函数创建数组，并且对数组第三个元素进行访问。如果需要访问数组种的多个数据，可以通过下标数组进行。

例 3-7　访问数组中的多个任意元素。

```
>> A([1,3,6,8])
ans =
    0.2311    0.4860    0.4565    0.8214
```

当下标数组为利用冒号表示的等差数组时，可以省略下标数组的中括号。

例 3-8　利用冒号访问数组的一块元素。

继续【例 3-6】中的操作：

```
>> A(3:6)
ans =
    0.4860    0.8913    0.7621    0.4565
>> A(1:3:8)
ans =
    0.2311    0.8913    0.0185
```

另外，MATLAB 提供 end 参数表示数组的结尾，如下所示。

```
>> A(7:end)
ans =
    0.0185    0.8214    0.4447    0.6154
```

3.2.2　数组查找

MATLAB 中数组的查找函数是 find，它能够查找数组中的非零数组元素，并返回其数组索引值。

find 函数在 MATLAB 中使用的语法形式：

(1) a=find(A) 返回数组 A 中非零元素的单下标索引方式。

(2) [a,b]=find(A) 返回数组 A 中非零元素的双下标索引方式。

在 MATLAB 的实际应用中，经常是通过多重逻辑关系套用来产生逻辑数组，判断数组元素是否符合某种比较关系，然后通过 find 函数查找这个数组中的非零元素，返回符合比较关系的元素索引，从而实现元素访问。由于 find 常用于产生索引数组，过渡实现最终的索引访问，因此经常不需要直接得到 find 函数的返回值。

例 3-9　利用 find 函数查找元素。

```
>> A=magic(4)
A =
    16     2     3    13
     5    11    10     8
     9     7     6    12
     4    14    15     1
>> find((A>8)&(A<14))        %找出矩阵 A 中大于 8 并小于 14 的元素的单下标索引
ans =
     3
     6
    10
    13
    15
>> A(find((A>8)&(A<14)))     %找出矩阵 A 中大于 8 并小于 14 的元素
```

```
ans =
      9
     11
     10
     13
     12
```

注释：

单下标索引按照矩阵的每列的行顺序依次排序。

3.2.3　数组排序

在很多时候我们需要对一个给定的数据向量进行排序。为完成这一操作，MATLAB 提供了 sort 函数，该函数将任意给定的序列进行排序。

sort 函数的调用格式如下：

- B = sort(A)
- B = sort(A,dim)
- B = sort(...,mode)
- [B,IX] = sort(...)

其中，*B* 为保存结果的数组；*A* 为待排序的数组，当 *A* 为多维数组时，用 dim 指定需要排序的维数(默认为 1)；mode 为排序的方式，可以取值 ascend 和 descend，分别表示升序和降序，默认为升序；*IX* 用于存储排序后的下标数组。

例 3-10　一维数组的排序。

```
>> A=randn(1,10)
A =
  Columns 1 through 8
   - 0.3306   - 0.8436    0.4978    1.4885   - 0.5465   - 0.8468   - 0.2463    0.6630
  Columns 9 through 10
   - 0.8542   - 1.2013
>> B1=sort(A)
B1 =
  Columns 1 through 8
   - 1.2013   - 0.8542   - 0.8468   - 0.8436   - 0.5465   - 0.3306   - 0.2463    0.4978
  Columns 9 through 10
    0.6630    1.4885
>> B2=sort(A,'descend')
B2 =
  Columns 1 through 8
    1.4885    0.6630    0.4978   - 0.2463   - 0.3306   - 0.5465   - 0.8436   - 0.8468
  Columns 9 through 10
```

```
    -0.8542    -1.2013
>> [B3,IX]=sort(A,'descend')
B3 =
    Columns 1 through 8
      1.4885      0.6630      0.4978    - 0.2463    - 0.3306    - 0.5465    - 0.8436    - 0.8468
    Columns 9 through 10
    -0.8542    -1.2013
IX =
      4      8      3      7      1      5      2      6      9      10
```

该例中首先创建了一个服从正态分布的随机数组,然后对数组进行升序排列(sort 默认为升序),再对数组进行降序排列,最后一条语句实现对数组的降序排列,同时将排序的下标保存为数组 *IX*。

例 3-11　二维数组的排序。

```
>> A=randn(5)
A =
    - 0.1199    - 0.4348      0.4694      0.5529      1.0184
    - 0.0653    - 0.0793    - 0.9036    - 0.2037    - 1.5804
      0.4853      1.5352      0.0359    - 2.0543    - 0.0787
    - 0.5955    - 0.6065    - 0.6275      0.1326    - 0.6817
    - 0.1497    - 1.3474      0.5354      1.5929    - 1.0246
>> B1=sort(A)
B1 =
    - 0.5955    - 1.3474    - 0.9036    - 2.0543    - 1.5804
    - 0.1497    - 0.6065    - 0.6275    - 0.2037    - 1.0246
    - 0.1199    - 0.4348      0.0359      0.1326    - 0.6817
    - 0.0653    - 0.0793      0.4694      0.5529    - 0.0787
      0.4853      1.5352      0.5354      1.5929      1.0184
>> [B2,IX]=sort(A,2)
B2 =
    - 0.4348    - 0.1199      0.4694      0.5529      1.0184
    - 1.5804    - 0.9036    - 0.2037    - 0.0793    - 0.0653
    - 2.0543    - 0.0787      0.0359      0.4853      1.5352
    - 0.6817    - 0.6275    - 0.6065    - 0.5955      0.1326
    - 1.3474    - 1.0246    - 0.1497      0.5354      1.5929
IX =
      2      1      3      4      5
      5      3      4      2      1
      4      5      3      1      2
      5      3      2      1      4
      2      5      1      3      4
```

该例中,首先利用 **randn** 函数创建一个 5 阶正态方阵,语句 **B1=sort(A)** 实现对数组第一维(列)的排序，[B2,IX]=sort(A,2)实现对第二维的排序，并将排序后的下标保存为数组 *IX*。

对多维数组的排序与二维数组相同。

3.3 数组运算

3.3.1 数组的数值运算

数组数值运算包括数组的加减法、乘除法和数组乘方等，本节主要是对数组间的运算作简单介绍。

1. 数组的加减法

数组的加减法为数组元素的加减法，与矩阵加减法相同。利用运算符"+"和"-"实现该运算。需要注意的是，相加或相减的两个数组必须有相同的维数，或者是数组与数值相加减。

例 3-12　数组的加减法。

```
>> A=ones(3,3)
A =
      1      1      1
      1      1      1
      1      1      1
>> B=rand(3)
B =
     0.9501     0.4860     0.4565
     0.2311     0.8913     0.0185
     0.6068     0.7621     0.8214
>> C1=A+B
C1 =
     1.9501     1.4860     1.4565
     1.2311     1.8913     1.0185
     1.6068     1.7621     1.8214
>> C2=C1 - 2
C2 =
    - 0.0499    - 0.5140    - 0.5435
    - 0.7689    - 0.1087    - 0.9815
    - 0.3932    - 0.2379    - 0.1786
```

2. 数组的乘除法

数组的乘除为数组元素的乘除，通过运算符".*"和"./"实现。运算时需要两个数组有相同的维数，或者是数组与数值相乘除。

例 3-13　数组的乘除法。

继续【例 3-12】的操作：

```
>> C3=A.*B
C3 =
    0.9501    0.4860    0.4565
    0.2311    0.8913    0.0185
    0.6068    0.7621    0.8214
>> C4=A./B
C4 =
    1.0525    2.0577    2.1907
    4.3264    1.1220   54.0434
    1.6479    1.3122    1.2174
```

注意：

在进行除法操作时，作为分母的数组中不能包含 0 元素。

例 3-14　当分母数组中含有 0 元素。

将【例 3-12】中数组 *B* 的一个元素赋值为 0，按照【例 3-13】的操作结果如下：

```
>> B(1,2)=0
B =
    0.9501         0    0.4565
    0.2311    0.8913    0.0185
    0.6068    0.7621    0.8214
>> C4=A./B
Warning: Divide by zero.
C4 =
    1.0525       Inf    2.1907
    4.3264    1.1220   54.0434
    1.6479    1.3122    1.2174
```

3. 数组的乘方

数组乘方用符号 ".^" 实现。数组乘方运算以 3 种方式进行：底为数组、底为标量和底与指数都是数组。

(1) 底为数组，指数为标量的形式。这种形式的结果是将数组的每个元素进行指数相同的乘方。返回的结果为与底维数相同的数组，结果数组的每个元素为底中相应元素的乘方。

例 3-15　底为数组，指数为标量的乘方。

```
>> A=[1:3;2:4;3:5]
A =
    1    2    3
    2    3    4
```

```
       3       4       5
>> A.^2
ans =
       1       4       9
       4       9      16
       9      16      25
```

(2) 底为标量，指数为数组的形式。该形式返回的结果为数组，维数与指数数组相同。结果数组的每个元素为底以指数数组相应元素为指数做乘方的结果。

例 3-16　底为标量，指数为数组的乘方。

```
>> 2.^A
ans =
       2       4       8
       4       8      16
       8      16      32
```

(3) 底和指数都是数组的形式。此时两个数组需要有相同的维数。返回结果为一个数组，维数与前面两个数组相同，每个元素为底数数组和指数数组做乘方的结果。

例 3-17　两个数组做乘方。

```
>> A.^A
ans =
       1            4           27
       4           27          256
      27          256         3125
```

3.3.2　数组的关系运算

两个数之间的关系通常有 6 种描述：小于(<)、大于(>)、等于(=)、小于等于(<=)、大于等于(>=)和不等于(~=)。MATLAB 在比较两个元素大小时，如果表达式为真，则返回结果 1，否则返回 0。

在 MATLAB 中，可以通过关系运算符实现数组的关系运算。返回结果为一个数组，结果数组的元素为 0 或者 1，由相互比较的两个数组的相应元素的比较结果决定。

例 3-18　两个数组的比较。

```
>> A=rand(3)
A =
    0.4447    0.9218    0.4057
    0.6154    0.7382    0.9355
    0.7919    0.1763    0.9169
>> B=rand(3)
B =
    0.4103    0.3529    0.1389
```

```
        0.8936      0.8132      0.2028
        0.0579      0.0099      0.1987
>> A<=B
ans =
        0       0       0
        1       1       0
        0       0       0
```

例 3-19　数组与数的比较。

继续【例 3-18】，输入。

```
>> A<0.5
ans =
        1       0       1
        0       0       0
        0       1       0
```

3.4　数组的扩展与裁剪

在数组的操作过程中，往往需要对数组进行扩展或者裁剪。数组的扩展主要是指改变数组现有的尺寸大小，增加新的数组元素，使得数组的行数或者列数增加；而数组的裁剪主要是指从现有的数组中抽出部分数组元素，组成一个尺寸更小的新数组。本节的内容主要是对数组的扩展和裁剪所用的方法及函数作详细的说明。

1. 数组编辑器 Array Editor

MATLAB 中的数组编辑器 Array Editor 是可对数组进行编辑的最简单直观的交互式图形界面工具，双击 MATLAB 界面工作区中的任一数组变量，都能打开数组编辑器，对该数组进行编辑操作。其界面如图 3-1 所示。

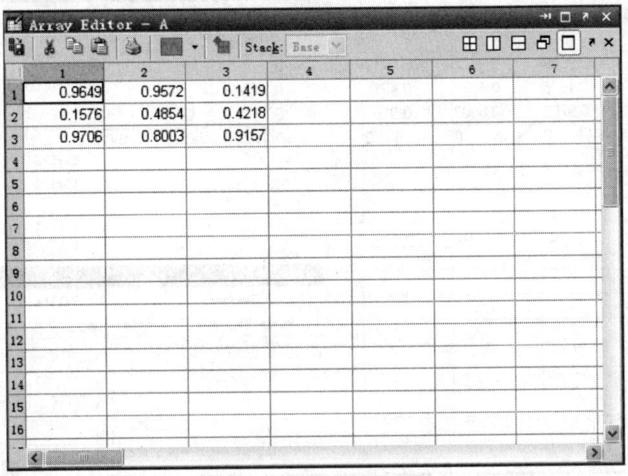

图 3-1　数组编辑器

从图中我们可以看到，数组编辑器的界面如同一个电子表格，每一个单元表格中的数即是数组元素。单击任何一个数组元素后，即可以对该数组元素进行修改；而单击当前数组尺寸之外的单元格，并在该单元格中输入数据，实际上就是在该位置添加数组元素，即完成了数组的扩展操作。

打开工作区数组 3 行 3 列数组 A 的编辑器界面，然后在第 4 行第 6 列的位置单击单元格并输入数值 2.1，然后在其他位置单击鼠标或者按回车键，都可以使当前对数组的扩展操作立刻生效，如图 3-2 所示，数组 Z 被扩展成了 4 行 6 列的数组，原来已有的数组元素不变，其他扩展的位置上默认赋值为 0。

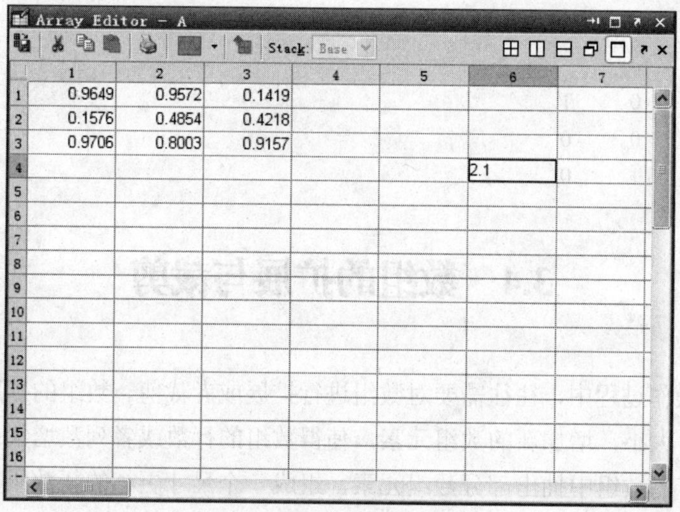

图 3-2　数组编辑器扩展数组

通过数组编辑器也可以裁剪数组，这主要是对数组行、列进行删除操作。删除操作可以通过鼠标右键菜单来实现。在数组编辑器中单击某单元格后，单击鼠标右键，在弹出的菜单中选择选项 Delete…，就可以删除当前数组中指定位置的单元格数据、某一行或者某一列，以实现对数组的裁剪。数组编辑器编辑菜单以及删除子菜单如图 3-3 所示。

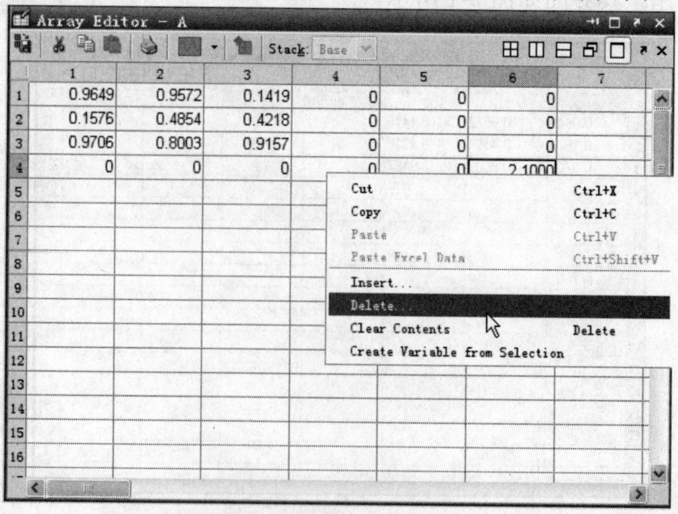

图 3-3　数组编辑器编辑菜单

数组编辑器虽然简单直观，但是当对数组的操作比较复杂时，仅仅通过数组编辑器来实现有时就会比较繁琐，所以有必要学习 MATLAB 中运用其他命令对数组进行扩展和裁剪。

2. 索引扩展数组

索引扩展是数组扩展中较为常用的一种方法。比如目前有一个 n 行 m 列的数组 A，要通过索引来扩展该数组，那么可以使用超出目前数组尺寸的索引数字，来制定数组 A 当前尺寸之外的一个位置，并对该位置的数组元素进行赋值来完成对数组的扩展。同时未指定的新添位置上默认赋值为 0。

例 3-20　索引数组。

```
>> A=rand(4)
A =
    0.6602    0.5341    0.5681    0.4449
    0.3420    0.7271    0.3704    0.6946
    0.2897    0.3093    0.7027    0.6213
    0.3412    0.8385    0.5466    0.7948
>> A(5,6)=23
A =
    0.6602    0.5341    0.5681    0.4449         0         0
    0.3420    0.7271    0.3704    0.6946         0         0
    0.2897    0.3093    0.7027    0.6213         0         0
    0.3412    0.8385    0.5466    0.7948         0         0
         0         0         0         0         0   23.0000
```

3. cat 函数扩展数组

MATLAB 中可以通过 cat 系列函数将一系列数组按照指定的方式连接起来，组合扩展成一个新的数组。cat 系列函数包括：cat、horzcat 和 vertcat。不管哪个连接函数，都必须保证被操作的数组可以被连接，即在某一个方向上尺寸一致。

(1) cat 函数

语法：Z=cat(dim,A,B,C,…)

其中 dim 用于指定连接方向，可以按照指定的方向将多个数组连接成大尺寸数组。dim 值为 1 时表示将数组 A、B、C 等当作行元素进行连接；dim 值为 2 时，表示将数组当作列元素连接。

(2) horzcat 函数

语法：Z=horzcat(A,B,C,…)

horzcat 函数用于水平方向连接数组，相当于 cat(2,A,B,C,…)。

(3) vertcat 函数

语法：Z=vertcat(A,B,C,…)

vertcat 函数用于垂直方向连接数组，相当于 cat(1,A,B,C,…)。

例 3-21　利用 cat 函数操作数组。

```
>> A=rand(3)
A =
    0.9568    0.1730    0.2523
    0.5226    0.9797    0.8757
    0.8801    0.2714    0.7373
>> B=[1 3 5;2 4 6;3 7 9;4 1 2]
B =
    1    3    5
    2    4    6
    3    7    9
    4    1    2
>> C=eye(3,5)
C =
    1    0    0    0    0
    0    1    0    0    0
    0    0    1    0    0
>> cat(1,A,B)
ans =
    0.9568    0.1730    0.2523
    0.5226    0.9797    0.8757
    0.8801    0.2714    0.7373
    1.0000    3.0000    5.0000
    2.0000    4.0000    6.0000
    3.0000    7.0000    9.0000
    4.0000    1.0000    2.0000
>> cat(1,A,C)          %列数不同，不能连接
??? Error using ==> cat
CAT arguments dimensions are not consistent.


>> cat(2,A,B)          %行数不同，不能连接
??? Error using ==> cat
CAT arguments dimensions are not consistent.


>> cat(2,A,C)
ans =
    0.9568    0.1730    0.2523    1.0000         0         0         0         0
    0.5226    0.9797    0.8757         0    1.0000         0         0         0
    0.8801    0.2714    0.7373         0         0    1.0000         0         0
>> horzcat(A,C)
ans =
    0.9568    0.1730    0.2523    1.0000         0         0         0         0
    0.5226    0.9797    0.8757         0    1.0000         0         0         0
    0.8801    0.2714    0.7373         0         0    1.0000         0         0
```

```
>> vertcat(A,B)
ans =
    0.9568    0.1730    0.2523
    0.5226    0.9797    0.8757
    0.8801    0.2714    0.7373
    1.0000    3.0000    5.0000
    2.0000    4.0000    6.0000
    3.0000    7.0000    9.0000
    4.0000    1.0000    2.0000
```

4. 冒号操作符裁剪数组

与数组的扩展相反，数组的裁剪就是缩小原来的数组，产生新的子数组。从已有的大数组中挑取一部分数组元素，组成新的数组，这是很常见的操作。

MATLAB 中裁剪数组，最常用的就是用冒号操作符。比如从 60 行 30 列的数组 A 中挑取奇数行、偶数列的元素，这些元素的相对位置固定不变，来组成新的子数组，那么可以用 Z=A(1:2:60,2:2:30)来实现。

冒号裁剪符的使用方法是：

$$Z=A([X_1,X_2,\ldots],\ [Y_1,Y_2,\ldots])$$

该式子表示的是提取数组 A 的 X_1，X_2…等行，Y_1，Y_2…等列，组成一个新的数组。此外，在数字索引访问数组时，当某一索引值的位置上不是数字，而是冒号的话，则表示取这一个索引位置的所有数组元素。比如对一个 3 行 3 列的数组 A，A(1,:)表示取数组 A 的第一行所有元素。

例 3-22 数组裁剪。

```
>> A=magic(6)
A =
    35     1     6    26    19    24
     3    32     7    21    23    25
    31     9     2    22    27    20
     8    28    33    17    10    15
    30     5    34    12    14    16
     4    36    29    13    18    11

>> A(3,:)              %裁剪出第三行的所有元素
ans =
    31     9     2    22    27    20

>> A(1:2:6,2:2:6)     %裁剪出所有奇数行、偶数列元素,组成新的矩阵
ans =
     1    26    24
     9    22    20
     5    12    16
```

```
>> A([1,2,3],[4,5,6])          %裁剪出第 1、2、3 行，第 4、5、6 列的元素，组成新矩阵。
ans =
      26     19     24
      21     23     25
      22     27     20
```

5. 数组元素的删除

删除数组元素，可以通过将该位置的数组元素赋值为空方括号([])即可，一般配合冒号使用，将数组中的某些行、列元素删除。不过需要注意的是，在进行数组元素的删除时，索引结果必须是完整的行或列，而不能是数组内部的块或者单元格。

例 3-23 数组元素的删减。

```
>> A=magic(6)
A =
      35      1      6     26     19     24
       3     32      7     21     23     25
      31      9      2     22     27     20
       8     28     33     17     10     15
      30      5     34     12     14     16
       4     36     29     13     18     11
>> A([1,2],:)=[]
A =
      31      9      2     22     27     20
       8     28     33     17     10     15
      30      5     34     12     14     16
       4     36     29     13     18     11
>> A(1:2:4,:)=[]
A =
       8     28     33     17     10     15
       4     36     29     13     18     11
>> A(:,[1,2,3,4])=[]
A =
      10     15
      18     11
```

3.5 多 维 数 组

前面几节介绍了数组的创建、排序和运算，主要是针对一维和二维数组。从 MATLAB5 开始，MATLAB 开始支持多维数组。MATLAB 对多维数组的操作与一维和二维数组相同。目前，对于多维数组，最常用的为三维数组。三维数组在图像处理中有着非常广泛的应用。

三维数组的第三维称为"页"，即一个三维数组由行、列和页组成，其中每一页包含一个由行和列构成的二维数组，并且每一页的二维数组必须有相同的维数。

本节主要以三维数组为例，讲述多维数组的创建和其他操作。

3.5.1　多维数组的创建

多维数组无法像一维数组和二维数组那样一次输入全部值。因此需要借助一些函数来生成多维数组。

1. 利用标准数组函数生成多维数组

例 3-24　利用函数生成三维数组。

```
>> A=randn(4,4,3)
A(:,:,1) =
    -0.4326      -1.1465       0.3273      -0.5883
    -1.6656       1.1909       0.1746       2.1832
     0.1253       1.1892      -0.1867      -0.1364
     0.2877      -0.0376       0.7258       0.1139
A(:,:,2) =
     1.0668       0.2944      -0.6918      -1.4410
     0.0593      -1.3362       0.8580       0.5711
    -0.0956       0.7143       1.2540      -0.3999
    -0.8323       1.6236      -1.5937       0.6900
A(:,:,3) =
     0.8156       1.1908      -1.6041      -0.8051
     0.7119      -1.2025       0.2573       0.5287
     1.2902      -0.0198      -1.0565       0.2193
     0.6686      -0.1567       1.4151      -0.9219
```

上面的代码生成了 4 行、4 列、3 页的随机数组。多维数组在显示时，每次显示一个页。除了 randn 函数，其他数组生成函数，如 ones、rand 等也可以生成多维数组。

2. 利用直接索引方式生成数组

首先，可以生成一个二维数组，通过向数组中添加新的"页"，逐步生成多维数组。

例 3–25　逐页生成多维数组。

```
>> A=rand(3,3)
A =
    0.4447      0.9218      0.4057
    0.6154      0.7382      0.9355
    0.7919      0.1763      0.9169
>> A(:,:,2)=randn(3,3)
A(:,:,1) =
    0.4447      0.9218      0.4057
```

$$
\begin{array}{ccc}
0.6154 & 0.7382 & 0.9355 \\
0.7919 & 0.1763 & 0.9169
\end{array}
$$

A(:,:,2) =

$$
\begin{array}{ccc}
-1.0091 & 0.0000 & -1.8740 \\
-0.0195 & -0.3179 & 0.4282 \\
-0.0482 & 1.0950 & 0.8956
\end{array}
$$

在上面的例子中，首先创建了一个二维数组，然后添加了一个新页，最终生成了一个 3×3×2 的数组。

3. 通过 cat 函数创建多维数组

cat 函数用于连接数组，见下面的例子。

例 3-26　通过 cat 函数创建多维数组。

```
>> B = cat(3, [2 8; 0 5], [1 3; 7 9])
B(:,:,1) =
     2     8
     0     5
B(:,:,2) =
     1     3
     7     9
>> A = cat(3, [9 2; 6 5], [7 1; 8 4])
A(:,:,1) =
     9     2
     6     5
A(:,:,2) =
     7     1
     8     4
>> D = cat(4, A, B, cat(3, [1 2; 3 4], [4 3; 2 1]))
D(:,:,1,1) =
     9     2
     6     5
D(:,:,2,1) =
     7     1
     8     4
D(:,:,1,2) =
     2     8
     0     5
D(:,:,2,2) =
     1     3
     7     9
D(:,:,1,3) =
     1     2
     3     4
```

```
D(:,:,2,3) =
        4      3
        2      1
```

3.5.2　多维数组的其他运算

多维数组的基本运算与一维数组和二维数组相同，另外有一些操作仅可以用于多维数组，多维数组中的一些常用函数如表 3-2 所示。由于多维数组在基本使用中并不常见，因此这里不予详细介绍，其具体使用可以参照 MATLAB 的帮助文档。

表 3-2　多维数组的常用函数

函　　数	描　　述
ones(r,c,…)	创建多维数组的基本函数，分别用于创建全 1、全 0、随机均匀分布
oeros(r,c,…)	数组和随机正态分布数组
rand(r,c,…)	
randn(r,c,…)	
reshape(B,2,3,3)	将一个数组变形为一个任意维数的数组
reshape(B,[2,3,3])	
repmat(C,[1,1,3]	将一个数组复制成一个任意维数的数组
cat(3,a,b,c)	沿着一个指定的维将数组连接起来
squeeze(D)	删除大小等于 1 的维，即单一维
sub2ind(size(F),1,1,1)	将下标转化为单一索引值，或将单一索引值转化为下标
[r,c,p]=ind2sub(size(F),19)	
flipdim(M,1)	沿着一个指定的维轮换顺序。等效于二维数组中的 flipud 和 fliplr
shiftdim(M,2)	循环轮换。第二个参数为正的话，进行各维的循环轮换；第二个参数为负的情况下，将使数组的维数增加
permute(M,,[2,1,3])	多维数组的转置和取消转置操作
ipermute(M,,[2,1,3])	
size(M)	返回数组各维的大小
[r,c,p]=size(M)	
r=size(M,1)	分别返回数组的行数、列数和页数
c=size(M,2)	
p=size(M,3)	
ndims(M)	获取数组的维数
numel(M)	获取数组的元素总个数

3.6　数组的保存和装载

在实际的操作中，经常会用到很多规模庞大的数组，同时操作比较繁复，所以有可能一次处理不完，需要分多次处理，而在下次操作时需要对所操作的数组进行声明和赋值。当数组规模比较大的时候，这部分工作量就比较大，那么对这些规模庞大的数组进行保存以及在下次使用时的装载就是一个比较重要的问题。一个好的解决方法就是将数组保存在文件中，每次需要使用时进行装载。

MATLAB 中提供了将变量保存在文件中的方法，最简捷的方法是将数组变量保存为.mat 文件。用户可以用 save 命令将工作区中指定的变量存储在.mat 文件中。

其中 save 命令的语法：

save <filename>　<var1>　<var2>　<var3>…<varN>

save 命令是将 var1 到 varN 等工作区中指定的数组变量存储在 filename 所指名称的.mat 文件中。

而通过 load 命令可以将数组装载到工作区，load 命令的语法：

load <filename>　<var1>　<var2>　<var3>…<varN>

load 命令是把 filename.mat 文件中的 var1 到 varN 等数组变量装载到 MATLAB 工作区中。

3.7　习　　题

1. 生成一个 3×3 随机矩阵，将其对角形元素的值加 1。

2. 生成一个元素值在 1 和 10 之间的 3×3 随机矩阵，将其重新排序，使得：

(1) 每列按照降序排列

(2) 每行按照降序排列

3. 令 $a=3$，$X = \begin{pmatrix} 2 & 1 \\ 3 & 2 \end{pmatrix}$，$Y = \begin{pmatrix} 4 & 5 \\ 6 & 7 \end{pmatrix}$，进行幂运算，计算：

(1) a^X

(2) X^a

(3) X^Y

4. 生成 3×3 随机矩阵，判断其元素是否大于 0.5。

5. 有 $a=3$，$B = \begin{pmatrix} 4 & 3 \\ 7 & 5 \end{pmatrix}$，$C = \begin{pmatrix} 8 & 9 \\ 7 & 6 \end{pmatrix}$，$D = \begin{pmatrix} 4 & 7 \\ 12 & 8 \end{pmatrix}$，进行如下操作。

(1) ~(a<B)

(2) a>C & B<D

(3) C<=D

第4章　矩阵的代数运算

MATLAB 最早的功能是数学计算，随着其发展，逐渐扩展到其他领域中。但是数学运算仍然是 MATLAB 的核心，其他领域的应用以这些数学运算为基础，如矩阵运算。很多工程应用领域，都会用到矩阵分析、线性方程组的求解等问题。本章将介绍 MATLAB 的矩阵的代数运算。通过本章的学习，读者可以利用 MATLAB 编写一些简单的脚本程序，实现一些数学功能。

本章学习目标

- ☑ 掌握向量和矩阵的运算
- ☑ 掌握线性代数的基本函数和使用
- ☑ 掌握稀疏矩阵的操作

4.1　向量、矩阵及其运算

MATLAB 语言是专门用于矩阵运算的语言，其最基本、最重要的功能就是进行矩阵运算。其所有的数值功能都是以矩阵为基本单元实现的。向量是组成矩阵的基本元素之一，MATLAB 中提供了关于向量和矩阵运算的强大功能。

向量和矩阵在内存中是以数组的方式存储的，从数组结构的角度讲，矩阵是一个二维数组，而向量是一个一维数组。第 3 章中已经介绍了数组的基本操作，向量和矩阵同样适用数组的操作，但是作为数学对象，又有着不同的性质。本节将介绍向量和矩阵的运算，重点介绍其不同于数组的性质。

4.1.1　向量的点乘、叉乘和混合积

1. 向量的点乘

向量的点乘又称为内积，是两个向量的模和两个向量之间的夹角余弦三者的乘积。MATLAB 中，实现点乘的函数是 dot。dot 函数的用法为 dot(*x1*, *x2*)，其中 *x1* 和 *x2* 的维数必须相同。

例 4-1　　向量的点乘。

```
>> x1=rand(1,3)*10
x1 =
    4.8598    8.9130    7.6210
>> x2=[1 2 4]
x2 =
    1     2     4
>> dot(x1,x2)
ans =
    53.1697
```

当两个向量都是行向量时，下面的操作同样实现点乘。

继续【例 4-1】的输入：

```
>> x1*x2'
ans =
    53.1697
```

2. 向量的叉乘

向量乘法除点乘之外还有叉乘。两个向量叉乘的几何意义是指以两个向量模的乘积为模，方向和两个向量构成右手坐标系的向量。向量的叉乘不可交换。在 MATLAB 中函数 cross 用于实现向量的叉乘。

例 4-2　　向量的叉乘。

```
>> cross(x1,x2)
ans =
    20.4100   -11.8183    0.8067
```

3. 向量的混合积

向量的混合积的几何意义是：向量的绝对值表示以 3 个向量为棱的平行六面体的体积，符号由右手法则确定。上面介绍了向量的点乘和叉乘，向量的混合积由点乘和叉乘逐步实现。

例 4-3　　向量的混合积。

继续【例 4-1】的输入：

```
>> dot(x1,cross(x2,x3))
ans =
    -4.4257
>> dot(x3,cross(x2,x1))
ans =
    4.4257
```

当 3 个向量的顺序变化时，产生的结果有相同的绝对值，但是可能有不同的符号。

4.1.2　矩阵的基本运算

矩阵的基本运算包括矩阵与常数、矩阵与矩阵之间的四则运算以及矩阵转置、矩阵乘方等。矩阵与常数的运算与数组运算相同，另外，矩阵和矩阵之间的加减运算也与数组运算相同，因此这里不再介绍，而是重点介绍矩阵乘法和矩阵的转置。

1. 矩阵乘法

设 A 是一个 $m \times n$ 矩阵，B 是一个 $p \times q$ 矩阵，当 $n=p$ 时，两个矩阵可以相乘，乘积为 $m \times q$ 矩阵。矩阵乘法不可逆。在 MATLAB 中，矩阵乘法由"*"实现。

例 4-4　矩阵乘法。

```
>> A=rand(3,4)*10
A =
    9.5013    4.8598    4.5647    4.4470
    2.3114    8.9130    0.1850    6.1543
    6.0684    7.6210    8.2141    7.9194
>> B=rand(4,5)*10
B =
    9.2181    9.3547    0.5789    1.3889    2.7219
    7.3821    9.1690    3.5287    2.0277    1.9881
    1.7627    4.1027    8.1317    1.9872    0.1527
    4.0571    8.9365    0.0986    6.0379    7.4679
>> A*B
ans =
  149.5476  191.9101   60.2062   58.9723   69.4304
  112.3976  159.1031   34.9007   58.8098   69.9995
  158.8061  231.1166   97.9801   88.0209   92.0644
>> B*A
??? Error using ==> mtimes
Inner matrix dimensions must agree.
```

由上例可以看出，矩阵乘法和数组乘法的区别。同时，矩阵乘法时，如果交换两个因子的顺序将产生不同的、甚至是错误的结果。

矩阵除法在实际中主要用于求解线性方程组，而且应用不多。因此这里不再过多介绍，相关内容会在线性方程组一节中介绍。

2. 矩阵转置

在 MATLAB 中，符号"'"实现矩阵的转置操作。对于实数矩阵，"'"表示矩阵转置；对于复数矩阵，"'"实现共轭转置。另外对于复数矩阵，如果想要实现非共轭转置，可以使用符号".'"。

例 4-5　矩阵的转置。

```
>> A=randn(3,4)*10
A =
     - 5.8832        1.1393       - 0.9565      - 13.3618
      21.8319       10.6677       - 8.3235        7.1432
     - 1.3640        0.5928        2.9441        16.2356
>>B=rand(3,4)*10
B =
     5.4657      6.2131      5.2259      9.7975
     4.4488      7.9482      8.8014      2.7145
     6.9457      9.5684      1.7296      2.5233
>> C=A+B*i
C =
    - 5.8832 + 5.4657i      1.1393 + 6.2131i     - 0.9565 + 5.2259i    - 13.3618 + 9.7975i
     21.8319 + 4.4488i     10.6677 + 7.9482i     - 8.3235 + 8.8014i      7.1432 + 2.7145i
    - 1.3640 + 6.9457i      0.5928 + 9.5684i      2.9441 + 1.7296i      16.2356 + 2.5233i
>> B'
ans =
     5.4657      4.4488      6.9457
     6.2131      7.9482      9.5684
     5.2259      8.8014      1.7296
     9.7975      2.7145      2.5233
>> C'
ans =
    - 5.8832 - 5.4657i        21.8319 - 4.4488i       - 1.3640 - 6.9457i
      1.1393 - 6.2131i        10.6677 - 7.9482i         0.5928 - 9.5684i
    - 0.9565 - 5.2259i        - 8.3235 - 8.8014i        2.9441 - 1.7296i
    - 13.3618 - 9.7975i         7.1432 - 2.7145i        16.2356 - 2.5233i
>> C.'
ans =
    - 5.8832 + 5.4657i        21.8319 + 4.4488i       - 1.3640 + 6.9457i
      1.1393 + 6.2131i        10.6677 + 7.9482i         0.5928 + 9.5684i
    - 0.9565 + 5.2259i        - 8.3235 + 8.8014i        2.9441 + 1.7296i
    - 13.3618 + 9.7975i         7.1432 + 2.7145i        16.2356 + 2.5233i
```

4.1.3　特殊矩阵生成

　　前面已经介绍，矩阵的实质是一个二维数组，可以用生成数组的方式生成矩阵。本节将介绍一些特殊矩阵的生成。MATLAB 中常用的矩阵生成函数如表 4-1 所示。

表 4-1　MATLAB 中的常用矩阵生成函数

函　数	功　能
[]	生成空白矩阵
zeros	生成全 0 矩阵
eye	生成单位矩阵
ones	生成全 1 矩阵
tril triu	生成上三角或下三角矩阵
diag	生成对角矩阵
gallery	生成一些小的测试矩阵
hadamard	生成 hadamard 矩阵
hankel	生成 hankel 矩阵
hilb	生成 Hilbert 矩阵
invhilb	生成反 Hilbert 矩阵
magic	生成魔术矩阵
pascal	生成 n 阶 Pascal 矩阵
rand	生成服从均匀分布的随机矩阵
randn	生成服从正态分布的随机矩阵
rosser	典型的对称矩阵特征值的问题测试
toeplitz	生成 Toeplitz 矩阵
vander	生成范德蒙矩阵
wilkinson	生成 Wilkinson 矩阵
compan	生成多项式的伴随矩阵

这些函数有一些在数组的生成中已经介绍过了，在这里详细介绍一些其他常用函数。

1. 对角矩阵的生成

对角矩阵指除对角线以外其他元素为 0 的矩阵。函数 diag 可以生成对角矩阵。该函数的用法为：

(1) A=diag(V,K)，其中 V 是一个向量，K 是一个整数。该语句返回一个矩阵，矩阵的第 K 个对角线为 V。K 在默认情况下为 0，表示矩阵的主对角线，K 大于 0 时表示主对角线的上方，小于 0 时为主对角线的下方。

(2) V=diag(A,K)，其中 A 是一个矩阵。K 与上面的语句相同。该语句返回矩阵 A 第 K 个对角线上的元素组成的矩阵。

例 4-6　对角矩阵的生成。

```
>> V=[1,2,3,4]
V =
     1     2     3     4
```

```
>> A=diag(V)
A =
    1    0    0    0
    0    2    0    0
    0    0    3    0
    0    0    0    4
```

例 4-7　返回矩阵的对角元。

```
>> A=randn(4,4)*10
A =
    - 6.9178    - 14.4096      8.1562     11.9084
      8.5800       5.7115      7.1191    - 12.0246
     12.5400     - 3.9989     12.9025     - 0.1979
    - 15.9373      6.9000      6.6860     - 1.5672
>> V=diag(A, - 1)
V =
      8.5800
    - 3.9989
      6.6860
```

2. 魔术矩阵的生成

魔术矩阵是一种经常遇到的矩阵，除了二阶方阵之外，魔术矩阵的每一行、每一列以及每条主对角线的元素之和都相同。在 MATLAB 中，magic 函数用于生成魔术矩阵。其调用方法为 magic(N)，其中 N 为正整数，并且 N≠2。

例 4-8　魔术矩阵的生成。

```
>> magic(3)
ans =
    8    1    6
    3    5    7
    4    9    2
>> magic(4)
ans =
   16    2    3   13
    5   11   10    8
    9    7    6   12
    4   14   15    1
```

以上介绍了矩阵生成函数中比较常用的一些，如有特殊需要，可查阅 MATLAB 帮助文档。

4.1.4　向量和矩阵的范数

向量 x 的 p 范数定义为 $\|x\|_p = \left(\sum |x_i|^p\right)^{1/p}$，其中 $p \geq 1$，最常用的 p 值为 1、2 和无穷大。矩阵 A 的 p 范数定义为 $\|A\|_p = \max_x \dfrac{\|Ax\|_p}{\|x\|_p}$，其中 $p \geq 1$，最常用的 p 值为 1、2 和无穷大。

向量和矩阵的范数可以通过函数 norm 求解。该函数的调用格式为 n = norm(A,p)，其中 p 用于指定范数的类型。p 可以为所有大于 1 的常数，最常用的为 1、2、inf 和'fro'，'fro' 为求解矩阵 A 的 Frobenius 范数。当 p 省略时，默认值为 2。

例 4-9　向量和矩阵范数的计算。

```
>> v = [2 0 -1];
>> [norm(v,1) norm(v) norm(v,inf)]
ans =
      3.0000    2.2361    2.0000
>> C = fix(10*rand(3,2));
>> [norm(C,1) norm(C) norm(C,inf)]
ans =
     19.0000   14.8015   13.0000
```

4.1.5　矩阵的条件数

矩阵的条件数是在矩阵的逆和矩阵范数的基础上定义的，是用于衡量矩阵病态程度的关键量。一个矩阵的条件数越大，表明该矩阵的病态程度越严重。MATLAB 中求解矩阵条件数的函数是 cond，在命令窗口中输入 cond(A) 即可得到矩阵 A 的条件数。

例 4-10　矩阵的条件数。

```
>>   A=[1 2 3;4 5 6;7 8 9]
A =

     1     2     3
     4     5     6
     7     8     9
>> cond(A)
ans =
   3.8131e+016
```

对于秩为零或者接近零的奇异矩阵，其条件数会比较大，读者可自行验证。

4.2　矩阵和线性代数

MATLAB 最初的设计目的是为程序员或科研人员编写专业化的数值线性代数程序提供一个简单实用的接口。随着 MATLAB 版本的不断升级，MATLAB 提供了一些更贴近用户的特性，然而从本质讲，矩阵仍然是 MATLAB 的核心。本节将介绍 MATLAB 中关于矩阵的高级操作。

4.2.1　线性方程组

在工程中经常要考虑的问题就是线性方程组的求解。例如，对于给定的矩阵 A 和矩阵 B，是否存在唯一的矩阵 X 使得 $AX = B$ 或者 $XA = B$？线性代数中的一个基本问题是验证上述等式的解是否存在，当解存在时，如何求解。在代数中，最直观的方法为利用矩阵求逆进行计算，但是矩阵求逆法计算量大，并且不稳定。其他还有一些方法如高斯消元法、分解法等。下面介绍利用 MATLAB 求解线性方程组的方法。

例 4-11　利用矩阵求逆的方法求解方程组。

```
>> A=[1 2 3;14 5 6;7 8 9]
A =
        1        2        3
       14        5        6
        7        8        9
>> y=[23;60;77]
y =
       23
       60
       77
>> x=inv(A)*y
x =
    1.0000
    2.0000
    6.0000
```

在上例中，我们首先求系数矩阵的逆，然后利用矩阵的逆求解方程组的解。除此之外，MATLAB 还提供了一种更为便捷的方法用于求解，即利用矩阵的左除符号 "\" 或者右除符号 "/" 求解方程组，见【例 4-12】。

例 4-12　利用矩阵左除和右除符号求解矩阵，求解方程组 $Ax=y$ 和 $x^T A = y^T$ 的解。

继续【例 4-11】的操作：

```
>> x1=A\y
x1 =
```

```
        1.0000
        2.0000
        6.0000
>> x2=y'/A
x2 =
        13.6667    -2.0000      5.3333
```

观察上面两条命令，在第一条命令中使用了左除符号"\"，求得了方程组 $Ax = y$ 的解，在第二条命令中使用了右除符号"/"求得了方程组 $x^T A = y^T$ 的解。对于左除和右除符号，其具体功能为：对于矩阵 A 和矩阵 B，$B / A = BA^{-1}$，表示方程组 $XA=B$ 的解；$A \backslash B = A^{-1}B$，表示方程组 $AX=B$ 的解。

利用左除符号和右除符号求解线性方程组，避免了矩阵求逆操作，因此系数矩阵 A 不必为方阵。如果系数矩阵 A 的维数为 $m \times n$，则有 3 种情况：

- $m>n$，此时方程组为超定方程组，MATLAB 将给出最小二乘解；
- $m=n$，此时方程组为方阵系统，MATLAB 给出精确解；
- $m<n$，此时方程组为欠约束方程组，MATLAB 将给出一组基解，该解中包含最多 m 个非零元素。

在采用除法符号(包括左除和右除)求解线性方程组时，MATLAB 采用 LU 因式分解法求解方程组。尽管 MATLAB 提供了两种方法，一般更倾向于采用第二种方法，该方法用到较少的浮点数运算，执行速度较快。另外，由于采用了 LU 分解法，得出的结果要精确得多。

当利用矩阵左除或者右除求解线性方程组时，系统会根据矩阵的结构特征来决定采用的内部算法，最后选择最快的速度求出正确的结果。因此，当用户知道系数矩阵的结构时，可以使用函数 linsolve 求解方程组的解。该函数的调用格式为 linsolve(A,y,opts)，其中 A 为系数矩阵，y 为解，opts 为矩阵的结构特征，为一个结构体。利用 linsolve 求解，MATLAB 不需要花费时间分析矩阵的结构，从而提高求解速度。但是需要注意的是，当矩阵不符合 opts 所制定的结构时，MATLAB 不会发出提示而会给出错误的结果。该函数的详细用法用户可参考 MATLAB 的帮助文档，另外，其他用于求解线性方程组的函数也可参考帮助文档。

4.2.2　矩阵的逆、秩和行列式

在矩阵的线性代数的研究中，经常需要计算矩阵的逆、秩以及行列式。所以本节介绍矩阵这些量的计算。

1. 矩阵求逆

对于非奇异方阵 A，如果存在方阵 X，满足 $AX=I$ 并且 $XA=I$，则称 X 为矩阵 A 的逆，记为 A^{-1}，在 MATLAB 中，通过 inv(A)实现矩阵逆的求解。

例 4-13　方阵逆的求解。

对于上例中的矩阵 *A*，进行下面的操作：

```
>> X=inv(A)
X =
       3      -3       1
      -3       5      -2
       1      -2       1
>> A*X
ans =
       1       0       0
       0       1       0
       0       0       1
>> X*A
ans =
       1       0       0
       0       1       0
       0       0       1
```

2. 矩阵的秩

矩阵的秩反映了矩阵各行向量或各列向量之间的线性相关程度。倘若一个矩阵为满秩，则该矩阵各行向量和各列向量之间都是线性无关的。MATLAB 获得矩阵秩的函数为 rank。

例 4-14　矩阵的秩。

```
>> A=[1 2 3;4 5 6;7 8 9]
A =
       1       2       3
       4       5       6
       7       8       9
>> rank(A)
ans =
       2
>> rank(eye(4))
ans =
       4
```

3. 矩阵行列式

在 MATLAB 中，矩阵的行列式是一个数值，用来表示该矩阵是否奇异。矩阵的行列式用函数 det 求解。调用格式为 det(A)，其中 *A* 为方阵。

例 4-15　矩阵行列式求解。

```
>> A=pascal(3)
A =
    1    1    1
    1    2    3
    1    3    6
>> det(A)
ans =
    1
>> B=ceil(rand(3,4)*10)
B =
   10    5    5    4
    8   10    9    9
    2   10    1    1
>> det(B)
??? Error using ==> det
Matrix must be square.
```

该例首先生成 pascal 矩阵 A，然后计算其行列式；然后生成随机 3×4 整数矩阵 B，计算其行列式，系统给出错误警告，提示该矩阵不是方阵。

4.2.3　矩阵分解

1. Cholesky 分解

Cholesky 分解将对称矩阵表示为一个三角矩阵与其转置的乘积的形式，即 $A=R'R$，其中 A 为对称矩阵，R 为上三角矩阵。并非所有的对称矩阵都能进行 Cholesky 分解，只有正定矩阵能够进行 Cholesky 分解，如 Pascal 矩阵。在 MATLAB 中 Cholesky 分解由函数 chol 实现，该函数对输入矩阵进行 Cholesky 分解，返回其对应的三角矩阵，见下面的例子。

例 4-16　Pascal 矩阵的 Cholesky 分解。

```
>> A = pascal(6)
A =
    1    1    1    1    1    1
    1    2    3    4    5    6
    1    3    6   10   15   21
    1    4   10   20   35   56
    1    5   15   35   70  126
    1    6   21   56  126  252
>> R = chol(A)
R =
    1    1    1    1    1    1
```

$$
\begin{array}{cccccc}
0 & 1 & 2 & 3 & 4 & 5 \\
0 & 0 & 1 & 3 & 6 & 10 \\
0 & 0 & 0 & 1 & 4 & 10 \\
0 & 0 & 0 & 0 & 1 & 5 \\
0 & 0 & 0 & 0 & 0 & 1
\end{array}
$$

Cholesky 分解同样适用于复数矩阵。如果复数矩阵 A 满足 $A = A'$，其中 A' 表示矩阵 A 的共轭转置。如果矩阵 A 存在 Cholesky 分解则称其为 Hermitian 正定。

2. LU 分解

矩阵的 LU 分解将一个方阵表示为一个下三角置换矩阵和一个上三角矩阵乘积的形式。如 $A = LU$，其中 L 为下三角置换矩阵，U 为上三角矩阵。MATLAB R2007b 中 LU 分解可以通过函数 LU 实现。通过矩阵的 LU 分解，可以实现线性方程组的快速求解。

例 4-17 通过矩阵 LU 分解求解下面的方程组。

$$
\begin{pmatrix}
1 & 2 & 3 & 4 \\
1 & 4 & 9 & 16 \\
1 & 8 & 27 & 64 \\
1 & 16 & 81 & 256
\end{pmatrix}
\begin{pmatrix}
x_1 \\ x_2 \\ x_3 \\ x_4
\end{pmatrix}
=
\begin{pmatrix}
2 \\ 10 \\ 44 \\ 190
\end{pmatrix}
$$

在命令窗口中输入如下命令：

```
>> a=1:4
a =
     1     2     3     4
>> for i=1:4
A(i,:) = a.^i;
end
>> A
A =
     1     2     3     4
     1     4     9    16
     1     8    27    64
     1    16    81   256
>> b=[2;10;44;190];
>> [L,U]=lu(A);
>> x = U\(L\b)
x =
    -1.0000
     1.0000
    -1.0000
     1.0000
>> A*x
ans =
     2.0000
```

　　　　10.0000
　　　　44.0000
　　　　190.0000

　　另外矩阵的 LU 分解可用于矩阵快速求逆和求行列式，有 det(A) = det(L)*det(U) 和 inv(A) = inv(U)*inv(L)。如在窗口中继续输入：

　　　　>> det(L)*det(U)
　　　　ans =
　　　　　288.0000
　　　　>> det(A)
　　　　ans =
　　　　　288
　　　　>> inv(U)*inv(L)
　　　　ans =
　　　　　　4.0000　　− 4.3333　　　1.5000　　− 0.1667
　　　　　− 3.0000　　　4.7500　　− 2.0000　　　0.2500
　　　　　　1.3333　　− 2.3333　　　1.1667　　− 0.1667
　　　　　− 0.2500　　　0.4583　　− 0.2500　　　0.0417
　　　　>> inv(A)
　　　　ans =
　　　　　　4.0000　　− 4.3333　　　1.5000　　− 0.1667
　　　　　− 3.0000　　　4.7500　　− 2.0000　　　0.2500
　　　　　　1.3333　　− 2.3333　　　1.1667　　− 0.1667
　　　　　− 0.2500　　　0.4583　　− 0.2500　　　0.0417

　　得出的结果一致，但是在计算中采用 LU 分解的方法可以节省计算时间。

3. QR 分解(正交分解)

　　如果矩阵 Q 满足 $QQ' = I$，则 Q 为正交矩阵。正交矩阵为实矩阵，其每列为单位向量，并且各列互相正交。正交矩阵最简单的例子为二维旋转矩阵：

$$\begin{pmatrix} \cos(\theta) & \sin(\theta) \\ -\sin(\theta) & \cos(\theta) \end{pmatrix}$$

　　对于复数矩阵，对应的概念为酉矩阵。

　　在数值计算中正交矩阵有着重要的应用，因为正交矩阵具有长度不变性、角度不变性，并且不会扩大误差。

　　矩阵的正交分解将矩阵表示为正交矩阵(或酉矩阵)和上三角矩阵的乘积。如 $A = QR$ 或 $AP = QR$，其中 Q 为正交矩阵或酉矩阵，R 为上三角矩阵，P 为置换矩阵。正交分解有 4 种形式，包括完全分解、简化分解、带置换矩阵的分解和不带置换矩阵的分解。

　　● 完全分解

　　过约束线性系统的系数矩阵函数超过列数，为一个 $m×n$ 矩阵并且 $m>n$，记为 A，则完全正交分解产生一个 $m×m$ 的正交矩阵 Q 和一个 $m×n$ 的上三角矩阵 R，满足 $A=QR$。MATLAB 中矩阵的完全分解由函数 qr 实现。

例 4-18   矩阵的完全 QR 分解。

```
>> C =[9.0002,4.0000;1.9998,7.9998;6.0005,7.0003]
C =
      9.0002        4.0000
      1.9998        7.9998
      6.0005        7.0003
>> [Q,R] = qr(C)
Q =
    - 0.8182        0.3999      - 0.4132
    - 0.1818      - 0.8616      - 0.4739
    - 0.5455      - 0.3126        0.7776
R =
   - 11.0004      - 8.5455
          0      - 7.4817
          0            0
```

仔细观察可以看出，在上面的例子中，R 的最后一行为 0，因此 Q 的最后一列并无实际意义。在 QR 分解中，Q 的最后 $m - n$ 均可以省略，即矩阵的简化正交分解。

● 简化分解

矩阵的简化正交分解可以节省存储空间和运算时间。正交分解可以通过在 qr 函数中设置第二个参数为 0 实现。

例 4-19   矩阵的简化正交分解。

继续【例 4-18】的输入，对矩阵 C 进行简化正交分解。

```
>> [Q,R] = qr(C,0)
Q =
    - 0.8182        0.3999
    - 0.1818      - 0.8616
    - 0.5455      - 0.3126
R =
   - 11.0004      - 8.5455
          0      - 7.4817
```

与 LU 分解不同，QR 分解不需要对矩阵进行旋转或者置换，如【例 4-18】和【例 4-19】。但是如果对矩阵进行置换可以避免由于矩阵奇异造成的误差。选择置换后，在分解的每一步，选择剩下列中范数最大的一列作为分解的基。这样得到的结果中，R 的对角线元素按照降序排列。包含置换的正交分解可以通过增加 qr 函数的输出参数得到。

例 4-20　包含置换的矩阵 QR 分解。

```
>> [Q,R,P] = qr(C)
Q =
    - 0.3522      0.8398    - 0.4132
    - 0.7043    - 0.5285    - 0.4739
    - 0.6163      0.1241      0.7776
R =
    - 11.3579    - 8.2766
          0        7.2462
          0             0
P =
       0        1
       1        0
>> [Q,R,P] = qr(C,0)
Q =
    - 0.3522      0.8398
    - 0.7043    - 0.5285
    - 0.6163      0.1241
R =
    - 11.3579    - 8.2766
          0        7.2462
P =
       2        1
```

4.2.4　矩阵指数函数和幂函数

在第 3 章中已经介绍了数组的指数运算和幂运算，数组运算为"点对点"的运算，即针对元素的运算。本节介绍矩阵的指数运算和幂运算。

1. 矩阵的正整数幂

如果 A 为方阵，p 为正整数，则 $A\textasciicircum p$ 表示 p 个 A 相乘。

例 4-21　矩阵的正整数幂。

```
>> A = [1 1 1;1 2 3;1 3 6]
A =
       1        1        1
       1        2        3
       1        3        6
>> X = A^2
X =
       3        6       10
       6       14       25
```

```
            10    25    46
>> X = A^4
X =
                145         352         640
                352         857        1560
                640        1560        2841
```

2. 矩阵的负数幂与分数幂

如果 A 为非奇异方阵，则 A^(-p)等价于 inv(A)^p。

例 4-22　矩阵的复数幂。

```
>> A^(-2)
ans =
     19.0000    - 26.0000     10.0000
    - 26.0000      38.0000    - 15.0000
     10.0000    - 15.0000      6.0000
```

MATLAB 中，允许对矩阵进行分数幂运算，运算结果依赖于矩阵特征值的分布情况。

例 4-23　矩阵的分数幂。

```
>> X=A^(1/3)
X =
    0.8901    0.3019    0.0820
    0.3019    0.9171    0.5208
    0.0820    0.5208    1.6848
```

3. 矩阵指数运算

expm 用于实现矩阵的指数运算。

线性系统 $dx/dt = Ax$ 的解可以表示为 $x(t) = e^{tA}x(0)$，其中的矩阵指数运算可以通过 expm 完成。

例 4-24　矩阵指数运算。

当 $A = \begin{pmatrix} 0 & -6 & -1 \\ 6 & 2 & -16 \\ -5 & 20 & -10 \end{pmatrix}$，$x(0) = \begin{pmatrix} 1 \\ 1 \\ 1 \end{pmatrix}$ 时，可以通过下面的代码绘制该系统的图形。在命令窗口中输入如下代码：

```
>> A =[0,-6,-1;6,2,-16;-5,20,-10];
>> x0=[1;1;1];
>> X=[];
>> for t = 0:.01:1
    X = [X expm(t*A)*x0];
end
>> plot3(X(1,:),X(2,:),X(3,:),'-o')
```

得到的结果如图 4-1 所示。

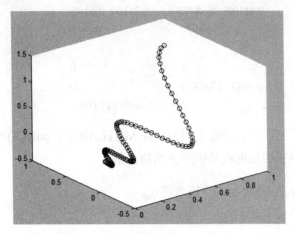

图 4-1　线性系统 $dx/dt = Ax$ 的图形

4.2.5　矩阵特征值、特征向量及特征多项式

对于矩阵 A，如果存在向量 x 和标量数值 λ，使得 $A*x=\lambda*x$，则 x 被称为矩阵 A 的特征向量，λ 称为矩阵 A 的特征值。矩阵的特征值和特征值分解在线性代数中一直扮演着重要的角色。在 MATLAB 中，函数 eig 实现矩阵的特征值计算和特征值分解。

例 4-25　利用函数 eig 实现矩阵的特征值计算。

利用【例 4-24】中的矩阵 A。在命令窗口中输入下列命令：

```
>> A =[0,-6,-1;6,2,-16;-5,20,-10];
A =
        0      - 6      - 1
        6        2     - 16
      - 5       20     - 10
>> lambda = eig(A)
lambda =
     - 3.0710
     - 2.4645 +17.6008i
     - 2.4645  - 17.6008i
```

上例实现对矩阵特征值的计算，如果在调用 eig 函数时，设置输出参数的个数为 2，则实现对矩阵的特征值分解。

另外，通过[V,D]=eig(A)则可以返回以矩阵 A 的特征向量为列的矩阵 V 和以矩阵 A 的特征值为对角元素的矩阵 D。

例 4-26　利用 eig 函数实现矩阵的特征值分解。

```
>> [V,D] = eig(A)
V =
```

$$
\begin{array}{ccc}
-0.8326 & 0.2003 - 0.1394i & 0.2003 + 0.1394i \\
-0.3553 & -0.2110 - 0.6447i & -0.2110 + 0.6447i \\
-0.4248 & -0.6930 & -0.6930
\end{array}
$$

D =

$$
\begin{array}{ccc}
-3.0710 & 0 & 0 \\
0 & -2.4645 +17.6008i & 0 \\
0 & 0 & -2.4645 - 17.6008i
\end{array}
$$

特征多项式也在矩阵运算中经常用到，在 MATLAB 中，poly(A)可以生成矩阵 *A* 的特征多项式，特征多项式的根也就是矩阵 *A* 的特征值。

例 4-27　利用 poly 函数生成特征多项式。

```
>> poly(A)
ans =
    1.0000    8.0000    331.0000    970.0000
```

4.2.6　矩阵的标准正交基

将矩阵 A 的每一列向量取出并作线性运算，则可以生成一个向量空间，该空间称为矩阵 A 的线性空间。而实际上只需要通过一组基向量的线性运算就可以生成每一个矩阵线性空间下的所有向量。这样的个数最少的一组基向量被称为该空间的基，如果这些基向量正好长度为 1，而且互相正交，则被称为标准正交基。

MATLAB 中可以通过 orth 函数获得矩阵 A 的一组标准正交基，其语法为：

B=orth(A)

B 的列向量就是矩阵 *A* 的标准正交基，而 *B'*B*=eye(rank(*A*))。

例 4-28　矩阵的标准正交基。

```
>> A=[4 12 6;7 11 5;21 6 3]
A =
     4    12     6
     7    11     5
    21     6     3
>> B=orth(A)
B =
   -0.4247    -0.6560    -0.6240
   -0.4815    -0.4200     0.7692
   -0.7667     0.6271    -0.1375
>> B'*B
ans =
    1.0000         0    0.0000
```

0	1.0000	0.0000
0.0000	0.0000	1.0000

4.2.7　矩阵奇异值分解

对于矩阵 A，如果存在数 σ 和向量 u、v，满足 $Av = \sigma u$ 和 $A^T u = \sigma v$，则称 σ 为 A 的奇异值，u、v 为 A 的奇异向量。如果将矩阵的奇异值写为对角矩阵的格式，记为 Σ(不足的部分记为 0)；以奇异向量为列并扩充为正交矩阵 U 和 V，则有 $AV = U\Sigma$ 和 $A^T U = V\Sigma$。U 和 V 为正交矩阵，则得到 $A = U\Sigma V^T$，即为矩阵 A 的奇异值分解。

在 MATLAB 中，函数 svd 实现矩阵的奇异值分解。

例 4-29　矩阵的奇异值分解。

```
>> A =[9,4;6,8;2,7]
A =
     9     4
     6     8
     2     7
>> [U,S,V] = svd(A)
U =
    - 0.6105       0.7174       0.3355
    - 0.6646     - 0.2336     - 0.7098
    - 0.4308     - 0.6563       0.6194
S =
    14.9359            0
          0       5.1883
          0            0
V =
    - 0.6925       0.7214
    - 0.7214     - 0.6925
```

与矩阵的 QR 分解相似，奇异值分解也可以有简化分解。简化方法与 QR 分解相同，即在输入参数中以 0 标志。如在命令窗口中继续输入：

```
>> [U,S,V] = svd(A,0)
U =
    - 0.6105       0.7174
    - 0.6646     - 0.2336
    - 0.4308     - 0.6563
S =
    14.9359            0
          0       5.1883
V =
    - 0.6925       0.7214
    - 0.7214     - 0.6925
```

4.3　稀疏型矩阵

在很多实际应用中，用户往往会遇到只有少数非 0 元素的矩阵，我们称这些矩阵为稀疏矩阵。如果对稀疏矩阵中的全部元素进行存储和计算则会导致时间和空间上的极大浪费。因此，为了更有效地存储和处理稀疏矩阵，MATLAB 中采用了一些优化技术：MATLAB 中只存储稀疏矩阵中的非 0 元素，并用行索引和列索引表明每个非 0 元素在原矩阵中的位置；同样，MATLAB 中采用了一些专门的算法来处理稀疏矩阵，以避免对 0 元素的运算，并且最大限度地减少中间结果中的非 0 元素。

本节将介绍稀疏矩阵的创建、稀疏矩阵和普通矩阵之间的转化及稀疏矩阵的简单操作。

4.3.1　稀疏型矩阵的生成

MATLAB 不会自动生成稀疏矩阵，因此，当用户判定一个矩阵为稀疏矩阵时，利用相关函数生成稀疏矩阵。MATLAB 中用于生成稀疏矩阵的函数如表 4-2 所示。

表 4-2　稀疏矩阵的生成函数

函　　数	功　　能
speye	生成单位稀疏矩阵
sprand	生成均匀分布的随机稀疏矩阵
sprandn	生成正态分布的随机稀疏矩阵
sprandsym	生成对称随机稀疏矩阵
spdiags	生成对角随机稀疏矩阵

下面对这些函数进行介绍。

1. speye 函数

speye 函数的调用格式如下：

S = speye(m,n);

S = speye(n)。

分别用于生成 $m \times n$ 阶主对角线元素为一的稀疏矩阵和 n 阶单位稀疏矩阵。

例 4-30　利用 speye 函数生成单位稀疏矩阵。

```
>> A=speye(3,4)
A =
   (1,1)        1
   (2,2)        1
   (3,3)        1
```

```
>> full(A)
ans =
     1     0     0     0
     0     1     0     0
     0     0     1     0
>> B=speye(3)
B =
   (1,1)        1
   (2,2)        1
   (3,3)        1
>> full(B)
ans =
     1     0     0
     0     1     0
     0     0     1
```

该例中生成了两个单位稀疏矩阵，并用 full 函数显示矩阵的全部元素，可以看出 speye 函数的用法。

2. sprand 和 sprandn 函数

这两个函数的调用格式完全相同。两个函数的唯一区别为 sprand 函数生成的稀疏矩阵元素服从均匀分布，而 sprandn 函数生成的稀疏矩阵元素服从正态分布。下面以 sprand 函数为例介绍这两个函数的应用。sprand 函数的调用格式有 3 种。

- R = sprand(S)，生成与稀疏矩阵 S 结构完全相同的稀疏矩阵，矩阵元素服从均匀分布。
- R = sprand(m,n,density)，生成 $m \times n$ 阶稀疏矩阵，矩阵非 0 元素个数大约为 density*m*n。
- R = sprand(m,n,density,rc)，与上面的命令类似。如果 rc 为数值，则生成的矩阵条件数的倒数接近 rc；如果 rc 为一个长度不大于 min(m,n) 的一维向量，则生成的矩阵以 rc 的元素为奇异值，其他奇异值为 0。

注意：

不能用命令 sprand(n) 生成 n 阶稀疏矩阵。

例 4-31　sprand 函数的用法。

继续【例 4-30】的输入：

```
>> R1=sprand(A)
R1 =
   (1,1)        0.0153
   (2,2)        0.7468
   (3,3)        0.4451
>> full(R1)
ans =
```

0.0153	0	0	0
0	0.7468	0	0
0	0	0.4451	0

```
>> R2=sprand(3,4,0.15)
R2 =
    (3,2)      0.2026
    (2,4)      0.5252
>> full(R2)
ans =
```

0	0	0	0
0	0	0	0.5252
0	0.2026	0	0

该例中介绍了 sprand 的用法，sprandn 函数的用法与此相同。

其他函数的调用格式基本相同，这里不再进行介绍。

4.3.2　稀疏矩阵与满矩阵的相互转化

　　MATLAB 提供了一些函数用于在稀疏矩阵和满矩阵之间进行转换，这些函数如表 4-3 所示。

表 4-3　稀疏矩阵和满矩阵之间的转换函数

函　　数	功　　能
sparse	将满矩阵转化为稀疏矩阵
full	将稀疏矩阵转化为满矩阵
find	查找非 0 元素的索引
spconvert	导入稀疏矩阵

下面介绍这些函数的详细用法。

1. sparse 函数

sparse 函数的调用格式如下：

- S = sparse(A)，该命令将矩阵 A 转化为稀疏矩阵。
- S = sparse(i,j,s,m,n,nzmax)，该命令生成一个 $m \times n$ 阶稀疏矩阵，其中 i、j、s 分别为该矩阵非 0 元素的横坐标向量、纵坐标向量和值，i、j、s 有相同的长度。该矩阵的非 0 元数目不超过 nzmax。
- S = sparse(i,j,s,m,n)，该命令与上面一条命令功能类似，生成的稀疏矩阵的非 0 元个数由 s 的长度确定。
- S = sparse(i,j,s)，该命令生成的稀疏矩阵维数为 $\max(i) \times \max(j)$。
- S = sparse(m,n)，该命令生成一个初始稀疏矩阵，矩阵的全部元素为 0。

例 4-32　sparse 函数的应用。

新建一个脚本文件，命名为 eg_sparse，该文件的内容如下：

```
% An example of the function sparse
A=ceil(rand(10,3)*10);
i=A(:,1);
j=A(:,2);
s=A(:,3);
X=diag(s)
S=sparse(X)
S1=sparse(i,j,s)
```

在命令窗口中执行该文件，显示如下：

```
>> eg_sparse
X =
     4     0     0     0     0     0     0     0     0     0
     0     2     0     0     0     0     0     0     0     0
     0     0     7     0     0     0     0     0     0     0
     0     0     0     7     0     0     0     0     0     0
     0     0     0     0     8     0     0     0     0     0
     0     0     0     0     0     5     0     0     0     0
     0     0     0     0     0     0     6     0     0     0
     0     0     0     0     0     0     0     2     0     0
     0     0     0     0     0     0     0     0     5     0
     0     0     0     0     0     0     0     0     0     8
S =
   (1,1)        4
   (2,2)        2
   (3,3)        7
   (4,4)        7
   (5,5)        8
   (6,6)        5
   (7,7)        6
   (8,8)        2
   (9,9)        5
   (10,10)      8
S1 =
   (4,1)        7
   (7,1)        2
   (4,2)        4
   (7,4)        7
   (1,5)       13
   (1,6)        2
   (1,7)        8
```

	(7,7)		6				
	(1,8)		5				

2. full 函数

full 函数的应用比较简单，其调用格式为 X=full(S)，该命令将稀疏矩阵 S 转换为满矩阵。

例 4-33 full 函数的使用。

【例 4-32】中生成了稀疏矩阵 S1，在命令行中继续输入：

```
>> X1=full(S1)
X1 =
       0       0       0       0      13       2       8       5
       0       0       0       0       0       0       0       0
       0       0       0       0       0       0       0       0
       7       4       0       0       0       0       0       0
       0       0       0       0       0       0       0       0
       0       0       0       0       0       0       0       0
       2       0       0       7       0       0       6       0
```

3. find 函数

find 函数既适用于满矩阵，也适用于稀疏矩阵。该函数在应用于稀疏矩阵时用于查找稀疏矩阵中的非 0 元素。该函数可以返回非 0 元素的位置、行列向量和元素值。

例 4-34 find 函数应用于稀疏矩阵。

继续【例 4-32】，在命令窗口中输入：

```
>> I=find(S1)
I =
     4    7   11   28   29   36   43   49   50
>> [I,J,V]=find(S1)

I =
     4    7    4    7    1    1    1    7    1
J =
     1    1    2    4    5    6    7    7    8
V =
     7    2    4    7   13    2    8    6    5
```

4. spconvert 函数

该函数用于从外部文件中导入稀疏矩阵。详情请参考 MATLAB 帮助文档。

4.3.3　稀疏矩阵的操作

MATLAB 中的大部分数学函数可以用于稀疏矩阵，功能和调用格式与应用于满矩阵时相同。另外，MATLAB 还提供了一些函数专门应用于稀疏矩阵。本节中主要介绍这些函数。常用的稀疏矩阵操作函数如表 4-4 所示。

表 4-4　MATLAB 中的常用稀疏矩阵操作函数

函　数	功　能
nnz	返回矩阵非 0 元素的个数
nonzeros	返回矩阵的非 0 元素构成的向量，以矩阵的列为序
nzmax	返回为矩阵非 0 元素分配的存储空间大小
spones	将矩阵的所有非 0 元素置为 1
spalloc	为稀疏矩阵分配内存空间
issparse	判断是否为稀疏矩阵，是则返回值 TRUE，否则返回 FALSE
spfun	对稀疏矩阵的非 0 元素进行操作
spy	稀疏矩阵的图形表示

下面以实例的方式介绍这些函数的应用。

例 4-35　稀疏矩阵的操作。

编写脚本文件 sp_oper，文件内容如下：

```
% An example of sparse matrix operation
i=ceil(rand(10,1)*10);
j=ceil(rand(10,1)*10);
s=ceil(rand(10,1)*10);
S=sparse(i,j,s,10,10)
X=full(S);
num=nnz(S)
non0=nonzeros(S)
Amount_of_storage=nzmax(S)
is_S=issparse(S)
is_X=issparse(X)
S1=spones(S)
spy(S)
```

在命令窗口中执行该脚本，输出结果如下：

```
>> sp_oper
S =
    (8,1)        7
    (7,2)        6
    (3,4)        9
```

```
         (10,4)        6
          (6,5)        9
          (5,6)        7
          (5,7)        4
          (9,8)        4
          (1,9)        2
          (5,9)        2

num =

    10

non0 =

     7
     6
     9
     6
     9
     7
     4
     4
     2
     2

Amount_of_storage =

    10

is_S =

     1

is_X =

     0

S1 =

          (8,1)        1
          (7,2)        1
          (3,4)        1
         (10,4)        1
          (6,5)        1
          (5,6)        1
          (5,7)        1
          (9,8)        1
          (1,9)        1
          (5,9)        1
```

同时绘制图形。绘制的图形如图 4-2 所示，从图形中可以直观看出矩阵的元素分布。

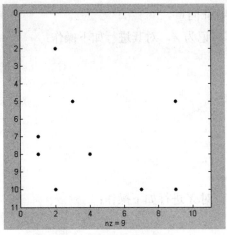

图 4-2　稀疏矩阵的图形

　　该例中，首先生成了一个随机稀疏矩阵，查看其中的非 0 元素个数和非 0 元素，将其转化为满矩阵，进行判断，可以看出，在判断一个矩阵是否为稀疏矩阵时，是判断该矩阵的存储方式，而非其密度。最后该脚本实现对稀疏矩阵的图形显示，图形的各个点表示稀疏矩阵中非 0 元素的位置。

4.4　习　　题

1. 令 $A = \begin{bmatrix} 1 & 5 & 3 \end{bmatrix}$，$B = \begin{bmatrix} 2 & 1 & 4 \end{bmatrix}$，$C = \begin{bmatrix} 9 & -1 & 5 \end{bmatrix}$；

(1) 求 A 和 B 的点积；

(2) 求 B 和 C 的叉乘积；

(3) 求 A、B、C 的混合积。

2. 令 $A = \begin{pmatrix} 2 & -1 \\ -2 & -2 \end{pmatrix}$，$B = \begin{pmatrix} 2 & -3 \\ 0 & -4 \end{pmatrix}$，$C = \begin{pmatrix} 1 \\ 2 \end{pmatrix}$，$D = \begin{pmatrix} 1 & 0 \\ 0 & 1 \end{pmatrix}$。求解下列问题：

(1) $2 \times A$

(2) $A + B$

(3) $A \times B$

(4) $A .* B$

(5) $B \times C$

(6) A / B

(7) $A \backslash B$

3. $\begin{pmatrix} 9 & 8 & 8 & 9 \\ 2 & 7 & 4 & 7 \\ 6 & 4 & 6 & 1 \\ 4 & 0 & 7 & 4 \end{pmatrix}$

求该矩阵的特征值和特征向量。

4. 生成 5 阶魔术矩阵，记为 A，对其进行如下操作：

(1) 求 A 的逆。

(2) 计算 A 的行列式。

(3) 求 A 的条件数。

(4) 求矩阵 A 的秩。

(5) 求矩阵 A 的迹。

5. $X = \begin{pmatrix} 9 & 0 & 1 & 2 \\ 9 & 3 & 2 & 1 \\ 4 & 8 & 1 & 0 \\ 8 & 0 & 6 & 7 \end{pmatrix}$，对 X 进行如下操作：

(1) 求 X 的 LU 分解。

(2) 求 X 的正交分解。

(3) 求 X 的特征值分解。

(4) 求 X 的奇异值分解。

6. 比较稀疏矩阵与满矩阵的异同之处，如 eye(10)与 speye(10)生成矩阵的异同之处。

7. 将 10 阶随机矩阵转换为稀疏矩阵。

8. 将 10 阶稀疏正态随机矩阵转换为满矩阵。

第5章　MATLAB的数学运算

MATLAB 最早的功能是数学计算，随着其发展，逐渐扩展到其他领域中。但是数学运算仍然是 MATLAB 的核心，其他领域的应用以这些数学运算为基础，如矩阵运算、代数运算等。本章将介绍 MATLAB 的数学功能，如多项式、线性插值、傅立叶变换和微分方程等。通过本章的学习，读者可以利用 MATLAB 编写一些简单的脚本程序，实现一些数学功能。

本章学习目标

☑ 掌握多项式运算及插值
☑ 掌握函数操作
☑ 掌握微分方程

5.1　多项式与插值

多项式在数学中有着极为重要的作用，同时多项式的运算也是工程和应用中经常遇到的问题。MATLAB 提供了一些专门用于处理多项式的函数，用户可以应用这些函数对多项式进行操作。MATLAB 中对多项式的操作包括多项式求根、多项式的四则运算及多项式的微积分。

5.1.1　多项式的表示

在 MATLAB 中多项式用一个行向量表示，向量中的元素为该多项式的系数，按照降序排列。如多项式 $9x^3 + 7x^2 + 4x^1 + 3$ 可以表示为向量 p=[9 7 4 3]。用户可用创建向量的方式创建多项式，再将其显示为多项式，如：

例 5-1　多项式的四则运算。

```
>> P=[4,3,6,9];
>> y=poly2sym(P)
 y =
 4*x^3+3*x^2+6*x+9
```

5.1.2　多项式的四则运算

由于多项式是利用向量来表示，多项式的四则运算可以转化为向量的运算。

多项式的加减即为对应项系数的加减，因此可以通过向量的加减来实现。但是在向量的加减中两个向量需要有相同的长度，因此在进行多项式加减时，需要将短的向量前面补 0。

多项式的乘法实际上是多项式系数向量之间的卷积运算，可以通过 MATLAB 中的卷积函数 conv 来完成。多项式的除法为乘法的逆运算，可以通过反卷积函数 deconv 来实现。

下面以实例来说明多项式的四则运算。

例 5-2　多项式的四则运算。

编写脚本文件，实现多项式的四则运算。脚本内容如下：

```
% polynomial operation
p1=[1 2 1];                          %定义多项式
p2=[1 1];
length_of_p1=length(p1);
length_of_p2=length(p2);
if length_of_p1 == length_of_p2      %判断两个多项式长度是否相等
    p1_plus_p2 =p1+p2;               %多项式相加
    p1_minus_p2=p1-p2;              %多项式相减
elseif length_of_p1 < length_of_p2
        temp_p1=[zeros(length_of_p2-length_of_p1) p1];
        p1_plus_p2 =temp_p1+p2;
        p1_minus_p2=temp_p1-p2;
else
    temp_p2=[zeros(length_of_p1-length_of_p2) p2];
    p1_plus_p2 =p1+temp_p2;
    p1_minus_p2=p1-temp_p2;
end
p1_multiply_p2=conv(p1,p2);          %多项式相乘
p1_divide_p2  =deconv(p1,p2);        %多项式除法
p1=poly2sym(p1)                      %显示多项式 p1
p2=poly2sym(p2)                      %显示多项式 p2
p1_plus_p2 =poly2sym(p1_plus_p2)
p1_minus_p2=poly2sym(p1_minus_p2)
p1_multiply_p2=poly2sym(p1_multiply_p2)
p1_divide_p2  =poly2sym(p1_divide_p2)
```

在命令窗口中执行该脚本，得到输出结果：

```
>> poly_oper
p1 =
x^2+2*x+1
```

```
p2 =
x+1
p1_plus_p2 =
x^2+3*x+2
p1_minus_p2 =
x^2+x
p1_multiply_p2 =
x^3+3*x^2+3*x+1
p1_divide_p2 =
x+1
>>
```

5.1.3　多项式的其他运算

除多项式的四则运算外，MATLAB 还提供了多项式的一些其他运算。这些运算及其对应的函数如表 5-1 所示。

表 5-1　多项式运算函数

函　　数	功　　能
roots	多项式求根
polyval	多项式求值
polyvalm	矩阵多项式求值
polyder	多项式求导
poly	求矩阵的特征多项式；或者求一个多项式，其根为指定的数值
polyfit	多项式曲线拟合
residue	求解余项

下面对这些函数及功能进行介绍。其中重点介绍 roots、polyval、polyder、poly、polyfit，其他函数的使用用户可以参阅 MATLAB 帮助文档。

1. roots 函数的使用

这两个函数为功能互逆的两个函数。roots 函数用于求解多项式的根。该函数的输入参数为多项式的系数组成的行向量，返回值为由多项式的根组成的列向量。

例 5-3　roots 函数使用。

```
>> r=[1 3 5];
>> p=poly(r)
p =
      1     - 9     23     -15
>> poly2sym(p)
    ans =
```

```
   x^3-9*x^2+23*x-15
>> roots(p)
ans =
     5.0000
     3.0000
     1.0000
```

2. polyval 函数

polyval 函数用于多项式求值。对于给定的多项式，利用该函数可以计算该多项式在任意点的值。

例 5-4　多项式求值。

```
>> p=[4 3 2 1];
>> polyval(p,4)
ans =
    313
>> 4*4^3+3*4^2+2*4+1
```

3. polyder 函数

MATLAB 提供了函数 polyder 用于多项式求导。该函数可以用于求解一个多项式的导数、两个多项式乘积的导数和两个多项式商的导数。下面介绍该函数的用法。

q = polyder(p)该命令计算多项式 p 的导数。

c = polyder(a,b)该命令实现多项式 a、b 的积的导数。

[q,d] = polyder(a,b)该命令实现多项式 a、b 的商的导数，q/d 为最后的结果。

例 5-5　polyder 函数的应用。

```
>> a=[1 2 1];
>> b=[1 -1];
>> p1=polyder(a)
p1 =
     2     2
>> p2=polyder(a,b)
p2 =
     3     2     -1
>> [p3,p4]=polyder(a,b)
p3 =
     1     -2     -3
p4 =
     1     -2     1
```

4. 多项式拟合

曲线拟合是工程中经常要用到的技术之一。MATLAB 提供了曲线拟合工具箱满足用户要求，另外，还提供了多项式拟合函数。函数 polyfit 给出在最小二乘意义下最佳拟合系数。该函数的调用格式为 p = polyfit(x,y,n)，其中 x、y 分别为待拟合数据的 x 坐标和 y 坐标，n 用于指定返回多项式的次数。

例 5-6　利用三阶多项式拟合正弦函数在区间[0, 2π]的部分。

编写脚本，代码如下：

```
% fit sine between 0 and 2*pi using 3 order polyn0mial
x = 0:pi/10:2*pi;
y = sin(x);
z = polyfit(x,y,3);
plot(x,y,'r*');
hold on
f = poly2sym(z);
ezplot(f,[0,2*pi]);
```

拟合结果为：

```
>> p
p =
     0.0886    -0.8347     1.7861    - 0.1192
```

结果如图 5-1 所示，其中红色 "*" 表示正弦函数的原图像，蓝色曲线为拟合结果。脚本中涉及的绘图命令将会在后续章节中陆续介绍。

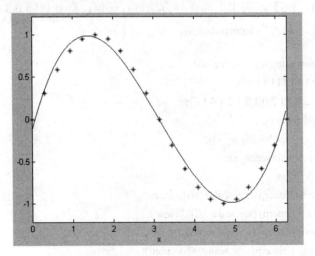

图 5-1　利用三阶多项式拟合正弦函数的结果

5.1.4　数据插值

很多时候，我们需要根据已知数据推断未知数据，此时就需要使用数据插值。

插值运算是根据已有数据的分布规律，找到一个函数表达式可以连接起已知的各点，并用这一函数表达式来预测已有数据两点之间任意位置上的数据。MATLAB 提供了对数组的任意一维进行插值的工具，这些工具大多需要用到多维数组的操作。本节主要对一维数据插值进行介绍。

　　一维插值在曲线拟合和数据分析中具有重要的地位。在 MATLAB 中，一维插值主要是由函数 interp1 实现。该函数的调用格式为 yi = interp1(x,y,xi,method)，其中 x、y 分别为采用数据的 x 坐标和 y 坐标，xi 为待插值的位置，method 为采用的插值方法，该语句返回函数在点 xi 处的插值结果。该语句中的参数 method 可以选择的内容如表 5-2 所示。

表 5-2　插值函数中可选的方法

参　　数	对 应 方 法
'nearest'	最近邻插值
'linear'	线性插值
'spline'	三次样条插值
'pchip'或'cubic'	三次插值

　　下面对这些方法进行介绍。

　　首先看下面的例子，比较 4 种方法的结果差异。

　　例 5-7　利用上面 4 种方法进行插值。

　　已知数据 x＝【0，3，5，7，9，11，12，13，14，15】，y＝【0，1.2，1.7，2.0，2.1，2.0，1.8，1.2，1.4，1.6】，采用上面 4 种方法进行插值，得到每隔 0.5 的数据。

　　编写脚本文件，命名为 interpolation，内容如下：

```
% Interpolation using the four methods
x=[0 3 5 7 9 11 12 13 14 15];
y=[0 1.2 1.7 2.0 2.1 2.0 1.8 1.2 1.4 1.6];
length_of_x=length(x);
scalar_x=[x(1):0.5:x(length_of_x)];
length_of_sx=length(scalar_x);
for i=1:length_of_sx
    y_nearest(i)=interp1(x,y,scalar_x(i),'nearest');
    y_linear(i) =interp1(x,y,scalar_x(i),'linear');
    y_spline(i) =interp1(x,y,scalar_x(i),'spline');
    y_cubic(i)   =interp1(x,y,scalar_x(i),'cubic');
end
subplot(2,2,1),plot(x,y,'*'),hold on,plot(scalar_x,y_nearest),title('method=nearest');
subplot(2,2,2),plot(x,y,'*'),hold on,plot(scalar_x,y_linear),title('method=linear');
subplot(2,2,3),plot(x,y,'*'),hold on,plot(scalar_x,y_spline),title('method=spline');
subplot(2,2,4),plot(x,y,'*'),hold on,plot(scalar_x,y_cubic),title('method=cubic');
```

　　在命令窗口中执行该脚本，结果如图 5-2 所示。

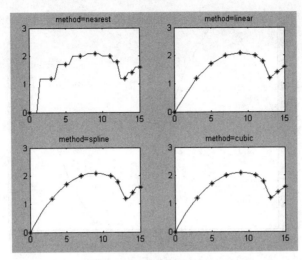

图 5-2　利用 4 种方法进行数据插值的结果

最近邻插值将插值点 *xi* 的值设置为距离最近的点的对应值。线性插值法用分段线性函数拟合已有数据，返回拟合函数在 *xi* 处的值。三次样条插值采用样条函数对数据进行拟合，并且在任意两点之间的函数为三次函数，最后返回拟合函数在 *xi* 的值。三次插值为一组方法，通过 pchip 函数对数据进行三次 Hermite 插值，这种方法可以保持数据的一致性和数据曲线的形状。

从图 5-2 中可以看出，最近邻插值效果最差，其他三种方法的差别不是很大。但是最近邻插值计算简单、快速，因此在需要考虑算法运行时间并且对结果精度要求不是很高时通常采用这种方法。

除了上述的插值方法，一维插值还有另外一种方法，那就是基于快速傅立叶变换的方法。这种方法将输入数据视为周期函数的采样数据，对数据进行傅立叶变换，然后对更多点进行傅立叶逆变换。MATLAB 中函数 interpft 用于完成这一功能。该函数的调用格式为 y = interpft(x,n)，其中 *x* 为周期函数的均匀采样数据，*n* 为待返回的数据个数。下例为利用 interpft 函数对正弦函数在区间(1,10)进行插值的结果。

例 5-8　利用 interpft 对正弦函数进行插值。

编写脚本，内容为：

```
x = 0:pi/5:2*pi;
y = sin(x);
plot(x,y);
hold on
y1 = interpft(y,20);
x1=linspace(0,2*pi,20);
plot(x1,y1,'.');
```

结果的图形显示如图 5-3 所示。

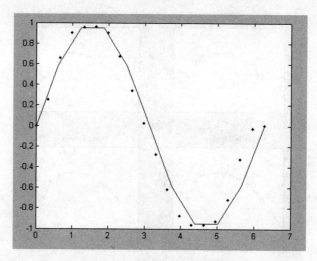

图 5-3　通过 interpft 对正弦函数进行插值的结果

　　有的时候，当插值点落在已知数据集的外部，就需要对该点进行插值估算，这种外插估值是比较难的。若在 MATLAB 中没有指定外插算法时，对已知数据集外部点上函数值的估计都返回 NaN。

　　需要外插运算时，可以通过 interp1 函数添加'extrap'参数，指明所用的插值算法也用于外插运算。当然也可以直接对数据集外的函数点赋值为 extraval，一般赋值为 NaN 或者 0。

　　例 5-9　外插运算。

```
>> x=0:0.5:10;
>> y=cos(x);
>> y1=cos(x1);
>> y2=interp1(x,y,x1,'nearest')            %没有制定外插算法，估值都返回 NaN
y2 =
  Columns 1 through 9
    0.9602    0.9766    0.9766    0.7539    0.7539    0.3466    0.3466   - 0.1455   - 0.1455
  Columns 10 through 18
   - 0.6020   - 0.6020   - 0.9111   - 0.9111   - 0.9972   - 0.9972   - 0.8391   - 0.8391    NaN
  Columns 19 through 25

       NaN       NaN       NaN       NaN       NaN       NaN       NaN

>> y2=interp1(x,y,x1,'nearest','extrap')   %指明插值算法也用于外插运算
y2 =

  Columns 1 through 9
    0.9602    0.9766    0.9766    0.7539    0.7539    0.3466    0.3466   - 0.1455   - 0.1455
  Columns 10 through 18
   - 0.6020   - 0.6020   - 0.9111   - 0.9111   - 0.9972   - 0.9972   - 0.8391   - 0.8391   - 0.8391
  Columns 19 through 25
   - 0.8391   - 0.8391   - 0.8391   - 0.8391   - 0.8391   - 0.8391   - 0.8391
```

```
>> y3=interp1(x,y,x1,'linear','extrap');
>> y4=interp1(x,y,x1,'spline','extrap');
>> y5=interp1(x,y,x1,'cubic','extrap');
>> plot(x,y,x1,y1,'o',x1,y2,'-',x1,y3,'-.',x1,y4,'--',x1,y5,'*')
```

各种外插算法结果的图形显示如图 5-4 所示。

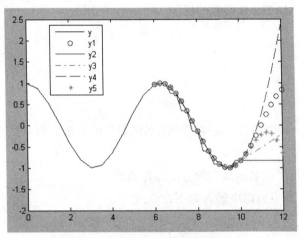

图 5-4　cos 函数各种算法外插结果

5.2　函 数 运 算

函数是数学中的一个重要概念，因此对函数的操作也尤为重要。MATLAB 提供了强大的函数操作功能，包括函数图像的绘制、函数求极值和零点、数值积分等，这些函数统称为“函数的函数”。本节介绍 MATLAB 的函数功能。

5.2.1　函数的表示

MATLAB 中提供了两种函数表示的方法：利用 M 文件将函数定义为 MALTAB 函数，或者采用匿名函数的方式。

以函数 $f(x) = \dfrac{1}{(x-0.3)^2 + 0.01} + \dfrac{1}{(x-0.9)^2 + 0.04} - 6$ 为例。该函数在 MATLAB 系统中定义在文件 humps.m 中，该文件的内容如下：

```
function [out1,out2] = humps(x)
if nargin==0, x = 0:.05:1; end
  y = 1 ./ ((x-.3).^2 + .01) + 1 ./ ((x-.9).^2 + .04) - 6;
  if nargout==2,
    out1 = x; out2 = y;
```

```
        else
          out1 = y;
        end
```

当需要调用该函数时，需要通过符号"@"获取函数句柄，利用函数句柄实现对函数的操作。对该函数的操作见下例，下例实现函数值的计算。

例 5-10 对 MATLAB 函数的操作。

```
>> fh = @humps;
>> fh(1.5)
ans =
    -2.8103
```

函数的另外一种表示方式是采用"匿名函数"的方法。如上面的操作还可以用下面的方式来完成。

例 5-11 采用"匿名函数"的方法操作函数。

在 MATLAB 命令窗口中输入如下命令：

```
>> clear
>> fh = @(x)1./((x-0.3).^2 + 0.01) + 1./((x-0.9).^2 + 0.04)-6;
>> fh(1.5)
ans =
    -2.8103
```

得到了与上面完全相同的结果。

利用匿名函数方法还可以创建二元函数，见下例。

例 5-12 利用匿名函数创建二元函数。

```
>> fh = @(x,y)y*sin(x)+x*cos(y);
>> fh(pi,2*pi)
ans =
    3.1416
```

5.2.2　数学函数图像的绘制

函数图像具有直观的特性，可以通过函数图像查看出一个函数的总体特征。MATLAB 提供了绘制函数图像的函数 fplot，方便用户绘制函数的图像。下面介绍该函数的用法。该函数的调用格式如下：

fplot(fun,limits)，其中参数 fun 为一个函数，其形式为：$y = f(x)$。fun 可以为 MATLAB 函数的 M 文件名；也可以是包含变量 x 的字符串，该字符串可以传递给函数 eval；还可以是函数句柄。

参数 limits 用于指定绘制图像的范围。limits 是一个向量，用于指定 x 轴的范围，格式为[xmin xmax]。limits 也可以同时指定 y 轴的范围，格式为[xmin xmax ymin ymax]。

例 5-13   绘制函数图形。

绘制 humps 函数的图形。在命令窗口中输入如下命令：

```
>> fh = @humps;
>> subplot(1,2,1),fplot(fh,[-3,3]);
>> subplot(1,2,2),fplot(fh,[-3,3,-10,30]);
```

得到图形如图 5-5 所示。

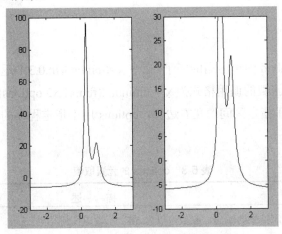

图 5-5   humps 函数的图形

上例中首先绘制了 humps 在区间[-3,3]的函数图形，然后显示其纵坐标在[-10,30]之间的部分。用户还可以指定线型和颜色(LineSpec)、图像的相对精确度(tol)、最少像点数(n)，这些参数可以任意组合来控制图像的外观，如下面的语句：

- fplot(fun,limits,LineSpec)
- fplot(fun,limits,tol)
- fplot(fun,limits,tol,LineSpec)
- fplot(fun,limits,n)

上述方法绘制了函数图形，若要返回函数图形中各点的位置，可以用命令[X,Y] = fplot(fun,limits,...)完成。该命令返回函数各点的横坐标和纵坐标，但是不绘制函数图形。

另外，用户可以指定绘制图形的坐标系，该坐标系通过坐标系句柄指定。实现该功能的语句为 fplot(axes_handle,...)。

5.2.3   函数极值

函数求极值是最优化和运筹学中的一个重要问题，是数值计算的一个重要任务。本节将介绍函数的求极值问题，包括一元函数求极值、二元函数求极值和曲线拟合。

1. 一元函数的极小值

对于给定的 MATLAB 函数，可以使用函数 fminbnd 求得函数在给定区间内的局部极小值。见下例。

例 5-14　求 humps 函数在区间(0.3, 1)内的极小值。

```
>> fh=@humps;
>> x=fminbnd(fh,0.3,1)
x =
    0.6370
>> fh(x)
ans =
    11.2528
```

上例是函数 fminbnd 简单应用的例子，命令 x=fminbnd(fh,0.3,1)返回函数在指定区间内的局部极小值点。该函数的调用格式为 x = fminbnd(fun,x1,x2,options)，其中 fun 为函数句柄，*x1* 和 *x2* 分别用于指定区间的左右边界，options 用于指定程序的其他参数，其元素取值如表 5-3 所示。

表 5-3　options 的元素取值

名　称	描　述
Display	控制结果的输出。参数可以为 off，不输出任何结果；iter，输出每个插值点的值；final，输出最后结果；notify 为默认值，仅当函数不收敛时输出结果
FunValCheck	检测目标函数值是否有效。选择 on 则当函数返回数据为复数或空数据时发出警告；off 则不发出警告
MaxFunEvals	允许进行函数评价的最大次数
MaxIter	最大迭代次数
OutputFcn	指定每次迭代时调用的用户自定义的函数
TolX	返回的 x 的误差

上面的例子中返回了函数极小值点的 x 坐标，我们通过 fh(x)计算了该函数的极小值，事实上，还可以令函数直接返回该极小值。用下面的语句实现该功能：[x,fval] = fminbnd(...)。该命令返回目标函数的极小值点的 x 值和相应的极小值。

可以通过 exitflag 令函数返回程序停止的条件，可能的返回值和对应的结束条件如表 5-4 所示。

表 5-4　exitflag 的取值

exitflag 的取值	对应的结束条件
1	函数在 options.TolX 条件下收敛到解 x
0	函数因为达到最大迭代次数或函数评价次数而结束
−1	被输出函数停止
−2	边界不一致(x1> x2)

最后，可以通过 [x,fval,exitflag,output] = fminbnd(...) 语句返回函数运行的详细信息。output 为一个结构体，其元素为：

- output.algorithm：采用的算法；
- output.funcCount：函数评价的次数；
- output.iterations：迭代次数；
- output.message：退出信息。

例 5-15　fminbnd 的应用。

```
>> h_f=@humps;
>> [x,fval,exitflag,output] = fminbnd(h_f,0,1)
x =
      0.6370
fval =
    11.2528
exitflag =
         1
output =
      iterations: 8
       funcCount: 9
       algorithm: 'golden section search, parabolic interpolation'
         message: [1x112 char]
>> [x,fval,exitflag,output] = fminbnd(h_f,0,1,optimset('MaxIter',5,'Display','iter'))
Func-count        x            f(x)          Procedure
      1        0.381966      57.0572        initial
      2        0.618034      11.3651        golden
      3        0.763932      15.5296        golden
      4        0.666438      11.5074        parabolic
      5        0.636638      11.2528        parabolic
      6        0.637354      11.2528        parabolic
Exiting: Maximum number of iterations has been exceeded
         - increase MaxIter option.
         Current function value: 11.252790
x =
      0.6374
fval =
    11.2528
exitflag =
         0
output =
      iterations: 5
       funcCount: 6
       algorithm: 'golden section search, parabolic interpolation'
         message: [1x136 char]
```

　　上例中第一条语句取得函数 humps 的句柄,第二条语句查找函数在[0,1]区间的极小值,
输出极小值点的 x 坐标、极小值、程序结束的原因和程序的运行参数。结果显示程序结束
的原因为 1,即程序在允许误差内收敛到解 x。第二条语句与第一条语句相比添加了程序最
大迭代次数为 5 次,输出每个插值点的值。结果显示程序退出的原因为 0,即最大迭代次
数达到,并且输出了各插值点的值和属性。

2. 多元函数的极小值

　　MATLAB 提供了函数 fminsearch 用于计算多元函数的极小值。fminsearch 函数内部应
用了 Nelder-Mead 单一搜索算法,通过调整 x 的各个元素的值来寻找 $f(x)$ 的极小值。该算法
虽然对于平滑函数搜索效率没有其他算法高,但它不需要梯度信息,从而扩展了其应用范
围。因此,该算法特别适用于不太平滑、难以计算梯度信息或梯度信息价值不大的函数。

　　下面以香蕉函数为例说明该函数的用法。

　　Rosenbrock 函数 $f(x) = 100(x_2 - x_1^2)^2 + (1 - x_1)^2$ 由于其几何形状酷似香蕉,因此也被称
为“香蕉函数”。该函数的图像如图 5-6 所示。

　　如图 5-6 所示,该函数在 $x = [1;1]$ 附近有一个唯一的最小值 0。为寻找函数的极小值,
首先以如下方式定义该函数:创建文件 banana,该文件的内容如下:

```
function f=banana(x)
f=100*(x(2)-x(1)^2)^2+(1-x(1))^2;
```

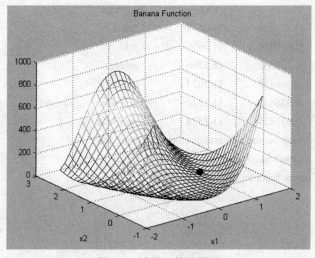

图 5-6　香蕉函数的图形

　　下面使用 fminsearch 函数搜索“香蕉”函数的最小值。在命令窗口中输入:

```
>> hf=@banana;
>> [x,fvalue,flag,output]=fminsearch(hf,[-2,2])
x =
    1.0000    1.0000
```

```
fvalue =
    3.9243e-010
flag =
        1
output =
    iterations: 112
    funcCount: 208
    algorithm: 'Nelder-Mead simplex direct search'
    message: [1x196 char]
```

　　用于求解函数极小值的函数还有 fminbnd。fminbnd 函数的用法与 fminsearch 函数的用法基本相同，不同之处在于：fminbnd 函数的输入参数为寻找最小值的区间，并且只能用于求解一元函数的极值，fminsearch 函数的输入参数为初始值。

5.2.4　函数求解

　　可以使用函数 fzero 来求一元函数的零点。寻找一元函数零点时，可以指定一个初始点，或者指定一个区间。当指定一个初始点时，此函数在初始点附近寻找一个使函数值变号的区间，如果没有找到这样的区间，则函数返回 NaN。该函数的调用格式如下：

- x = fzero(fun,x0), x = fzero(fun,[x1,x2])：寻找 x0 附近或者区间[x1,x2]内 fun 的零点，返回该点的 x 坐标。
- x = fzero(fun,x0,options)，x = fzero(fun, [x1,x2],options)：通过 options 设置参数。
- [x,fval] = fzero(...)：返回零点的同时返回该点的函数值。
- [x,fval,exitflag] = fzero(...)：返回零点、该点的函数值及程序退出的标志。
- [x,fval,exitflag,output] = fzero(...)：返回零点、该点的函数值、程序退出的标志及选定的输出结果。

例 5-16　在$[0,\pi]$之间正弦等于 0.6 的角度。

即求函数$f(x) = \sin(x) - 0.6$在区间$[0,\pi]$内的解。代码如下：

```
>> h_f=@(x)(sin(x)-0.6);
>> [x1,y1]=fzero(h_f,[0,pi/2])
x1 =
    0.6435
y1 =
    0
>> [x2,y2]=fzero(h_f,[pi/2,pi])
x2 =
    2.4981
y2 =
    0
>> [x3,y3]=fzero(h_f,0)
```

```
x3 =
     0.6435
y3 =
      0
>> [x4,y4]=fzero(h_f,pi)
x4 =
     2.4981
y4 =
      0
>>
```

上面代码中分别用指定区间和指定初始值的方法求解了函数的零点。

例 5-17　求解函数 $f(x) = \log x + \sin x - 2$ 在 6 附近的解。

在命令窗口中输入：

```
>> f_h=@(x)log(x)+sin(x)-2;
>> [x1,y1]=fzero(f_h,6)
```

得到结果：

```
x1 =
     6.4237
y1 =
    -2.2204e-016
```

继续输入，绘制其图形：

```
>> fplot(f_h,[x1-2,x1+2])
>> hold on
>> plot(x1,y1,'k*')
```

得到图形如图 5-7 所示。

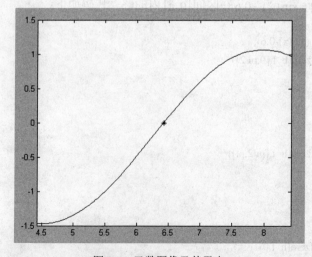

图 5-7　函数图像及其零点

5.2.5　数值积分

MATLAB 中提供了用于积分的函数，包括一元函数的自适应数值积分、一元函数的矢量积分、二重积分和三重积分等，这些函数如表 5-5 所示。

表 5-5　MATLAB 中的数值积分函数

函　　　数	功　　　能
quad	一元函数的数值积分，采用自适应的 Simpson 方法
quadl	一元函数的数值积分，采用自适应的 Lobatto 方法
quadv	一元函数的向量数值积分
dblquad	二重积分
triplequad	三重积分

下面介绍这些函数的用法。

1．一元函数的积分

MATLAB 中一元函数的积分可以用 quad 和 quadl 两个函数来实现。函数 quad 采用低阶的自适应递归 Simpson 方法，函数 quadl 采用高阶自适应 Lobatto 方法，该函数是 quad8 函数的替代。函数 quad 的调用格式如下：

- q = quad(fun,a,b)，采用递归自适应方法计算函数 fun 在区间[a,b]上的积分，其精确度为 1e-6。
- q = quad(fun,a,b,tol)，指定允许误差，指定的误差 tol 需大于 1e-6。该命令运行更快，但是得到的结果精确度降低。
- q = quad(fun,a,b,tol,trace)，跟踪迭代过程，输出[fcnt a b-a Q]的值，分别为计算函数值的次数、当前积分区间的左边界、步长和该区间内的积分值。
- [q,fcnt] = quadl(fun,a,b,...)，输出函数值的同时输出计算函数值的次数。

下面以正弦函数为例说明函数 quad 的应用。

例 5-18　计算正弦函数在区间[$0,\pi$]上的积分。

```
>> @(x)sin(x);
>> fun=@(x)sin(x);
>> [q,fcont]=quad(fun,0,pi,1e-6,1)
           9      0.0000000000      8.53193733e-001      0.3424195349
          11      0.0000000000      4.26596866e-001      0.0896208493
          13      0.4265968664      4.26596866e-001      0.2527987545
          15      0.8531937329      1.43520519e+000      1.3151544267
          17      0.8531937329      7.17602594e-001      0.6575803480
          19      0.8531937329      3.58801297e-001      0.3064282767
          21      1.2119950298      3.58801297e-001      0.3511521177
```

23	1.5707963268	7.17602594e-001	0.6575803480
25	1.5707963268	3.58801297e-001	0.3511521177
27	1.9295976238	3.58801297e-001	0.3064282767
29	2.2883989207	8.53193733e-001	0.3424195349
31	2.2883989207	4.26596866e-001	0.2527987545
33	2.7149957872	4.26596866e-001	0.0896208493

```
q =
    2.0000
fcont =
    33
>>
```

上面代码计算了正弦函数的积分，输出了最后结果及迭代过程。下面绘制该函数的图形，并绘制出各迭代节点。在命令窗口中继续输入：

```
>> fplot(fun,[0,pi],'b');
>> hold on;
>> trace=[
```

9	0.0000000000	8.53193733e-001	0.3424195349
11	0.0000000000	4.26596866e-001	0.0896208493
13	0.4265968664	4.26596866e-001	0.2527987545
15	0.8531937329	1.43520519e+000	1.3151544267
17	0.8531937329	7.17602594e-001	0.6575803480
19	0.8531937329	3.58801297e-001	0.3064282767
21	1.2119950298	3.58801297e-001	0.3511521177
23	1.5707963268	7.17602594e-001	0.6575803480
25	1.5707963268	3.58801297e-001	0.3511521177
27	1.9295976238	3.58801297e-001	0.3064282767
29	2.2883989207	8.53193733e-001	0.3424195349
31	2.2883989207	4.26596866e-001	0.2527987545
33	2.7149957872	4.26596866e-001	0.0896208493

```
];
>> x=trace(:,2);
>> y=fun(x);
>> plot(x,y,'.')
```

输出图形如图 5-8 所示。

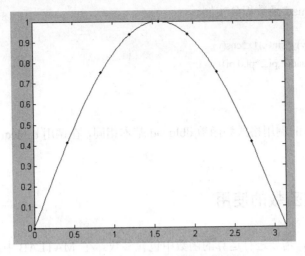

图 5-8　正弦函数积分中的各迭代节点

2. 一元函数的矢量积分

矢量积分相当于多个一元函数积分。当被积函数中含有参数，需要对该参数的不同值计算该函数的积分时，可以使用一元函数的矢量积分。见下例。

例 5-19　高斯分布的均值已知为 0，求当方差分别为 1 和 2 时，自变量在区间[0,3]的概率。

在命令窗口中输入如下命令：

```
>> h_g=@(x,sigma2)exp(-x^2./(2.*(1:sigma2)))./sqrt(2*pi.*(1:sigma2));
>> quadv(@(x)h_g(x,3),0,2)
ans =
    0.4772    0.4214    0.3759
```

矢量积分返回一个向量，每个元素的值为一个一元函数的积分值。quadv 函数与 quad 和 quadl 函数相似，可以设置积分参数和结果输出。

3. 二重积分和三重积分

MATLAB 中二重积分和三重积分分别由函数 dblquad 和函数 triplequad 来实现。首先介绍函数 dblquad，该函数的基本格式如下：

- q = dblquad(fun,xmin,xmax,ymin,ymax)，函数的参数分别为函数句柄、两个自变量的积分限，返回积分结果。
- q = dblquad(fun,xmin,xmax,ymin,ymax,tol)，指定积分结果的精度。
- q = dblquad(fun,xmin,xmax,ymin,ymax,tol,method)，指定结果精度和积分方法，method 的取值可以是@quadl，也可以是用户自定义的积分函数句柄，该函数的调用格式必须与 quad 的调用格式相同。

例 5-20　　dblquad 函数积分实例。

```
>> F = @(x,y)y*sin(x)+x*cos(y);
>> Q = dblquad(F,pi,2*pi,0,pi)
Q =
    -9.8696
```

triplequad 函数的调用格式和函数 dblquad 基本相同，在调用 triplequad 函数时，需要 6 个参数指定积分限。

5.2.6　含参数函数的使用

在很多情况下，需要进行运算的函数中包含参数。在 MATLAB 中使用含参数函数的方式有两种：使用嵌套函数和匿名函数。下面分别介绍这两种方法。

1. 用嵌套函数提供函数参数

使用含参数函数的一个方法是编写一个 M 文件，该文件以函数参数作为输入，然后调用函数的函数来处理含参函数，最后把含参数函数以嵌套函数的方式包含在 M 文件中。下面以三次多项式求极小值为例，说明含参数函数的使用。

例 5-21　　求函数 $f(x) = x^3 + ax^2 + bx + c$ 的极小值。

编写 M 文件，代码如下：

```
% find the minimum of the function f(x)=x^3+a*x^2+b*x+c
function [x0,y] = funmin(a,b,c,x1,x2)
options = optimset('Display','off');
[x0,y] = fminbnd(@poly3,x1,x2,options);
    function y=poly3(x)              %the nested function
            y=x^3+a*x^2+b*x+c;
    end
% plot the function
fplot(@poly3,[x1,x2]);
hold on;
plot(x0,y,'.');
end
```

在命令窗口中输入如下命令：

```
>> [x,y]=funmin(-1000,10,0,600,800)
x =
    666.6617
y =
-1.4814e+008
>>
```

输出图像如图 5-9 所示。

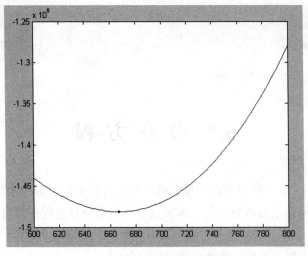

图 5-9　函数的极小值

2. 用匿名函数提供函数参数

使用含参数函数还可以通过匿名函数来实现，函数的参数在使用之前必须先赋值。具体步骤如下。

(1) 首先创建一个含参数函数，保存为 M 文件。函数的输入为自变量 x 和函数参数。

(2) 在调用函数的函数前对参数赋值。

(3) 用含参数函数创建匿名函数。

(4) 把匿名函数的句柄传递给函数的函数进行计算。

下面【例 5-22】用匿名函数的方式实现。

例 5-22　用匿名函数求函数 $f(x) = x^3 + ax^2 + bx + c$ 的极小值。

首先编写 M 文件用于创建该含参函数，内容如下：

```
% the file to creat a function with parameters
function y = poly3_fun(x,a,b,c)
y = x^3+a*x^2+b*x+c;
```

编写另一个文件用于求该函数的极小值，内容为：

```
% find the minimum of the function f(x)=x^3+a*x^2+b*x+c
function [x0,y] = funmin_para(a,b,c,x1,x2)
options = optimset('Display','off');
[x0,y] = fminbnd(@(x)poly3_fun(x,a,b,c),x1,x2,options);
% plot the function
end
```

在命令窗口中执行该文件，结果为：

```
>> [x,y]=funmin_para(-1000,10,0,600,800)
```

```
x =
    666.6617
y =
    -1.4814e+008
```

得出的结果与上一节结果相同。

5.3　微 分 方 程

MATLAB 能够求解的微分方程类型包括常微分方程初值问题、常微分方程边值问题、时滞微分方程初值问题及偏微分方程。本节重点介绍常微分方程初值问题、常微分方程边值问题。MATLAB 中提供了偏微分方程工具箱，用于求解偏微分方程问题。有需要的用户可以使用该工具箱求解实际应用中的偏微分方程问题。

5.3.1　常微分方程初值问题

MATLAB R2007b 可以求解的常微分方程包括下面三种类型：

- 显式常微分方程，$y' = f(t, y)$。
- 线性隐式常微分方程，$M(t, y) \cdot y' = f(t, y)$，其中 $\mathrm{M}(t, y)$ 为矩阵。
- 全隐式常微分方程 $f(t, y, y') = 0$。

本节将介绍这三种类型常微分方程的求解。

1. 显式常微分方程

MATLAB R2007b 可以求解刚性方程和非刚性方程。求解微分方程的命令格式如下：

[t,y] = solver(odefun,tspan,y0,options)

其中 odefun 为待求解方程的句柄，tspan 为积分区间，y0 为一个向量，包括问题的初始条件，options 用于指定求解算法。对于刚性方程和非刚性方程，可以选择的算法不同。

对于非刚性方程，可以选择的算法如下。

- ode45：基于显式 Runge-Kutta(4,5)规则求解，这种方法可以仅通过前一节点 $y(t_{n-1})$ 处的信息一步求解 $y(t_n)$。对于多数方程来讲，ode45 函数是进行第一次尝试的最佳函数。
- ode23：基于显式 Runge-Kutta(2,3) 规则求解，与 ode45 算法相比，该方程对于更大步长及方程存在一定刚性时的情况效果更好。ode23 算法同样为单步算法。
- ode113：利用变阶 Adams-Bashforth-Moulton 算法求解，与 ode45 函数相比，该方程对于精密步长及方程难于估计时效果更好。该方程为多步算法，需要前面几个节点的信息来求解当前节点的解。

对于刚性方程，求解方法如下。

- ode15s：基于数值积分公式的变阶求解算法。该算法采用向后差分的方法。该算法为多步算法。如果一个问题疑似刚性问题，或者采用 ode45 算法失败则可以尝试 ode15s。

- ode23s：采用二阶改进 Rosenbrock 公式的算法。由于该算法为单步算法，在粗步长求解时比 ode15s 算法效率更高。对于一些刚性问题，如果 ode15s 算法失败，可以考虑用 ode23s 求解。

- ode23t：采用自由内插的梯形规则。如果问题具有微弱刚性并且结果不需要数值衰减时可采用该方法。

- ode23tb：采用 TR-BDF2 算法，该算法为隐式 Runge-Kutta 公式，包含两个部分，第一个部分为梯形规则，第二个部分为二阶后向差分。在粗步长情况下，该算法比 ode23s 算法更有效。

例 5-23　求解刚性方程示例：求解范德蒙方程 $y_1'' - \mu\left(1 - y_1^2\right)y_1' + y_1 = 0$，其中令 μ 等于 1。

首先将该方程重写为一阶方程的形式。记 $y_2 = y_1'$，则上述方程可以写为：

$$y_2' = \mu\left(1 - y_1^2\right)y_2 - y_1$$

创建函数，用于表示该方程，文件的内容为：

```
function dydt = vdp1(t,y)
dydt = [y(2); (1-y(1)^2)*y(2)-y(1)];
```

求解该函数，使用 ode45 方法。在命令窗口中输入：

```
>> [t,y] = ode45(@vdp1,[0 20],[2; 0]);
```

得到结果 y 为一个数组，该数组具有两列，第一列为 *y1*，第二列为 *y2*。继续查看结果图形。

```
>> plot(t,y(:,1),'-',t,y(:,2),'--')
>> title('Solution of van der Pol Equation, \mu = 1');
>> xlabel('time t');
>> ylabel('solution y');
>> legend('y_1','y_2')
```

得到图形如图 5-10 所示。

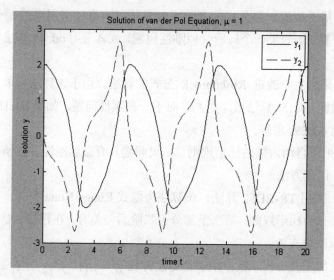

图 5-10　　$\mu = 1$ 时范德蒙方程的解

例 5-24　求解非刚性方程示例：求解范德蒙方程当 $\mu = 1000$ 时的解。

首先创建该函数，文件内容为：

```
function dydt = vdp1000(t,y)
dydt = [y(2); 1000*(1-y(1)^2)*y(2)-y(1)];
```

当 $\mu = 1000$ 时，该方程为刚性问题。下面采用ode15s函数求解该方程在区间[0 3000]上以[2; 0]为初值的解。

求解该方程并绘制图形：

```
>> [t,y] = ode15s(@vdp1000,[0 3000],[2; 0]);
>> plot(t,y(:,1),'-');
>> title('Solution of van der Pol Equation, \mu = 1000');
>> xlabel('time t');
>> ylabel('solution y_1');
```

得到图形如图 5-11 所示。

2. 完全隐式常微分方程

完全隐式常微分方程的形式为：$f(t,y,y') = 0$。函数 ode15i 用于求解完全隐式常微分方程。用法为[t,y] = ode15i(odefun,tspan,y0,yp0,options)。其中 odefun 为待求解方程，tspan 用于指定积分区间，y0 和 yp0 分别用于指定初值 $y(t_0)$ 和 $y'(t_0)$，这两个初值必须一致，即满足 $f(t0,y0,yp0) = 0$。options 为可选参数，用于指定积分方法。该函数输出在离散节点处的近似值。

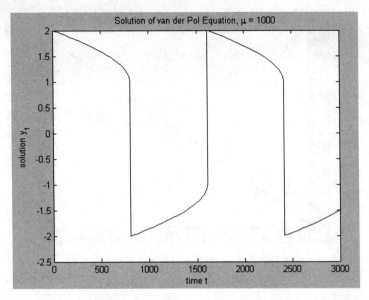

图 5-11　　$\mu = 1000$ 时范德蒙方程的解

例 5-25　求解 $ty^2\left(y'\right)^3 - y^3\left(y'\right)^2 + t\left(t^2+1\right)y' - t^2 y = 0$，初值为 $y(1) = \sqrt{3/2}$。

在使用 ode15i 函数前，首先使用函数 decic 计算相应初值 $y'(1)$。令 $y'(1)$ 的估计值为 0，调用 decic 函数：

```
>> t0 = 1;
>> y0 = sqrt(3/2);
>> yp0 = 0;
>> [y0,yp0] = decic(@weissinger,t0,y0,1,yp0,0);
>> yp0
yp0 =
        0.8165
```

接下来可以调用 ode15i 函数求解该微分方程：

```
>> [t,y] = ode15i(@weissinger,[1 10],y0,yp0);
```

该函数的解析解为 $y(t) = \sqrt{t^2 + 0.5}$，绘制该函数的解及原图形：

```
>> ytrue = sqrt(t.^2 + 0.5);
>> plot(t,y,t,ytrue,'o');
```

得到图形如图 5-12 所示。

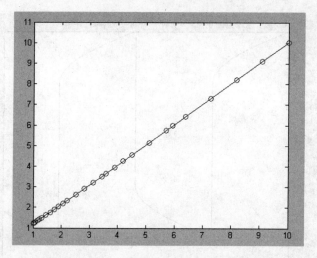

图 5-12　例 5-25 得到的及原函数的解析解比较

5.3.2　常微分方程边值问题

bvp4c 函数用于求解常微分方程边值问题，该函数点调用格式如下：

- sol = bvp4c(odefun,bcfun,solinit)
- sol = bvp4c(odefun,bcfun,solinit,options)

其中 odefun 为待求解的函数句柄，bcfun 为函数边值条件的函数句柄，solinit 为一个结构体，为该方程解的初始估计值。options 为可选参数，用于指定积分算法，该参数为一个结构体，可以通过函数 bvpset 创建。

例 5-26　求解方程 $y'' + |y| = 0$，边值条件为 $y(0) = 0$ 和 $y(4) = -2$。

首先将该方程改写为：

$$y_1' = y_2$$
$$y_2' = -|y_1|$$

其中 $y_1 = y$，$y_2 = y'$，则该方程具有格式：

$$y' = f(x, y)$$
$$bc(y(a), y(b)) = 0$$

将该函数和边值条件写入文件，分别为：

```
function dydx = twoode(x,y)
    dydx = [ y(2)
             -abs(y(1))];
```

和

```
function res = twobc(ya,yb)
    res = [ ya(1)
            yb(1) + 2];
```

　　下面通过函数 bvpinit 创建该函数的估计值。首先创建区间[0,4]上的 5 个均匀分布的网格及常数值 $y_1(x) \equiv 1$、$y_2(x) \equiv 0$：

```
>> solinit = bvpinit(linspace(0,4,5),[1 0]);
```

　　下面可以通过函数 bvp4c 求解该方程：

```
>> sol = bvp4c(@twoode,@twobc,solinit);
```

　　绘制其图形：

```
>> x = linspace(0,4);
>> y = deval(sol,x);
>> plot(x,y(1,:));
```

　　得到的如图形如图 5-13 所示。

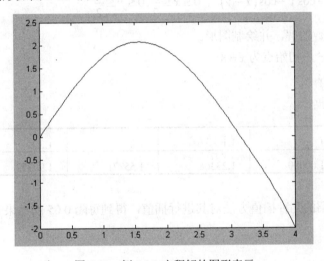

图 5-13　例 5-26 方程解的图形表示

5.4　习　　题

1. 计算下列积分。

(1) $\displaystyle\int_{-1}^{1} x + x^3 + x^5 \mathrm{d}x$

(2) $\displaystyle\int_{1}^{10} \sin x + \cos x \mathrm{d}x$

(3) $\displaystyle\int_{2}^{6} e^{\frac{x}{2}} \mathrm{d}x$

(4) $\displaystyle\int_{1}^{10} \frac{x}{x^4 + 4} \mathrm{d}x$

(5)　$\int_1^{10} \int_1^{10} \sin y \dfrac{x+y}{x^2+4} \mathrm{d}x\mathrm{d}y$

(6)　$\int_1^{10} \int_1^{y} y \dfrac{x+y}{4} \mathrm{d}x\mathrm{d}y$

(7)　$\int_0^{3} \int_1^{10} \int_1^{y} y \dfrac{x+y}{4} \mathrm{d}x\mathrm{d}y\mathrm{d}z$

2．求下列函数的极值。

(1)　$z = x^2 - (y-1)^2$

(2)　$z = (x-y+1)^2$

(3)　$z = \sin x + \cos y + \cos(x-y) \quad 0 \le x \le \dfrac{\pi}{2}, 0 \le y \le \dfrac{\pi}{2}$

3．求下列函数的解，并绘制图形。

(1)　$y = \mathrm{e}^x - x^5$，初始点为 $x = 8$

(2)　$y = x \sin x$

4．有如下数据：

X	1	1.1	1.2	1.3	1.4
y	1.00000	1.23368	1.55271	1.99372	2.61170

利用本章介绍的几种插值方法对其进行插值，得到每隔 0.05 的结果。

第6章 字符串、单元数组和结构体

第 3 章已经介绍了数据及其操作,数组是 MATLAB 中最基本的数据结构,在 MATLAB 的更多应用中,还需要利用其他的数据结构。本章介绍 3 种特殊的数据结构,即字符串、单元数组和结构体。字符串用于对字符型数据结构进行操作,而后两种数据类型允许用户将不同类型的数据集成为一个单一的变量,因此相关的数据可以通过一个单元数组或是结构体进行组织和操作。

本章学习目标

☑ 掌握字符串的生成及操作
☑ 掌握单元数组的生成及操作
☑ 掌握结构体的生成及操作

6.1 字 符 串

字符和字符串是 MATLAB 语言的重要组成部分。本节主要叙述字符串的生成和基本操作。

6.1.1 字符串的生成

MATLAB 中的字符串为 ASCII 值的数值数组,作为字符串表达式进行表示。在 MATLAB 中,生成字符串的方法为 stringname='the content of the string'。

例 6-1 字符串的生成。

```
>> str='Command Window'
str =
Command Window
```

字符串可以由单引号创建,如果在字符串内部包含单引号,则需要输入两个连续的单引号,否则系统会提示出错。例如:

```
>> str1='The 'MATLABHelp'is a good reference for using Matlab'
??? str1='The 'MATLABHelp'is a good reference for using Matlab'
Error: Unexpected MATLABexpression.
>> str1='The "MATLABHelp"is a good reference for using Matlab'
str1 =
The 'MATLABHelp'is a good reference for using Matlab
```

字符串是一个 ASCII 码的字符数组，因此，与普通数组一样，字符串也可以形成矩阵(表现为一个字符串有多行)。但是，这些行必须有相同数目的列数。

例 6-2 字符串的多行。

```
>> str=['qinghua university'
'peiking university']
str =
qinghua university
peiking university
>> str=['qh university'
'peiking university']
??? Error using ==> vertcat
CAT arguments dimensions are not consistent.
```

另外，使用 char 函数可以创建长度不一致的字符串矩阵。char 函数自动将所有字符串的长度设置为输入字符串中长度的最大值。

例 6-3 利用 char 函数创建字符串数组。

```
>> name = ['Thomas R. Lee';'Senior Developer']
??? Error using ==> vertcat
CAT arguments dimensions are not consistent.
```

此时系统报错，因为两个字符串的长度不一致。采用 char 函数创建，在命令窗口中输入：

```
>> name = char('Thomas R. Lee','Senior Developer')
name =
Thomas R. Lee
Senior Developer
```

在从数组中提取字符串时，可以利用 deblank 函数自动删除 char 函数添加的空格，如：

```
>> trimname = deblank(name(1,:))
trimname =
Thomas R. Lee
>> size(trimname)
ans =
    1      13
```

该字符串的长度为 13，为其真实长度。如果不采用 deblank 函数，结果为：

```
>> trimname1 = name(1,:)
trimname1 =

Thomas R. Lee
>> size(trimname1)
ans =
      1      16
```

6.1.2　字符串的操作

字符串的实质是一个元素全部为整数的数值数组。因此，对于字符串元素的读取可以完全按照数组操作进行。

1. 字符串的显示

字符串的显示有两种方式：直接显示和利用 disp 函数进行显示。

例 6-4　字符串的显示。

```
>> str=['MATLAB 2007b']
str =
MATLAB 2007b
>> str
str =
MATLAB 2007b
>> disp(str)
MATLAB 2007b
```

由上面的例子可以看出两种显示方式的不同之处：用 disp 函数显示字符串内容时不显示字符串的变量名。这一函数在显示文本时经常需要。

2. 字符串的执行

在 MATLAB 中可以用函数 eval 来执行字符串。

例 6-5　字符串的执行。

```
>> for n = 1:3
        magic_str = ['M', int2str(n),' = magic(n)'];
        eval(magic_str)
end
M1 =
      1
M2 =
      1      3
```

```
        4      2
M3 =
        8      1      6
        3      5      7
        4      9      2
```

3. 字符串运算

字符串的运算主要包括判断字符串是否相等，通过字符串运算来比较字符串中的字符，进行字符分类、查找与替换、字符串与数值数组之间的相互转换等。MATLAB 中常用的字符串运算函数如表 6-1 所示。

表 6-1　　MATLAB 中的字符串运算函数

函　数　名	函　数　用　途	函　数　名	函　数　用　途
strcat	横向连接字符串	strvcat	纵向连接字符串
strcmp	字符串比较	strncmp	比较字符串的前 n 个字符
findstr	字符串查找	strjust	字符串对齐
strmatch	字符串匹配	strrep	字符串查找与替换
strtok	选择字符串中的部分	blanks	创建由空格组成的字符串
deblank	删除字符串结尾的空格	ischar	判断变量是否为字符串
iscellstr	判断字符串单元数组	isletter	判断数组是否由字母组成
isspace	判断是否空格	strings	MATLAB 字符串句柄

本节介绍字符串比较、查找和替换，字符串与数值数组之间的相互转换将在下一节进行介绍。

(1) 字符串的比较

字符串的比较主要为比较两个字符串是否相同，字符串中的子串是否相同和字符串中的个别字符是否相同。用于比较字符串的函数主要是 strcmp 和 strncmp。

- strcmp：用于比较两个字符串是否相同。用法为 strcmp(str1,str2)，当两个字符串相同时返回 1，否则返回 0。当所比较的两个字符串是单元字符数组时，返回值为一个列向量，元素为相应行比较的结果。

- strncmp：用于比较两个字符串的前面几个字符是否相同。用法为 strncmp(str1,str2,n)，当字符串的前 n 个字符相同时返回 1，否则返回 0。当所比较的两个字符串是单元数组时，返回值为列向量，元素为相应行比较的结果。

例 6-6　字符串的比较。

```
>> str1=['MATLAB']
str1 =
MATLAB
>> str2=['MATlab']
str2 =
```

```
MATlab
>> strcmp(str1,str2)
ans =
     0
>> strncmp(str1,str2,3)
ans =
     1
>> strncmp(str1,str2,4)
ans =
     0
```

　　除了利用上面两个函数进行比较之外，还可以通过简单运算比较两个字符串。当两个字符串拥有相同的维数时，可以利用 MATLAB 运算法则，对字符数组进行比较。字符数组的比较与数值数组的比较基本相同，不同之处在于字符数组比较时进行比较的是字符的 ASCII 码值。进行比较返回的结果为一个数值向量，元素为对应字符比较的结果。需要注意的是在利用这些运算比较字符串时，相互比较的两个字符串必须有相同数目的元素。

　　各运算符及其功能如表 6-2 所示。

表 6-2　运算符及其意义

符　　号	符　号　意　义	英　文　简　写
==	等于	eq
~=	不等于	ne
<	小于	lt
>	大于	gt
<=	小于等于	le
>=	大于等于	ge

例 6-7　通过字符运算比较字符串。

继续【例 6-6】的输入：

```
>> str1==str2
ans =
     1     1     1     0     0     0
>> str1>=str2
ans =
     1     1     1     0     0     0
>> str1=='M'
ans =
     1     0     0     0     0     0
```

　　该例中，首先判断两个字符串是否相同，两个字符串"MATLAB"和"MATlab"前三个字符相同，后面三个字符不同，因此返回值为三个 1 和三个 0。第二条语句与此类似。第三条语句比较字符串 str1 中的字符是否为"M"，返回结果为第一个元素为 1，后面五个元素为 0 的数组，表示该字符串的第一个字符为"M"。

除上面介绍的两个字符串之间的比较之外，MATLAB 还可以判断字符串中的字符是否为空格字符或者字母。实现这两个功能的函数分别为 isspace 和 isletter。下面分别介绍这两个函数。

- isspace：用法为 isspace(str)，判断字符串 str 中的字符是否为空格，是空格字符则返回 1，否则返回 0。
- isletter：用法为 isletter(str)，判断字符串 str 中的字符是否为字母，是字母则返回 1，否则返回 0。

例 6-8　判断字符串中的字符是否为空格或者字母。

```
>> str=['Tsinghua University Press']
str =
Tsinghua University Press
>> isspace(str)
ans =
  Columns 1 through 14
     0    0    0    0    0    0    0    0    1    0    0    0    0    0
  Columns 15 through 25
     0    0    0    0    0    1    0    0    0    0    0
>> isletter(str)
ans =
  Columns 1 through 14
     1    1    1    1    1    1    1    1    0    1    1    1    1    1
  Columns 15 through 25
     1    1    1    1    1    0    1    1    1    1    1
```

(2) 字符串的查找和替换

查找与替换是字符串操作中的一项重要内容。用于查找的函数主要有 findstr，strmatch、strrep、strtok 等。下面分别介绍这些函数。

- findstr：用于在一个字符串中查找子字符串，返回子字符串出现的起始位置。用法为 findstr(str1,str2)，执行时系统首先判断两个字符串的长短，然后在长的字符串中检索短的子字符串。

例 6-9　查找字符串。

```
>> str=['String Searching and Replacing']
str =
String Searching and Replacing
>> findstr(str,'and')
ans =
    18
>> findstr('and',str)
ans =
    18
```

　　由上例可以看出，两个参数可以互换。另外，有函数 strfind 实现相同的功能，但是两个参数不能互换。

- strrep：查找字符串中的子字符串并将其替换为另一个子字符串。用法为 str = strrep (str1, str2, str3)，将 str1 中的所有子字符串 str2 替换为 str3。

例 6-10　字符串替换。

```
>> str1=strrep(str,'Replacing','String Replacing')
str1 =
String Searching and String Replacing
```

- strmatch：在字符数组的每一行中查找是否存在待查找的字符串，存在则返回 1，否则返回 0。用法为 strmatch('str', STRS)，查找 str 中以 STRS 开头的字符串。另外可以用 strmatch('str', STRS,'exact')，查找精确包含 STRS 的字符串。

例 6-11　字符串的查找。

```
>> x = strmatch('max', strvcat('max', 'minimax', 'maximum'))
x =
     1
     3
>> x = strmatch('max', strvcat('max', 'minimax', 'maximum'),'exact')
x =
     1
```

　　由上例可以看出参数 "exact" 的作用。

- strtok：该函数用于选取字符串中的一个部分。该函数的简单用法为 strtok(str)。

例 6-12　选取字符串中的第一个单词。

```
>> s = 'This is a simple example.';
>> [token, remain] = strtok(s)
token =
This
remain =
 is a simple example.
```

6.1.3　字符串与数值之间的转化

　　一个字符串是由单引号括起来的简单文本。在字符串中的每个字符都是数组中的一个元素，这些数字是由 ASCII 字符表示的。这些字符和整数之间可以相互转化。

　　首先，可以将字符串转化为数组。

例 6-13　将字符串转化为数组。

```
>>str=['MATLAB 2007b'];
>> abs_of_str=abs(str)
```

```
abs_of_str =
    77    65    84    76    65    66    32    50    48    48    54    97
>> double_of_str=double(str)
double_of_str =
    77    65    84    76    65    66    32    50    48    48    54    97
```

上例中将字符串转化为数值数组，利用 char 函数可以将数值数组转化为字符串。下面介绍 char 函数的用法。

● Str=char(arr)，该命令将包含正数的数组 arr 转化为数值数组

当 C 是一个字符型单元数组时，Str=char(arr)命令将 C 中的每一个单元转化为字符型数组的对应行。使用 cellstr 可以进行逆变换。

● Str=char(str1,str2,str3,...)，该命令生成的字符串矩阵包含字符串 str1、str2 和 tr3，三个字符串的长度可以不相同。

例 6-14　使用 char 函数将数组转化为字符串。

继续上例的操作：

```
>> str1=char(abs_of_str)
str1 =
MATLAB 2007b
```

上面已经介绍字符串和数值数组之间可以相互转化，除上面介绍的方法，MTALAB 还提供更多的函数，用于字符串和其他数据类型数值数组之间的转化，可以实现更多功能。常用的字符串转化函数如表 6-3 所示。

表 6-3　常用的字符串转化函数

函　　数	功　　能	备　　注
uintN(如，uint8)	将字符串转化为相应的无符号整数	uint8('ab') → 97　98
str2num	将字符型转化为数字型	str2num('123.56') →123.5600
str2double	与上一函数的功能相同，结果更精确一些，同时支持单元字符串数组	double('123.56') →49　50　51　46　53　54
hex2num	将十六进制数转化为双精度数	hex2num('A') →-1.4917e-154
hex2dec	将十六进制数基数转化为正数	hex2dec('B') →11
bin2dec	将二进制转化为十进制	bin2dec('1010') →10
base2dec	将 N 底数字字符串转化为十进制	base2dec('212',3) →23

例 6-15　数字向字符串的转化。

```
>> x=-2:0.2:2;
>> y=x.^2;
>> plot(x,y)
>> str1 = num2str(min(x));
```

```
>> str2 = num2str(max(x));
>> out = ['Value of f from ' str1 ' to ' str2];
>> xlabel(out);
```

得到的图形如图 6-1 所示。其中涉及到的绘图命令将会在 MATLAB 绘图一章介绍。

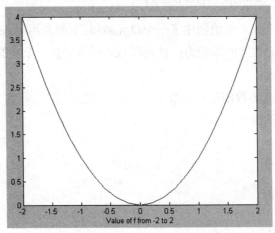

图 6-1　数字向字符串转化结果图形

6.2　单　元　数　组

从 MATLAB 5 开始，MATLAB 新增了两种数据类型：单元数组(cell array)和结构体(structure)。这两种数据类型均是将不同的相关数据集成到一个单一的变量中，使得大量的相关数据的处理与引用变得简单而方便。需要注意的是，单元数组和结构体仅仅是承载其他数据类型的容器，一般运算只针对其中的具体数据进行，而不是对单元数组和结构体本身进行。本节介绍单元数组，下一节将介绍结构体。

6.2.1　单元数组的生成

单元数组中的每一个元素称为单元(cell)。单元中的数据可以为任何数据类型，包括数值数组、字符、符号对象、其他单元数组和结构体。不同的单元中的数据类型可以不同。MATLAB 中的单元数组可以为任意维，通常最常用的是一维和二维单元数组。

用户可以通过两种方式创建一个单元数组：一是通过赋值语句直接创建；二是利用 cell 函数先为单元数组分配一个内存空间，然后再给各个单元赋值。

直接赋值法通过给每个单元逐个赋值来创建单元数组。单元数组用花括号表示，在赋值时需要将单元内容用花括号(即{})括起来。

例 6-16　用直接赋值法创建单元数组。

```
>> A(1,1) = {[1 4 3; 0 5 8; 7 2 9]};
>> A(1,2) = {'Anne Smith'};
```

```
>> A(2,1) = {3+7i};
>> A(2,2) = {-pi:pi/4:pi}
A =
            [3x3 double]        'Anne Smith'
      [3.0000 + 7.0000i]        [1x9 double]
```

该例中通过向每个单元赋值创建了一个单元数组。下面介绍用 cell 函数创建单元数组。使用 cell 函数创建单元数组的步骤为：首先用 cell 函数创建一个空的单元数组，然后再为数组元素赋值。

例 6-17　利用 cell 函数创建单元数组。

继续【例 6-16】的输入：

```
>> B=cell(2,2)
B =
        []      []
        []      []
>> B(1,1)=A(1,1)
B =
      [3x3 double]      []
                 []     []
```

在本例中，首先创建了 2×2 单元数组 B，然后令 B 的第一个单元与 A 的第一个单元相同。

6.2.2　单元数组的操作

1. 单元数组元素的访问

首先看下面的例子。

例 6-18　单元数组元素的访问。

继续 6.2.1 节，在命令窗口中输入：

```
>> A(1,1)
ans =
      [3x3 double]
>> A{1,1}
ans =
      1      4      3
      0      5      8
      7      2      9
```

观察上面的代码，可以看出，使用圆括号和花括号对单元数组索引的不同。当采用圆括号时表示的是该单元，而采用花括号时则表示的是该单元的内容。在 MATLAB 单元数组索引中，圆括号用于标志单元，花括号用于按单元的寻址。

2. 单元数组的显示

由 6.2.1 节中的两例可以看出，在显示单元数组时 MATLAB 有时只显示单元的大小和数据类型，而不显示每个单元的具体内容。若要显示单元数组的内容，可以用 celldisp 函数。

例 6-19　显示单元数组的内容。

```
>> celldisp(A)
A{1,1} =
     1     4     3
     0     5     8
     7     2     9
A{2,1} =
     3.0000 + 7.0000i
A{1,2} =
Anne Smith
A{2,2} =
  Columns 1 through 8
   - 3.1416    - 2.3562    - 1.5708    - 0.7854        0     0.7854     1.5708     2.3562
  Column 9
     3.1416
```

celldisp 函数用于显示单元数组的全部内容，有时候只需要显示单元数组的一个单元，可以用花括号对单元进行索引。见下面的例子。

例 6-20　显示单元数组的一个单元。

```
>> A{1,1}
ans =
     1     4     3
     0     5     8
     7     2     9
```

3. 单元数组的图形显示

除上面的单元数组查看方式外，MATLAB 支持以图形方式查看单元数组的内容。见下面的例子。

例 6-21　查看单元数组的图形。

在命令窗口中输入如下的命令，绘制上节例子中的单元数组 A：

```
>> cellplot(A)
```

得到的图形如图 6-2 所示。

用这种方法可以直观地看出单元数组的结构。需要注意的是，cellplot 只能用于显示二维单元数组的内容。

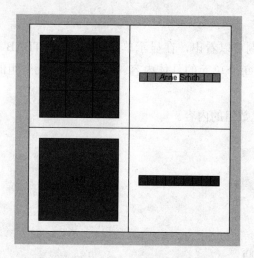

图 6-2　以图形方式查看单元数组

4. 单元数组元素的删除

单元数组元素删除的方法很简单，将待删除的元素置为"空"即可。需要注意的是，在删除单元数组的元素时，采用的索引方式为一维下标，格式为：A(cell_subscripts) = [ ]。

如果操作的单元数组为多维数组，则其索引方式逐维进行，删除元素后，系统将该单元数组改变为一维单元数组，元素按照维数逐次排序。

例 6-22　单元数组元素删除。

首先，创建一个 3×3 单元数组，其每个元素为一个随机矩阵，采用下面的代码创建：

```
A=cell(3,3);
for i=1:3
    for j=1:3
        A{i,j}=randn(i,j);
    end
end
```

创建后生成的单元数组为：

```
A =
    [ - 0.9471]    [1x2 double]    [1x3 double]
    [2x1 double]   [2x2 double]    [2x3 double]
    [3x1 double]   [3x2 double]    [3x3 double]
```

采用下面的方式删除其中的元素：

```
>> A(2)=[]
```

得到的结果为：

```
A =
Columns 1 through 5
```

　　　[-0.9471]　　　　[3x1 double]　　　　[1x2 double]　　　　[2x2 double]　　　　[3x2 double]

Columns 6 through 8

　　　[1x3 double]　　　　[2x3 double]　　　　[3x3 double]

删除数组元素可以每次删除多个，下标用一维数组指定，如：

```
>> A(3:5)=[]
A =
```

　　　[-0.9471]　　　　[3x1 double]　　　　[1x3 double]　　　　[2x3 double]　　　　[3x3 double]

5. 改变单元数组的维数

改变数组的维数可以通过添加或删除数组元素完成。删除数组元素时，得到的单元数组为原数组中剩下元素排列而成，为一维数组，如上面一部分所介绍。添加数组元素时，自动添加该数组所对应的行和列，其他元素为空。

例 6-23　添加数组元素。

为【例 6-22】中的单元数组 *A* 添加元素：

```
>> A(3,2) = {eye(3,3)}
A =
```

　　　　　[3x3 double]　　　　'Anne Smith'
　　　[3.0000 + 7.0000i]　　　[1x9 double]
　　　　　　　[]　　　　　　[3x3 double]

得到 3×2 的单元数组，并且 *A*(3,1)为空。

另外，可以通过函数 reshape 改变数组的形状。reshape 函数按照顺序将原单元数组的元素进行重新放置，得到新的单元数组元素个数与原数组相同。

例 6-24　利用 reshape 函数将【例 6-23】得到的单元数组转化为 2×3 的数组。

```
>> A = reshape(A,2,3)
A =
```

　　　　　[3x3 double]　　　　　　　[]　　　　　[1x9 double]
　　　[3.0000 + 7.0000i]　　　'Anne Smith'　　　[3x3 double]

6.3　结　构　体

结构体是另一种可以将不同类型数据组合在一起的数据类型。由于 MATLAB 是用 C 语言编写的，其中的数据继承了 C 语言的特色。MATLAB 的结构体变量和 C 语言的结构体变量类似并且比 C 语言更直观。

结构体与单元数组的区别为，结构体有一个名字，结构体的每个成员元素也有自己的名字，其元素访问是通过元素的名字来实现的。

6.3.1 结构体的生成

与单元数组类似，结构体也有两种生成方式，一种是直接输入，另一种是使用结构体生成函数 struct。

通过直接输入结构体各元素值的方法可以创建一个结构体。输入的同时定义该元素的名称，并使用 "." 将变量名与元素名连接。

例 6-25 直接输入结构体。

```
>> person.name='liuhuiying';
>> person.height=162;
>> person.weight=51;
>> person.hobby='swimming';
>> person
person =
        name: 'liuhuiying'
        height: 162
        weight: 51
        hobby: 'swimming'
```

上面创建了一个名为 person 的结构体变量。继续输入：

```
>> person(2).name='zhangqiang';
>> person(2).height=175;
>> person(2).weight=65;
>> person(2).hobby='Game';
>> person
person =
1x2 struct array with fields:
        name
        height
        weight
        hobby
```

通过 person(2)的创建，person 被扩充为一个 1×2 的结构体数组。查看两个对象的内容，输入：

```
>> person(1)
ans =
        name: 'liuhuiying'
        height: 162
        weight: 51
        hobby: 'swimming'
>> person(2)
ans =
        name: 'zhangqiang'
```

```
        height: 175
        weight: 65
        hobby: 'Game'
```

可以看出，第一次输入的结构体 person 被默认为 person(1)。

除上面的方法外，还可以用 struct 函数生成结构体。struct 函数的最基本的使用方式是 struct_name=struct('field1',V1,'field2',V2,...)，其中 fieldn 是各成员变量名，Vn 为对应的各成员变量的内容。

例 6-26　用 struct 函数创建结构体。

```
>> person=struct('name','liuhuiying','height',162,'weight',51,'hobby','swimming')
person =
        name: 'liuhuiying'
      height: 162
      weight: 51
       hobby: 'swimming'
```

或者可以一次输入多个变量的值，见下例。

例 6-27　一次输入结构体多个变量的值。

```
>> person=struct('name',{'liuhuiying','zhangqiang'},'height',{162,175},'weight',{51,65},'hobby',
        {'swimming','Game'})
person =
1x2 struct array with fields:
        name
        height
        weight
        hobby
>> person(1)
ans =
        name: 'liuhuiying'
      height: 162
      weight: 51
       hobby: 'swimming'
>> person(2)
ans =
        name: 'zhangqiang'
      height: 175
      weight: 65
       hobby: 'Game'
```

6.3.2　结构体的操作

1. 添加成员变量

如果需要向结构体中添加新的成员，可以直接输入该变量的名称并赋值。

例 6-28　向结构体中添加新的成员。

继续上例。添加新的成员变量"gender"，将 person(1)的该变量赋值为 female。

```
>> person(1).gender='female'
person =
1x2 struct array with fields:
        name
        height
        weight
        hobby
        gender
```

赋值后显示 person 的成员列表中新增了 gender。

```
>> person(1)
ans =
        name: 'liuhuiying'
        height: 162
        weight: 51
        hobby: 'swimming'
    gender: 'female'
>> person(2)
ans =
        name: 'zhangqiang'
        height: 175
        weight: 65
        hobby: 'Game'
        gender: []
```

显示 person(2)的内容，person(2)中包含了 gender 一项，但是因为没有赋值，该项为空。

2. 删除成员变量

在 MATLAB 中可以使用函数 rmfield 从结构体中删除成员变量。命令 S=rmfield(S,'field')
将删除结构体 S 中的成员 field，同时保留 S 原有的结构。

例 6-29　删除结构体中的成员。

```
>> person=rmfield(person,'hobby')
person =
1x2 struct array with fields:
        name
        height
        weight
        gender
>> person(1)
ans =
        name: 'liuhuiying'
        height: 162
```

```
        weight: 51
        gender: 'female'
>> person(2)
ans =
        name: 'zhangqiang'
        height: 175
        weight: 65
   gender: []
```

另外，可以使用命令 S=rmfield(S,fields)一次删除多个成员，其中 fields 为字符行变量或者单元型变量。该命令删除 fields 中指定的成员。

3. 调用成员变量

在 MATLAB 中调用成员变量非常简单。结构体中的任何信息，可以通过"结构体变量名.成员名"的方式调用。调出成员变量后，可以利用相关函数进行调用。

例 6-30　结构体成员的调用。

为【例 6-29】中的 person (2)赋值为 male。

```
>> person(2).gender
ans =
        []
>> person(2).gender='male';
>> person(2)
ans =
        name: 'zhangqiang'
        height: 175
        weight: 65
        gender: 'male'
```

该例中，首先显示该成员为空，然后为其赋值。

6.4　习　　题

1. 编制一个脚本，查找给定字符串中指定字符出现的次数和位置。

2. 编写一个脚本，判断输入字符串中每个单词的首字母是否为大写，若不是则将其修改为大写，其他字母为小写。

3. 创建 2×2 单元数组，第 1、2 个元素为字符串，第三个元素为整型变量，第四个元素为双精度(double)类型，并将其用图形表示。

4. 创建一个结构体，用于统计学生的情况，包括学生的姓名、学号、各科成绩等。然后使用该结构体对一个班级的学生成绩进行管理，如计算总分、平均分、排列名次等。

第7章 MATLAB R2007b程序设计

MATLAB 作为一种广泛用于科学计算的工具软件，不仅具有强大的数值计算、科学计算和绘图等功能，还具有强大的程序设计功能。MATLAB 中的程序文件扩展名为 .m，称为 M 文件。通过编写 M 文件，可以实现各种复杂的运算。强大的编程功能使得 MATLAB 在科研中的应用更加深入，常常作为系统仿真的工具。另外，MATLAB 系统中预定义了大量的 M 文件，用户可以调用这些文件，还可以编写自己的 M 文件生成和扩充自己的函数库。

本章介绍 MATLAB 编程的方法。包括 MATLAB 中的变量类型、函数类型，MATLAB 中的控制语句及 MATLAB 编程中的常用方法、错误处理方法等。通过本章的学习，读者能够编制一个完整的 MALTAB 应用程序。

本章学习目标

☑ 熟悉 MATLAB 的编程环境
☑ 掌握 MATLAB 的变量类型
☑ 掌握 MATLAB 中的流程控制语句
☑ 掌握 MATLAB 的函数类型和函数操作
☑ 了解 MATLAB 中的错误处理
☑ 了解 MATLAB 程序调试方法
☑ 了解 MATLAB 代码优化方法

7.1 M 文本文件介绍

作为一种程序化的编程语言，MATLAB 的语法类似于一般的高级语言。但是 MATLAB 的语法比一般的高级语言要简单，程序更易于调试，并且有很好的交互性。

MATLAB 提供了很多的专业工具箱，工具箱中的函数为 M 文件。正是有了这些工具箱 MATLAB 才可以广泛地应用到各个领域，如动态仿真、CDMA 参数模块集、通信模块集、通信工具箱、控制系统工具箱和数字信号工具箱等。用户也可以根据需要，在这些工具箱中添加自己的 M 文件。

由于 MATLAB 语言是由 C 语言编写的，因此 MATLAB 与 C 语言的语法极为相似，对于熟悉 C 语言的用户来说，学习 MATLAB 语言是很容易的事情。

MATLAB 编写的程序文件称为 M 文件，M 文件有脚本文件和函数文件两种，在前面的章节中已经介绍了脚本文件。脚本文件不需要输入参数，也不输出参数，按照文件中指定的顺序执行命令序列。而函数接受其他数据为输入参数，并且可以返回数据。

一个 M 文件通常包含 5 个部分：函数定义语句、H1 帮助行、帮助文本、函数体或者脚本文件语句和注释语句。H1 帮助行是紧随函数定义语句后面的一行注释语句。当用户通过 help 命令查询该函数的说明信息时 H1 行显示为第一行，另外 lookfor 函数只检索和显示 H1 行。帮助文本是 H1 行后面连续的注释行，当在命令窗口中通过 help 命令查询该函数的说明信息时，则在窗口中显示这些内容。函数体为 M 文件的主要部分，是函数的执行代码。除上面的 H1 行和帮助文本外，为了易于理解，可以在书写代码时添加注释语句。这些注释语句在编译程序时会被忽略，因此不会影响编译速度和程序运行速度，但是能够增加程序的可读性。

一个完整的 M 文件的结构为：

```
function f = fact(n)                          函数定义语句
% Compute a factorial value.                  H1 行
% FACT(N) returns the factorial of N,         帮助文本
% usually denoted by N!

% Put simply, FACT(N) is PROD(1:N).           注释语句
f = prod(1:n);                                函数体
```

7.1.1　脚本 M 文件介绍

实际应用中，脚本 M 文件经常仅仅由 M 文件正文和注释部分构成。正文主要是实现功能，而注释是给出代码说明

例 7-1　脚本 M 文件。

```
g=0:0.5:20;             %产生一维向量
x=sin(g);
y=cos(g);
z=[x;y];
plot(g,z);              %以 g 的数值作为横坐标轴，绘制 x、y 的图形
xlabel('g');
ylabel('x&y')
```

将例 7-1 的文件存储为 draw.m，然后按下 F5 键或者选择 Debug 菜单的 Run 项，都可以运行此脚本 M 文件。也可以将该文件存储在 MATLAB 主目录的\work 子目录下，然后在 MATLAB 的命令窗口里输入 draw 后回车即可运行。

7.1.2　函数 M 文件介绍

函数式 M 文件比脚本式 M 文件相对复杂一些，脚本文件不需要自带参数，也不一定返回结果，而函数文件一般要自带参数，并且有返回结果，以便于更好地把整个程序连为一段。函数文件也可以不带参数，此时文件中一般使用一些全局变量来实现与外界和其他函数之间的数据交换。

函数文件的第一行以 function 开始，说明此文件是一个函数。其实质为用户向 MATLAB 函数库中添加的子函数。在默认情况下，函数文件中的变量都是局部变量，仅在函数运行期间有效，函数运行结束后，这些变量将从工作区中清除。

下面通过具体例子说明函数文件的编写。

例 7-2　函数式 M 文件示例。

编写函数，计算数组的平均值，代码如下：

```
function y = average(x)
% AVERAGE Mean of vector elements.
% AVERAGE(X), where X is a vector, is the mean of vector elements.
% Nonvector input results in an error.
[a,b] = size(x);
if (~((a == 1) | (b == 1)) | (a == 1 & b == 1))
    error('Input must be a vector')
end
y = sum(x)/length(x);        % Actual computation
```

保存该文件，在命令窗口中运行：

```
>> A=[2:65];
>> average(A)
ans =
    33.5000
```

7.2　函数流程控制

MATLAB 的基本程序结构为顺序结构，即代码的执行顺序为从上到下的顺序。但是顺序结构远远不能满足程序设计的需要，为了编写更加实用、功能更加强大、代码更加精简的程序，则需要流程控制语句。流程控制语句主要包括判断语句、循环语句、分支语句等。

本节介绍 MATLAB 流程控制语句。流程控制语句是编写程序的基本的、必需的部分。

7.2.1　顺序结构

顺序结构是最简单的程序结构，系统在编译程序时，按照程序的物理位置顺序执行。这种程序容易编制，但是结构单一，能够实现的功能有限。见下面的简单例子。

例 7-3　顺序结构的程序。

编写程序，不采用第三个变量，实现两个数值的交换。

将程序保存为 exchange.m，内容为：

```
% exchange the value of two numbers without the third variable
function [a,b] = exchange(a,b)
disp('step1:a = a + b');
a = a + b
disp('step2:b = a - b');
b = a - b
disp('step3:a = a - b');
a = a - b
disp('final result:');
```

在命令窗口中调用该函数：

```
>> a=39;
>> b=66;
>> [a,b] = exchange(a,b)
step1:a = a + b
a =
    105
step2:b = a - b
b =
    39
step3:a = a - b
a =
    66
final result:
a =
    66
b =
    39
```

在上面的程序运行中，为了显示程序的运行过程，添加了显示语句，并显示了中间结果。从运行结果可以看出，程序按照从上到下的顺序执行。

7.2.2　判断语句(if…else…end)

在编写程序时，经常需要根据不同的条件选择运行的命令，此时需要使用判断语句进行流程控制。条件判断语句为 if 语句，if 语句有 3 种调用形式，分别根据选择项目的数目选择不同的形式。

1. if…end

此时的程序结构如下：

```
if 表达式
    执行代码块
end
```

这是最简单的判断语句，只有一个判断语句，其中的表达式为逻辑表达式，当表达式为真时，执行相应的语句，否则直接跳到下一段语句。见下面的例子。

例 7-4　if 语句的简单例子。

判断输入的两个参数是否都大于 0，是则返回"a and b are both larger than 0"，否则不返回，程序最后返回"Done"。

编写函数，函数名为 ifboth，内容如下：

```
function ifboth(a,b)
if a > 0 && b>0
    disp('a and b are both larger than 0');
end
disp('Done');
```

对不同的 a 和 b 执行完函数，得到的结果如下：

```
>> a=44;b=58;
>> ifboth(a,b)
a and b are both larger than 0
Done
>> a=44;b=-58;
>> ifboth(a,b)
Done
```

在第一次调用时，a 和 b 都大于 0，因此输出语句"a and b are both larger than 0"，最后输出语句"Done"；在第二次运行时，由于 b 小于 0，条件不满足，因此直接输出"Done"。

2. if…else…end

当程序有两个选择时，可以选择 if…else…end 结构，此时程序结构为：

```
if 表达式
    执行代码块 1
else
    执行代码块 2
end
```

当判断表达式为真时，执行代码块 1，否则执行代码块 2。

例 7-5　if…else…end 结构程序示例。

在上例中，如果 a 和 b 不全大于 0，则显示"a and b are not both larger than 0"。

在上面的程序添加语句，修改后为：

```
function ifboth(a,b)
if a > 0 && b>0
    disp('a and b are both larger than 0');
else
    disp('a and b are not both larger than 0');
end
disp('Done');
```

执行该程序，得到结果为：

```
>> a=44;b=58;
>> ifboth(a,b)
a and b are both larger than 0
Done
>> a=44;b=-58;
>> ifboth(a,b)
a and b are not both larger than 0
Done
```

3. if…elseif…else…end

上面的两种形式中，分别包含一个选择和两个选择，当判断包含多个选择时，可以采用 elseif 语句，结构为：

```
if 表达式 1
    执行代码块 1
elseif 表达式 2
    执行代码块 2
elseif ...
    ...
    ...
else
    执行代码块
end
```

其中可以包含任意多个 elseif 语句。

例 7-6　进一步增加上例中函数的功能，将程序修改为：

```
function ifboth(a,b)
if a > 0 && b > 0
    disp('a and b are both larger than 0.');
```

```
    elseif a > 0 && b < 0
        disp('a is larger than 0, and b is smaller than 0.');
    elseif a < 0 && b > 0
        disp('a is smaller than 0,and b is larger than 0.');
    else
        disp('a and b are both smaller than or equal to 0.');
    end
    disp('Done');
```

继续采用上面的数据进行测试，得到结果为：

```
>> a=44;b=58;
>> ifboth(a,b)
a and b are both larger than 0.
Done
>> a=44;b=-58;
>> ifboth(a,b)
a is larger than 0, and b is smaller than 0.
Done
```

7.2.3　分支语句

上一节中的 if...elseif...else...end 语句可以适用于多种选择的流程控制，此时对 else 之外的每一个选择语句设置一个表达式，表达式为真时则执行该模块。MATLAB 中的另一种多选择语句为分支语句。分支语句的结构为：

```
    switch 分支语句
        case 条件语句
            执行代码块
        case {条件语句 1, 条件语句 2, 条件语句 3, ...}
            执行代码块
        otherwise
            执行代码块
    end
```

其中的分支语句为一个变量，可以是数值变量或者字符串变量，如果该变量的值与某一条件相符，则执行相应的语句，否则执行 otherwise 后面的语句。在每一个分支中，可以包含一个条件语句，也可以包含多个条件语句，当包含多个条件语句时，将条件语句以单元数组的形式表示。

MATLAB 的分支语句类似于 C 语言的分支语句，但是又不完全相同：MATLAB 语句从上到下依次判断条件，条件符合则执行相应的代码块，之后退出该分支语句，因此在代码块后面不需要添加"break"语句。

例 7-7　利用分支语句编写条件判断程序，实现任意底对数的计算。

MATLAB 中提供的对数函数有 log、log2、log10 等，如果需要任意底对数的实现，需要利用对数性质 $\log_a b = \dfrac{\ln b}{\ln a}$。下面编写程序，实现任意底对数的实现。

新建 M 文件，命名为 logn.m，内容为：

```
% 任意底对数的实现
function y = logn(x,n)
if x == 0 || n == 0
    disp('warning: log of zero!');
    y = NaN;
elseif n == 1
    disp('error: n == 1!');
    y = NaN;
else
    if x < 0 || n < 0
        disp('warning: the result will be imaginary!');
    end
    switch n
        case exp(1)
            y = log(x);
        case 2
            y = log2(x);
        case 10
            y = log10(x);
        otherwise
            y = log(x)/log(n);
    end
end
```

编写另外一段程序，计算 x 以向量 n 中每个元素为底的对数，并绘制图形。

新建 M 文件，保存为 log_plot.m，内容为：

```
% 计算 x 对于多个底的对数，并绘制图形
function y = log_plot(x,n)
l = length(n);
y = zeros(size(n));
for i=1:l
    y(i) = logn(x,n(i));
end
plot(n,y,'.');
xlabel('n');
```

在命令窗口中运行该程序：

```
>> x=25;
>> n=[1/5,1/4,1/3,1/2,2,3,4,5];
```

```
>> y=log_plot(x,n);
y =
    Columns 1 through 7
     -2.0000    -2.3219    -2.9299    -4.6439    4.6439    2.9299    2.3219
    Column 8
     2.0000
```

得到的图形如图 7-1 所示。

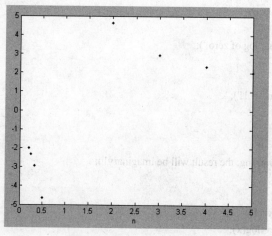

图 7-1　例 7-7 生成的图形

7.2.4　循环语句

循环语句对于需要大量重复操作的程序，能够在很大程度上精简代码。并且，在一些情况下，只有利用循环语句才能够实现算法。MATLAB 中的循环语句有两种：for 语句和 while 语句。

1. for 语句

for 语句将相同的代码执行预定义的次数。for 语句的结构为：

```
for 循环变量 = 表达式
    执行代码块
end
```

for 循环的语句在前面的例子中已经有所涉及，上节的例子中，第二个程序中也涉及到了 for 循环语句。下面为 for 循环的更多例子。

例 7-8　计算空间点之间的欧氏距离，如果是二维空间，绘制图形。

编写程序，命名为 distancem.m，内容为：

```
% calculate the distance matrix of an array
function DM = distancem(A)
[amount,dim] = size(A);
```

```
plot(A(:,1),A(:,2),'.');
DM = zeros(amount);
for i=1:amount
    for j=amount:-1:i+1
        DM(i,j) = norm(A(i,:)-A(j,:));
        DM(j,i) = DM(i,j);
    end
end
if dim == 2
    plot(A(:,1),A(:,2),'.');
    hold on;
    for i=1:amount
        for j=amount:-1:i+1
            plot([A(i,1),A(j,1)],[A(i,2),A(j,2)],'--');
            dis_str = num2str(DM(i,j),3);
            text((A(i,1)+A(j,1))/2,(A(i,2)+A(j,2))/2,dis_str);
        end
    end
end
hold off;
```

在命令窗口中调用该函数：

```
>> A=round(rand(4,2)*10);
>> D = distancem(A);
```

得到的图形如图 7-2 所示。

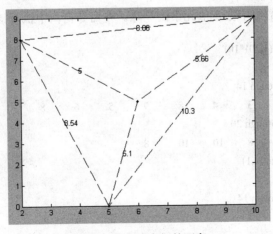

图 7-2　空间点之间的距离

　　该程序中，利用 for 循环实现了数组元素的遍历。for 循环在数组运算中的应用，使得数组运算变得方便、简洁。

2. while 语句

while 语句用于将相同的代码块执行多次，但是次数并不预先指定，当 while 的条件表达式为真时，执行代码块，直到条件表达式为假。while 语句的结构为：

```
while 表达式
    执行代码块
end
```

例 7-9 while 循环的实例。

```
function array_new = clear_num(array_old,n)
%clear the specified number in an array
i=1;
if nargin == 1
    n=0;
end
len = length(array_old);
while i<len
    if array_old(i) == n
        array_old(i) = [];
    else
        i = i+1;
    end
end
array_new = array_old;
```

此程序实现一维数组中指定值元素的删除。在命令窗口中执行该命令：

```
>> A = ceil(rand(1,20)*10)
A =
  Columns 1 through 14
     6     7     3     4     8     7     5     6     8     1     7     1     5     4
  Columns 15 through 20
     9     1     8    10    10     8
>> A = clear_num(A,1)
A =
  Columns 1 through 14
     6     7     3     4     8     7     5     6     8     7     5     4     9     8
  Columns 15 through 17
    10    10     8
```

7.2.5 try…catch…end 语句

MATLAB 中的另一种判断语句为 try…catch 语句，这种语句可以包容程序运行中的错误，并返回错误类型。这种语句的结构为：

```
try
    运行代码块
catch
运行代码块
end
```

该语句首先从上到下依次执行，如果遇到程序错误则运行下一个 catch 中的语句，依次向下进行。如果程序运行成功，则退出该判断语句。如果在 catch 和 end 之间的程序运行出错，则程序运行终止，或者如果存在其他的 try…catch 结构，则运行下一个 try…catch 结构。可以利用 lasterr 命令查看发生错误的原因。

7.2.6　其他流程控制函数

前面几节介绍了通常的流程控制语句，本节介绍辅助流程控制函数，与前面介绍的语句相结合，更好地完成流程的控制。

- continue：continue 语句通常用在循环控制中，包括 for 循环和 while 循环，用于结束当次循环，继续执行下一次循环，但是不结束当前循环。一般 continue 语句与 if 语句相结合，当满足一定的条件时，执行 continue 语句。
- break：与 continue 相同的是，break 函数也是用于循环控制，中断当前循环。与 continue 不同，break 跳出当前循环，不再执行该循环的任何操作。
- return：结束该程序的执行，返回到调用函数或者键盘。

例 7-10　continue 用于循环控制。

```
fid = fopen('magic.m','r');
count = 0;
while ~feof(fid)
    line = fgetl(fid);
    if isempty(line) | strncmp(line,'%',1)
        continue
    end
    count = count + 1;
end
disp(sprintf('%d lines',count));
```

例 7-11　break 用于循环控制。

```
fid = fopen('fft.m','r');
s = '';
while ~feof(fid)
    line = fgetl(fid);
    if isempty(line), break, end
```

```
        s = strvcat(s,line);
    end
    disp(s)
```

例 7-12　　return 用于循环控制。

```
function d = det(A)
%DET det(A) is the determinant of A.
if isempty(A)
    d = 1;
    return
else
    ...
end
```

7.3　函 数 变 量

　　MATLAB 将每个变量保存在一块内存空间中，这个空间称为工作区。主工作区包括所有通过命令窗口创建的变量和脚本文件运行生成的变量。脚本文件没有独立的工作区，而每个函数，包括子函数和嵌套函数，都拥有独立的工作区，将该函数的所有变量保存在该工作区中。

　　本节介绍变量的类型，包括局部变量、全局变量和永久变量，这些类型主要是根据变量的作用工作区分类的。下面介绍这些变量类型。

1. 局部变量

　　每个函数都有自己的局部变量，这些变量存储在该函数独立的工作区中，与其他函数的变量及主工作区中的变量分开存储。当函数调用结束时，这些变量随之删除，不保存在内存中。并且，除了函数返回值，该函数不改变工作区中其他变量的值。

　　然而脚本文件没有独立的工作区，当通过命令窗口调用脚本文件时，脚本文件分享主工作区，当函数调用脚本文件时，脚本文件分享主调函数的工作区。需要注意的是，如果脚本中改变了工作区中变量的值，则在脚本文件调用结束后，该变量的值发生改变。

　　在函数中，变量默认为局部变量。

2. 全局变量

　　局部变量只在一个工作区内有效，无论是函数工作区还是 MATLAB 主工作区。与局部变量不同，全局变量可以在定义该变量的全部工作区中有效。当在一个工作区内改变该变量的值时，该变量在其他工作区中的变量同时改变。

　　任何函数如果需要使用全局变量，则必须首先声明，声明格式如下：

```
global 变量名 1 变量名 2
```

如果一个 M 文件中包含的子函数需要访问全局变量，则需在子函数中声明该变量，如果需要在命令行中访问该变量，则需在命令行中声明该变量。

3. 永久变量

除局部变量和全局变量外，MATLAB 中还有一种变量类型为永久变量。永久变量有如下特点：

- 只能在 M 文件内部定义。
- 只有该变量从属的函数能够访问该变量。
- 当函数运行结束时，该变量的值保留在内存中，因此当该函数再次被调用时，可以再次利用这些变量。

永久变量的定义方法为：

persistent 变量名 1 变量名 2

7.4　函 数 类 型

MATLAB 中的函数主要有两种方法创建：在命令行中定义和保存为 M 文件。在命令行中创建的函数称为匿名函数。匿名函数总体来讲比较简单，由一条表达式组成，能够接受多个输入或输出参数。使用匿名函数可以避免文件的管理和存储。

通过 M 文件创建的函数有多种类型，包括主函数、子函数及嵌套函数。本节主要介绍通过 M 文件创建的函数。

7.4.1　匿名函数

关于匿名函数在第 5 章中已有初步涉及，在 5.2 节的示例中用到了大量的匿名函数。本节对匿名函数做进一步的介绍。

匿名函数提供了一种创建简单程序的方法，使用它用户可以不必每次都编写 M 文件。用户可以在 MATLAB 的命令窗口或是其他任意 M 文件和脚本文件中使用匿名函数。

匿名函数的格式为：fhandle = @(arglist) expr

其中 fhandle 是为该函数创建的函数句柄；@符号用于创建函数句柄；arglist 为用逗号分隔的参数列表；expr 为函数主体，为 MATLAB 表达式。

例 7-13　无参数的匿名函数示例。

```
>> t=@()datestr(now);
>> t()
ans =
07-Nov-2007 21:25:20
```

需要注意的是，在调用该函数时后面的括号不能省略，否则认为调用的是函数句柄，如：

```
>> t
t =
    @()datestr(now)
```

当 t 后面没有加括号时，显示的是该函数句柄的内容。

例 7-14　包含参数的函数句柄。

```
>> h_sin = @(x,y)(sin(x+y));
>> h_sin(pi/3,pi/pi/6)
ans =
    0.9370
```

7.4.2　主函数

通常每个 M 文件中的第一个函数为主函数，主函数可以被该文件之外的其他函数调用，而子函数只能被该文件内的函数调用。主函数的调用通过存储该函数的 M 文件的文件名调用。我们在前面几节中编写的实验程序，大多为主函数，如例 7-9。因此，这里不再过多介绍。

7.4.3　子函数

一个 M 文件中可以包括多个函数，除主函数之外的其他函数称为子函数。子函数只能被主函数或该文件内的其他子函数调用。每个子函数以函数定义语句开头，直至下一个函数的定义或文件的结尾。

当函数中调用函数时，系统判断其函数类型的顺序为：首先判断是否为子函数，然后判断是否为私有函数，最后判断其是否为当前目录下的 M 文件函数或者系统内置函数。由于子函数具有最高的优先级别，因此，在定义子函数时，可以采用已有的其他外部函数的名称。

7.4.4　嵌套函数

一个函数内部可以定义其他的函数，这种内部的函数称作嵌套函数。

1. 嵌套函数的书写

定义嵌套函数时，只要在一个函数内部直接定义嵌套函数即可。需要注意的是，当一个 M 文件中存在嵌套函数时，该文件内的所有函数必须以 end 结尾。

例 7-15　嵌套函数的结构。

```
function x = A(p1, p2)
...
    function y = B(p3)
    ...
    end
...
end
```

每个函数中可以嵌套多个函数。

例 7-16　多个平行嵌套函数。

```
function x = A(p1, p2)
...
    function y = B(p3)
    ...
    end
    function z = C(p4)
    ...
    end
...
end
```

在这个程序中，函数 *A* 嵌套了函数 *B* 和函数 *C*。另外，嵌套函数还可以包含嵌套函数，其结构如【例 7-17】。

例 7-17　多层嵌套函数。

```
function x = A(p1, p2)
...
    function y = B(p3)
    ...
        function z = C(p4)
        ...
        end
    ...
    end
...
end
```

在这段程序中，函数 *A* 嵌套了函数 *B*，函数 *B* 嵌套了函数 *C*。

2. 嵌套函数的调用

一个嵌套函数可以被下列函数调用：

(1) 该嵌套函数的上一层函数，如上面【例 7-17】中函数 *A* 可以调用函数 *B*，函数 *B* 可以调用函数 *C*，但是函数 *A* 不能调用函数 *C*。

(2) 同一母函数下的同级嵌套函数，如上面【例 7-16】中函数 *B* 可以调用函数 *C*。

(3) 被任一低级别的函数调用。

例 7-18 嵌套函数的调用。

见下面的嵌套函数结构：

```
function A(x, y)                    % Primary function
B(x, y);
D(y);
    function B(x, y)               % Nested in A
    C(x);
    D(y);
        function C(x)              % Nested in B
        D(x);
        end
    end
    function D(x)                  % Nested in A
    E(x);
        function E(x)              % Nested in D
        ...
        end
    end
end
```

在这段程序中，函数 *A* 包含了嵌套函数 *B* 和嵌套函数 *D*，函数 *B* 和函数 *D* 分别嵌套了函数 *C* 和函数 *E*。这段程序中函数间的调用关系为：

(1) 函数 *A* 为主函数，可以调用函数 *B* 和函数 *D*，但是不能调用函数 *C* 和函数 *E*。

(2) 函数 *B* 和函数 *D* 为一级嵌套函数，*B* 可以调用函数 *D* 和函数 *C*，但是不能调用函数 *E*；*D* 可以调用函数 *B* 和函数 *E*，但是不能调用 *C*。

(3) 函数 *C* 和函数 *E* 为分属两个函数的嵌套函数，可以调用函数 *B* 和函数 *D*，但是不能互相调用。

7.4.5 私有函数

私有函数是 MATLAB 中的另一类函数，这类函数位于名为"private"的子文件夹中，只能被上一级文件夹中的函数或者这些函数所调用的 M 文件调用。如，当前文件夹为 matlabmath，matlabmath 中包含子文件夹 private，则 private 中的函数只能被 matlabmath 根目录下的函数及这些函数调用的 M 文件调用。

私有函数只能被其父文件夹中的函数调用，因此，用户可以开发自己的函数库，函数的名称可以与系统标准 M 函数库名称相同，而不必担心在函数调用时发生冲突，因为 MATLAB 首先查找私有函数，再查找标准函数。

7.4.6 重载函数

函数重载为程序编写和用户调用提供了很大的方便。函数重载允许多个函数使用相同的函数名，不同的输入参数类型。在函数调用时，系统根据输入参数的情况自动选择相应的函数执行。

7.5　函　数　操　作

上一节介绍了函数的类型，本节介绍函数的操作，包括函数句柄的使用，函数的参数和函数的调用。

7.5.1　函数句柄

利用函数句柄可以实现对函数的间接操作，可以通过将函数句柄传递给其他函数实现对函数的操作，也可以将函数句柄保存在变量中，留待以后调用操作。

函数句柄是通过@符号创建的，格式为：

> fhandle = @functionname。

例 7-19　创建匿名函数的句柄。

> sqr = @(x) x.^2;

该语句创建名为 sqr 的函数句柄，接下来可以利用该句柄实现函数操作。如：

```
>> sqr(5)
ans =
     25
>> figure,fplot(sqr,[-5,5]);
```

得到的图形如图 7-3 所示。

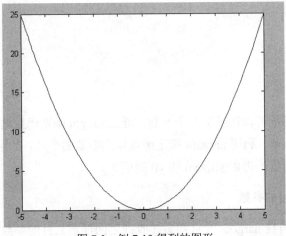

图 7-3　例 7-19 得到的图形

若要保存函数句柄，可以使用单元数组，如下：

trigFun = {@sin, @cos, @tan};

通过函数句柄实现对函数的间接调用，其调用格式与直接调用函数的格式相同：fhandle(arg1, arg2, ..., argn)，其中 fhandle 为函数句柄。

7.5.2　函数参数

当调用函数时，主调函数通过函数参数的形式向被调函数传递数据，被调函数通过函数返回值的形式向主调函数返回数据。本节介绍函数参数，内容包括：输入参数数目确定、输入可变数目的参数、向嵌套函数输入可选参数和修改参数值并返回。

1. 函数参数数目确定

函数 nargin 和函数 nargout 分别用于确定函数的输入输出参数个数。在函数体内部用 nargin(nargout)确定输入输出参数后可以用条件语句确定需要执行的操作。

例 7-20　　nargin 函数和 nargout 的使用。

```
function [x0, y0] = myplot(x, y, npts, angle, subdiv)
% MYPLOT    Plot a function.
% MYPLOT(x, y, npts, angle, subdiv)
%       The first two input arguments are
%       required; the other three have default values.
  ...
if nargin < 5, subdiv = 20; end
if nargin < 4, angle = 10; end
if nargin < 3, npts = 25; end
  ...
if nargout == 0
        plot(x, y)
else
        x0 = x;
        y0 = y;
end
```

在该函数中，函数可以接受 2~5 个参数，通过 nargin 确定函数输入参数的个数，并对缺少的参数赋予默认值；利用 nargout 确定函数输出参数的个数，如果输出参数为 0，则绘制图形，不输出任何值，否则输出 x0 和 y0 的值。

2. 输入可变数目的参数

函数 nargin 和函数 nargout 允许函数接收或返回任意数目的参数。本节介绍参数数目可变的函数。

　　在 MATLAB 中，输入输出参数是以单元数组的形式进行传输的：输入参数以单元数组的形式传递给函数，单元数组的每个元素为相应的参数，同样，输出参数也是以单元数组的形式组织的。如此的参数组织形式便于函数接受任意数目的参数。见下面的例子。

例 7-21　绘制任意数目的点的图像，点之间用直线段连接。

代码如下：

```
function plotvar(varargin)
lineflag = 0;
subk = 0;
for k = 1:length(varargin)
    if ischar(varargin{k})
        lineflag = k;
    else
        subk = subk + 1;
        x(subk) = varargin{k}(1); % Cell array indexing
        y(subk) = varargin{k}(2);
    end
end
xmin = min(0,min(x));
ymin = min(0,min(y));
axis([xmin fix(max(x))+3 ymin fix(max(y))+3])
if lineflag ~= 0
    plot(x,y,varargin{lineflag});
else
    plot(x,y);
end
```

在命令窗口中调用该函数：

```
>> figure,subplot(1,2,1),plotvar([2 3],[1 5],[4 8],[6 5],[4 2],[2 3]);
>> subplot(1,2,2),plotvar([2 3],[1 5],[4 8],[6 5],[4 2],[2 3],'*');
```

得到的图形如图 7-4 所示。

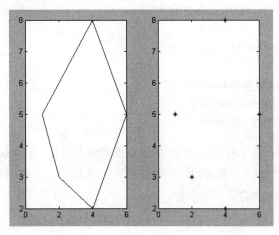

图 7-4　例 7-21 得到的图形

在调用该函数时可以输入任意数目的参数，参数可以为二元数组或者表示线型的字符串，该函数将用指定的线型绘制输入数据的图像。指定线型的字符串可以在任意位置输入，并且可以输入多个，但是需要注意的是，只有最后一个字符串起作用。

在上面的程序中，将所有输入参数作为一个单元数组，利用花括号和圆括号对数组元素进行访问，实现输入参数的调用。

3. 向嵌套函数输入可选参数

在嵌套函数中也可以使用可变参数。需要注意的是，varargin、varargout、nargin 和 nargout 的意义可能有所不同。下面介绍这 4 个元素的应用规则。

- varargin 和 varargout

这两个元素为变量，与 MATLAB 其他变量的作用范围相同。由于嵌套函数与主函数使用相同的工作区，因此 varargin 和 varargout 既可以表示嵌套函数的输入输出参数，也可以是主函数的输入输出函数，具体值取决于程序中的变量声明：如果嵌套函数在函数声明中包含 varargin 或者 varargout，则在该函数内部调用这两个变量时，变量内容为该函数的输入输出参数；如果嵌套函数声明中没有包含 varargin 或者 varargout，而在该函数的上层函数声明中包含 varargin 或者 varargout，则当在该嵌套函数内部调用这两个变量时，变量内容为上层函数的输入输出参数。

例 7-22　varargin 和 varargout 的取值。

见下面的函数：

```
function x = A(y, varargin)      % Primary function A
B(nargin, y * rand(4))

    function B(argsIn, z)        % Nested function B
    if argsIn >= 2
        C(z, varargin{1}, 4.512, 1.729)
    end

        function C(varargin)     % Nested function C
        if nargin >= 2
            x = varargin{1}
        end
        end      % End nested function C
    end      % End nested function B
end      % End primary function A
```

在该函数中，函数 C 嵌套在函数 B 中，函数 B 嵌套函数 A 中，在函数 B 中调用 varargin{1} 表示主函数 A 的第二个输入参数(函数 A 的第一个参数为 y)，而在函数 C 中的 varargin{1} 表示函数 B 传递给函数 C 的第一个参数，即 z。

- nargin 和 nargout

nargin 和 nargout 是函数，当在函数中调用这两个函数时，其值为该函数的输入或输出参数，而不需要进行声明。如上面的例子中，在函数 A 中调用 nargin(B(nargin, y * rand(4))) 表示函数 A 的输入参数个数，在函数 C 中调用 nargin 表示函数 C 的输入参数个数。

例 7-23　向嵌套函数中传递可变的参数。

```
function meters = convert2meters(miles, varargin)
% Converts MILES (plus optional FEET and INCHES input)
% values to METERS.
if nargin < 1 || nargin > 3
    error('1 to 3 input arguments are required');
end
    function feet = convert2Feet(argsIn)
    % Nested function that converts miles to feet and adds in
    % optional FEET argument.
    feet = miles .* 5280;
    if argsIn >= 2
        feet = feet + varargin{1};
    end
    end    % End nested function convert2Feet
    function inches = convert2Inches(argsIn)
    % Nested function that converts feet to inches and adds in
    % optional INCHES argument.
    inches = feet .* 12;
    if argsIn == 3
        inches = inches + varargin{2};
    end
    end    % End nested function convert2Inches
feet = convert2Feet(nargin);
inches = convert2Inches(nargin);
meters = inches .* 2.54 ./ 100;
end    % End primary function convert2meters
feet = convert2Feet(nargin);
inches = convert2Inches(nargin);
meters = inches .* 2.54 ./ 100;
end    % End primary function convert2meters
```

在命令窗口中调用：

```
>> convert2meters(5)
ans =
    8.0467e+003
```

该函数中包含两个嵌套函数，每个嵌套函数调用主函数的输入参数。由于嵌套函数与主函数使用相同的工作区，在调用嵌套函数时，不需要再次传递参数。另外，每个嵌套函数调用主函数的输入参数个数，由于 nargin 表示的调用函数的输入参数个数，因此，主函数需要向嵌套函数传递参数。

7.5.3　函数调用

当从命令行或者其他 M 文件中调用一个函数时，MATLAB 将该函数解析为伪代码并保存在内存中，这样可以阻止 MATLAB 对该函数进行再次解析。该函数的伪代码会一直保存在内存中，直到用 clear 函数清除该函数，或者关闭 MATLAB。

7.6　MATLAB 编程错误处理

在很多情况下，当不同的错误发生时，需要进行不同的操作，如提示用户输入更多的参数、显示错误或警告信息或者利用默认值进行再次计算等。MATLAB 的错误处理功能允许应用程序检测可能的错误并根据不同的错误执行相应的操作。

7.6.1　通过 try-catch 语句检测错误

无论程序的编写多么谨慎，在不同的环境下运行时都有可能产生意外的错误。因此，有必要在程序中添加错误检测语句，保证程序在所有的条件下都能够正常运行。

MATLAB 中的 try-catch 语句可用于错误检测。如果程序中的一些语句可能会产生非预计的结果，可以将这些语句放在 try-catch 块中。try-catch 语句可以检测所有错误，并且分别进行处理。格式如下：

```
try
    表达式 1
catch
    表达式 2
end
```

一个 try-catch 块分为两个部分。第一个部分以 try 开始，第二个部分以 catch 开始，整个块以 end 结束。程序首先正常执行第一部分，如果有错误发生，则停止执行该部分的其他语句，转而执行 catch 中的语句。catch 部分对错误进行处理，可以显示错误提示、执行默认语句等。

例 7-24　利用 try-catch 语句检测错误。

编写一个简单的程序，进行矩阵乘法，当错误发生时，在命令窗口中显示错误提示。代码如下：

```
function matrixMultiply(A, B)
try
    X = A * B
catch
```

```
    disp '** Error multiplying A * B'
end
```

在命令窗口中执行该函数：

```
>> A = magic(3);
>> B = fix(rand(3,4)*10)
B =
        4        9        4        4
        6        7        9        8
        7        1        9        0
>> matrixMultiply(A,B)
X =
       80       85       95       40
       91       69      120       52
       84      101      115       88
>> matrixMultiply(B,A)
** Error multiplying A * B
```

需要注意的是，在 try 部分，系统的 error 函数不再发出出错提示，但是 error 函数检测执行中的错误，并且使程序跳出该模块。如果在上面的函数中，取消 try-catch 语句，将程序修改为：

```
function matrixMultiply(A, B)
    X = A * B
```

再次运行，得到结果为：

```
>> matrixMultiply(B,A)
??? Error using ==> mtimes
Inner matrix dimensions must agree.
Error in ==> matrixMultiply at 3
    X = A * B
```

在该程序中，error 函数检测到程序运行中的错误，并发出错误提示。

在 try-catch 语句中，可以嵌套其他的 try-catch 语句，其格式为：

```
try
    表达式 1                         % 执行表达式 1
catch
    try
        表达式 2                     % 尝试从错误中恢复
    catch
        disp 'Operation failed'      % 处理错误
    end
end
```

7.6.2　对错误进行处理并且从错误中恢复

在 try-catch 结构中 catch 部分需要能够有效处理 try 语句中可能出现的任何错误。接下来则需要发出错误报告，并且中断程序运行，以防错误数据继续传递到下面的语句中。

1. 发出错误报告

MATLAB 中 error 函数可以报告错误并且中断程序运行。用户可以通过指定 error 函数参数的方式指定将要发出的错误信息。如：

```
if n < 1
    error('n must be 1 or greater.')
end
```

当 n < 1 时在命令窗口中显示如下的信息：

```
??? n must be 1 or greater.
```

在上面的代码中，error 函数的输出内容为指定的字符串，error 函数也可以进行格式化输出，用法与 sprintf 函数相同。格式为：

```
error('formatted_errormsg', arg1, arg2, ...)。
```

如当程序无法找到指定文件时，可以用下面的语句报告错误的发生：

```
error('File %s not found', filename);
```

需要注意的是，格式化输出语句中，如果只包含一个参数则其中的特殊字符，如%s、%d、\n 等均被视为普通字符。如语句 "error('In this case, the newline \n is not converted.')" 将输出：

```
??? In this case, the newline \n is not converted.
```

其中的换行符不能起到换行的作用。只有当 error 函数包含多个参数时，换行符能够起作用，如语句 "error('ErrorTests:convertTest', 'In this case, the newline \n is converted.')" 将返回结果：

```
??? In this case, the newline
 is converted.
```

2. 识别错误发生的原因

当错误发生时，用户需要知道错误发生的位置及错误原因，以便能够正确处理错误。lasterror 函数可以返回最后发生的错误的相关信息，辅助用户识别错误。如将【例 7-24】中 matrixMultiply 中添加 lasterror 函数，将程序修改为：

```
function matrixMultiply(A, B)
try
    X = A * B
catch
    disp '** Error multiplying A * B'

    err = lasterror;
    fprintf('\nInformation on the last error:\n\n')
    fprintf('    Message: %s\n\n', err.message)
    fprintf('    Identifier: %s\n\n', err.identifier)

    errst = err.stack;
    fprintf('    Failed at\n')
    fprintf('        Line %d\n', errst.line)
    fprintf('        Function %s\n', errst.name)
    fprintf('        File %s\n', errst.file)

end
```

lasterror 返回结果为一个结构体，该结构体包含三个域，分别为 message、identifier、stack。message 为字符串，起内容为最近发生的错误的相关文本信息；identifier 也是一个字符串，内容为错误消息的类别标志；stack 为一结构体，其内容为该错误的堆栈中的相关信息。stack 包含三个域，为 file、name 和 line，分别为文件名、函数名和错误发生的行数。

在命令窗口中调用该函数得到：

```
>> matrixMultiply([16 24], [6 15])
** Error multiplying A * B
Information on the last error:
    Message: Error using ==> mtimes
Inner matrix dimensions must agree.
    Identifier: MATLAB:innerdim
    Failed at
        Line 3
        Function matrixMultiply
        File C:\MATLAB\R2007b\work\matrixMultiply.m
```

在实际的应用程序中，用户可以根据 lasterror 返回的内容对错误进行处理，见下面的例子。

例 7-25　仍以 matrixMultiply 函数为例，根据不同的错误信息，显示不同的错误提示。将该程序修改为：

```
function matrixMultiply(A, B)
try
    A * B
catch
```

```
        err = lasterror;
        if(strfind(err.message, 'Inner matrix dimensions'))
            disp('** Wrong dimensions for matrix multiply')
        else
            if(strfind(err.message, ...
                        'not defined for values of class'))
                disp('** Both arguments must be double matrices')
            end
        end
    end
```

在命令窗口中调用该函数。

当输入矩阵的维数不匹配时：

```
>> A = [1   2   3; 6   7   2; 0   1   5];
>> B = [9   5   6; 0   4   9];
>> matrixMultiply(A, B)
** Wrong dimensions for matrix multiply
```

当输入参数的类型错误时：

```
>>C= {9 5 6; 0 4 9};
>> matrixMultiply(A, C)
** Both arguments must be double matrices
```

3. 错误重现

在一些情况下，需要重现已经抛出过的错误，以便于对错误进行分析。MATLAB 中函数 rethrow 可以重新抛出指定的错误。该函数的格式为 rethrow(err)，其中输入参数 err 用于指定需要重现的错误。该语句执行后程序运行中断，将控制权转给键盘或 catch 语句的上一层模块。输入参数 err 需为 MATLAB 结构体，包含 message、identifier、stack 中至少一个域，这三个域的类型与 lasterror 返回结果相同。

rethrow 函数通常与 try-catch 语句一起使用。如：

```
try
    表达式 1
catch
    do_cleanup
    rethrow(lasterror)
end
```

7.6.3　消息标志符

消息标志符是用户赋予错误或警告的标签，用以在 MATLAB 中对其进行识别。用户可以在错误报告中使用消息标志符以便更好的识别错误原因，或者对警告应用消息标志符用以对特定子集进行处理。

1. 消息标志符的格式

标志符为一个字符串，指定错误或警告消息的类别(component)及详细信息(mnemonic)。通常为"类别:详细信息"的格式。如：

> MATLAB:divideByZero
> Simulink:actionNotTaken
> TechCorp:notFoundInPath

等。两个部分都需要满足如下的规则：

(1) 不能包含空格。

(2) 第一个字符必须为字母。

(3) 后面的字符可以为数字或下划线。

类别部分指定错误或警告可能发生的大体位置，通常为某一产品的名字或者工具箱的名字，如 MATLAB 或者 Control。MATLAB 支持使用多层次的类别名称。

详细信息用于指定消息的具体内容，如除数为 0 等。

下面的例子为一个完整的标志符：

error('MATLAB:ambiguousSyntax', 'Syntax %s could be ambiguous.\n', inputstr)。

2. 标志符的应用

消息标志符通常与 lasterror 函数一起应用，使得 lasterror 函数和 lasterr 函数能够识别错误的原因。lasterror 函数和 lasterr 函数返回消息标志符，用户可以通过其类别信息和详细信息分别获取错误的总体类别及具体信息。

使用消息标志符的第一步为确定目的信息并为其指定标志符。消息标志符通过 error 函数指定，格式如下：

- error('msg_id', 'errormsg')

- error('msg_id', 'formatted_errormsg', arg1, arg2, ...)

其中的消息标志符可以省略。如果 lasterror 函数不使用该信息，上面的语句可以简写为：

> error('errormsg')

下面以两个实例说明消息标志符与 lasterror 的使用。

例 7-26　通过 lasterror 函数回消息标志符。

lasterror 函数返回一个结构体，其中包含如下 3 个域。

- message：错误信息的文本内容。

- identifier：消息标志符标签。

- stack：程序栈中的错误信息。

下面的代码为一个 try-catch 结构，在 try 部分发生错误，在 catch 部分的第一行获取错误消息的字符串及消息标志符。代码为：

```
try
    [d, x] = readimage(imageFile);
catch
    err = lasterror;
    switch (lower(err.identifier))
    case 'MATLAB:nosuchfile'
        error('DisplayImg:nosuchfile', ...
                'File "%s" does not exist.', filename);
    case 'MyFileIO:noaccess'
        error('DisplayImg:noaccess', ...
                ['Can''t open file "%s" for reading\n', ...
                    'You may not have read permission.'], filename);
    case 'MyFileIO:invformat'
        error('DisplayImg:invformat', ...
                'Unable to determine the file format.');
    end
end
```

例 7-27 作为 lasterror 函数的输入。

lasterror 函数可以接受输入参数，修改 MATLAB 中的最后一个错误的信息。如下面的代码：

```
err.message = 'new_errmsg';
err.identifier = 'comp:new_msgid';
last = lasterror(err)
last =
        message: 'new_errmsg'

     identifier: 'comp:new_msgid'
          stack: [0x1 struct]
```

错误处理的常用函数如表 7-1 所示。

表 7-1　错误处理函数

函　　数	功　　能
catch	指定对 try 部分发生的错误做出如何的操作
error	显示错误消息并停止程序运行
ferror	获取文件输入输出中的错误信息
intwarning	返回整数警告的控制状态
lasterror	上一个错误的信息
rethrow	重新抛出上一个错误
try	试图运行一个代码块，并捕捉错误
warning	警告信息

7.6.4　警告处理

警告用于提示用户在程序运行中出现异常情况。与错误不同的是，警告并不中断程序的运行，而是显示警告内容并继续执行。警告通过函数 warning 发出，格式与 error 函数相同，如：

```
warning('Input must be a string')
warning('formatted_warningmsg', arg1, arg2, ...)
warning('Ambiguous parameter name, "%s".', param)
```

另外，与错误相同，警告也可以使用消息标志符，用以显示该警告信息的类别及具体信息。警告处理的方式与错误处理的方式类似这里不再赘述。

7.7　程序设计的辅助函数

在程序设计中，辅助函数的应用可以增加函数的性能。本节介绍表达式与函数的评估、计时器函数。

7.7.1　表达式与函数的评估

用于评估表达式和函数的函数如表 7-2 所示。

表 7-2　MATLAB 中的表达式和函数评估函数

函　　数	功　　能
arrayfun	对数组的每个元素应用函数
builtin	以重载方式执行嵌套函数
cellfun	对单元数组的每个单元应用函数
echo	在执行中显示当前运行行
eval	执行包含 MATLAB 表达式的字符串
evalc	评估 MATLAB 表达式
evalin	在指定工作区中运行表达式
feval	函数评估
iskeyword	判断输入字符串是否为 MATLAB 关键字
isvarname	判断输入字符串是否为 MATLAB 有效变量名
pause	暂停，等待用户反应
run	运行非当前路径下的脚本
script	脚本文件描述

(续表)

函　　数	功　　能
structfun	对结构体的每个域运行函数
symvar	判断表达式中的符号变量
tic, toc	采用计数器评估函数的运行

例 7-28　arrayfun 函数的应用：对单个输入的操作。

首先创建一个 1×15 的结构体数组，每个元素包含两个域：f1 和 f2，每个域为大小不同的数组。同一个元素的两个域不相同。如下：

```
for k=1:15
    s(k).f1 = rand(k+3,k+7) * 10;
    s(k).f2 = rand(k+3,k+7) * 10;
end
```

令该数组中的三个元素，其两个域相等。如下：

```
s(3).f2 = s(3).f1;
s(9).f2 = s(9).f1;
s(12).f2 = s(12).f1;
```

下面用 arrayfun 函数比较每个元素两个域是否相等，如下：

```
z = arrayfun(@(x)isequal(x.f1, x.f2), s)
```

将这些代码写入脚本文件，运行该脚本，得到结果为：

```
z =
  Columns 1 through 14
     0     0     1     0     0     0     0     0     0     1     0     0     1     0     0
  Column 15
     0
```

例 7-29　structfun 函数的应用：对单个输入的操作。

该例创建星期日期的简写形式，取每个单词的前 3 个字母。

首先创建一个结构体，其每个域为"Sunday"到"Saterday"，如下：

```
>> s.f1 = 'Sunday';
>> s.f2 = 'Monday';
>> s.f3 = 'Tuesday';
>> s.f4 = 'Wednesday';
>> s.f5 = 'Thursday';
>> s.f6 = 'Friday';
>> s.f7 = 'Saturday';
```

取每个域的前 3 个字母：

```
>> shortNames = structfun(@(x) ( x(1:3) ), s, 'UniformOutput', false)
shortNames =
```

```
f1: 'Sun'
f2: 'Mon'
f3: 'Tue'
f4: 'Wed'
f5: 'Thu'
f6: 'Fri'
f7: 'Sat'
```

7.7.2　计时器函数

MATLAB 中的计时器函数如表 7-3 所示。

表 7-3　计时器函数

函　　数	功　　能
delete	删除内存中的计时器对象
disp	显示计时器对象的相关信息
get	获取计时器对象的属性
isvalid	判断计时器对象是否有效
set	设置或显示计时器对象的属性
start	开启计时器
startat	在指定时间启动计时器
stop	关闭计时器
timer	生成计时器对象
timerfind	查找计时器对象
timerfindall	查找计时器对象，包括不可见对象
wait	等待，直至计时器停止

例 7-30　计时器操作。

首先创建三个计时器：

```
>> t1 = timer;
>> t2 = timer;
>> t3 = timer;
```

设置其中 t2 的 ObjectVisibility 属性为 off：

```
>> t2.ObjectVisibility = 'off';
```

通过 timerfind 函数查看当前工作区中的计时器对象：

```
>> timerfind
Timer Object Array

    Index:  ExecutionMode:  Period:  TimerFcn:           Name:
    1       singleShot      1        ''                  timer-1
```

| 2 | singleShot | 1 | " | | timer-3 |

结果为 t1 和 t3，因为 t2 的 ObjectVisibility 属性为 off，若要查看工作区中的全部计时器，可以用 timerfindall 命令。如：

```
>> timerfindall
Timer Object Array
```

Index:	ExecutionMode:	Period:	TimerFcn:	Name:
1	singleShot	1	"	timer-1
2	singleShot	1	"	timer-2
3	singleShot	1	"	timer-3

7.8　调试程序

对于编程者来说，编写程序时难免出现错误，特别是在大规模、多人开发的情况下。可以形象的说，完成代码书写只完成了程序编写的 10％，而后面的调试工作占程序编写的 90％。因此掌握程序调试的方法和技巧对提高编程效率和质量是很重要的。

一般来说，错误包括语法错误和逻辑错误，语法错误可以由编译器检测。在编写时，如果语法出现错误，则编辑器会在错误处标志红色弯曲下划线，同时如果将鼠标放置此处会显示错误内容提示。或者当下划线为橙色时，表示该处语法正确，但是可能会导致错误，即系统发出警告。在编写程序时，注意系统的提示可以避免大部分语法错误。另外，如果出现函数名错误或者变量错误，在编译运行时，系统会提示错误，用户可以将其改正。但是逻辑错误是算法本身的问题，或者指令使用不当造成的运行结果错误。这些错误发生在运行过程中，影响因素较多，调试较为困难。

通常程序调试有两种方法：直接调试法和利用 MATLAB 调试工具进行调试的方法。

7.8.1　直接调试法

MATLAB 语言具有强大的运算能力，指令系统简单，因此程序通常非常简洁。对于简单的程序可以采用直接调试的方法。

在程序调试时，程序运行中变量的值是一个重要的线索。因此，查看变量值是程序调试的重要线索，由于在函数调用时只返回最后的输出参数，而不返回中间变量，因此，可以选择下面的方法查看程序运行中的变量值。

(1) 通过分析，将可能出错的语句后面的分号(;)删除，将结果显示在命令窗口中，与预期值进行比较。

(2) 利用函数 disp 显示中间变量的值。

(3) 在程序中的适当位置添加 keyboard 指令。当 MATLAB 执行至此处时将暂停，等待用户反应。当程序运行至此时将暂停，在命令窗口中显示 k>>提示符，用户可以查看工作区中的变量，可以改变变量的值。输入 return 指定返回程序，继续运行。

(4) 在调试一个单独的函数时，可以将函数改写为脚本文件，此时可以直接对输入参数赋值，然后以脚本方式运行该 M 文件，这样可以保存中间变量，在运行完成后，可以查看中间变量的值，对结果进行分析，查找错误所在。

7.8.2　利用调试工具

上面的调试方法对于简单的程序比较适用，当程序规模很大时可以使用 MATLAB 自带的调试工具。利用 MATLAB 调试工具可以提高编程的效率。调试工具包括命令行形式的调试函数和图形界面形式的菜单命令。

1. 采用命令行调试程序

利用命令行调试程序的主要函数如表 7-4 所示。

表 7-4　程序调试函数

函　　数	功　　能
dbstop	设置断点
dbclear	删除断点
dbcont	重新开始
dbdown	恢复由 dbup 修改的变量值
dbmex	启动 MEX 文件调试
dbstack	列出调用关系
dbstatus	列出所有的断点
dbstep	执行一行或多行
dbtype	列出 M 文件并标出每行
dbup	修改工作区中变量的值
dbquit	退出调试模式

更多调试函数如表 7-5 所示。

表 7-5　更多调试函数

函　　数	功　　能
echo	显示执行的脚本或函数代码
disp	显示指定变量的值或者其他信息
sprintf，fprintf	格式化输出不同类型的变量
whos	查看工作区中的变量
size	显示数组维数
keyboard	中断程序执行，将控制权交给键盘，允许键盘输入

函　　数	功　　能
return	在 keyboard 中断后继续返回程序执行
warning	显示指定的警告消息
error	显示指定的错误消息
lasterr	返回最后一条错误消息
lasterror	返回最后一条错误消息及相关信息
lastwarn	返回最后一条警告消息

采用命令行的调试方法与采用界面的方法类似，因此这里不再赘述，下面重点介绍界面调试法。

2. 采用调试界面调试程序

文本编辑器中的 Debug 菜单提供了全部的调试选项，另外，MATLAB 主窗口中的 Debug 菜单提供了一些调试命令，方便调试时在命令窗口中查看运行状态。调试选项及其功能如表 7-6 所示。

表 7-6　Debug 菜单中的调试选项及其功能

选　　项	功　　能	对应快捷键
Open M-files when Debbuging	选择该选项则在调试打开 M 文件	无
Step	下一步	F10
Step In	进入被调用函数内部	F11
Step Out	跳出当前函数	Shift+F11
Continue	执行，直至下一断点	F5
Go until Cursor	执行至当前光标处	无
Set/Clear Breakpoint	设置或删除断点	F12
Set/Modify Conditional Breakpoint...	设置或修改条件断点	无
Enable/Disable Breakpoint	开启或关闭光标行的断点	无
Clear Breakpoints in All Files	删除所有文件中的断点	无
Stop if Errors/Warings	遇到错误或者警告时停止	无

上面的功能和选项多数很容易理解，这里仅对其中的一些做出介绍。

● Set/Clear Breakpoint，设置或清除断点。可以选择该选项对当前行进行操作，或者通过快捷键 F12，或者直接单击该行左侧的 "-"，如图 7-5 所示。

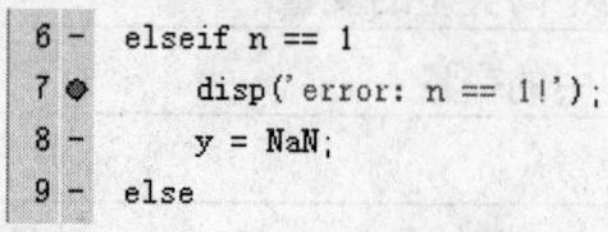

```
6 -     elseif n == 1
7 ◇         disp('error: n == 1!');
8 -         y = NaN;
9 -     else
```

图 7-5　直接设置函数断点

设置断点时该处显示为红点。再次进行相同的操作则删除该断点。

- Set/Modify Conditional Breakpoint...，该选项用于设置或修改条件断点。条件断点为一种特殊的断点，当满足指定的条件时则程序执行至此时停止，条件不满足时则程序继续进行。其设置界面如图 7-6 所示，在输入框中输入断点条件则将当前行设置为条件断点。

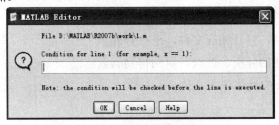

图 7-6　通过界面设置断点

- Enable/Disable Breakpoint，该选项用于开启或关闭当前行的断点，如果当前行不存在断点，则设置当前行为断点；如果当前行是断点，则改变该断点的状态。在调试时，被关闭的断点将会被忽略。

在程序调试中，变量的值是查找错误的重要线索，在 MATLAB 中查看变量的值可以有 3 种方法：

(1) 在编辑器中将鼠标放置在待查看的变量处，停留，则在此处显示该变量的值。

(2) 在工作区浏览器中查看该变量的值。

(3) 在命令窗口中输入该变量的变量名，则显示该变量的值。

本节介绍了程序调试的函数和工具，在实际编写程序时，需要根据不同的情况灵活应用这些功能，达到最高的调试效率。

7.9　优 化 程 序

若要加快程序的运行，第一步应该是找到程序的瓶颈所在，即程序中所需运行时间最长的部分。这一部分为程序优化的重点部位。

MATLAB 提供了两种方法，一种为通过 Profiler 工具进行，一种为通过 tic 和 toc 函数进行。本节将介绍这两种程序运行分析的方法，并介绍程序优化的常用方法。

7.9.1　通过 Profiler 进行程序运行分析

Profiler 工具为 MATLAB 中的图形用户接口，用于分析程序运行时各个部分所消耗的时间，辅助用户进行程序优化。Profiler 从以下几方面为用户带来方便。

- 避免由于疏忽造成的非必要操作。
- 替换运算较慢的算法，选择快速算法。

● 通过存储变量的方式避免重复计算。

通过 Profiler 工具进行程序运行分析通常按照下面的步骤进行：

(1) 查看 Profiler 生成的总体报告，查找运行时间最多的函数或调用最频繁的函数。

(2) 查看这些函数的详细报告，查找其中运行时间最多的语句或调用最频繁的语句。用户可以保存第一次分析的结果，以便修改后再次分析时进行比较。

(3) 确定在运行时间最多的函数或代码行是否存在改进的可能。

(4) 单击界面链接，打开相应文件，进行修改。

(5) 重复进行上述的分析、修改，直到得到满意结果。

下面介绍 Profiler 的具体使用。

1. 打开 Profiler

MATLAB 中可以通过下列方式打开 Profiler：

(1) 单击 MATLAB 工具栏中的 Profiler 图标，激活 Profiler 工具。

(2) 选择 esktop-> Profiler。

(3) 对于已经在编辑器中打开的 M 文件，选择 Tools->Open Profiler。

(4) 选择命令历史窗口中的一个或多个命令，单击右键，选择 Profile Code。

(5) 在命令窗口中输入：profile viewer。

2. 运行 Profiler

Profiler 的界面如图 7-7 所示。在 Run this code 中输入需要分析的命令或表达式，单击 start Profiling 按钮，开始分析。需要注意的是，分析的表达式必须出于 MATLAB 的当前工作路径中，否则可能会得到错误的结果。

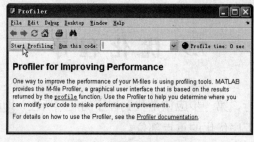

图 7-7　Profiler 的界面

3. 查看分析结果

分析完成后，Profiler 会生成分析报告，包括总体报告和针对每个函数的详细报告。总体报告中包括函数名、被调用次数、总运行时间、函数单独运行时间(即不包括其子函数的运行时间)及函数运行时间的图形显示，如图 7-8 所示。用户可以单击每列的标题改变结果的排序方式，也可以单击函数标题查看该函数的详细报告。

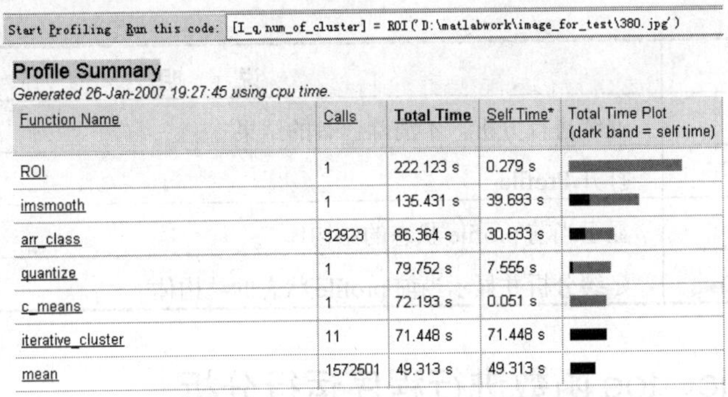

Start Profiling　Run this code: [I_q,num_of_cluster] = ROI('D:\matlabwork\image_for_test\380.jpg')

Profile Summary

Generated 26-Jan-2007 19:27:45 using cpu time.

Function Name	Calls	Total Time	Self Time*	Total Time Plot (dark band = self time)
ROI	1	222.123 s	0.279 s	
imsmooth	1	135.431 s	39.693 s	
arr_class	92923	86.364 s	30.633 s	
quantize	1	79.752 s	7.555 s	
c_means	1	72.193 s	0.051 s	
iterative_cluster	11	71.448 s	71.448 s	
mean	1572501	49.313 s	49.313 s	

图 7-8　程序分析总体报告

函数详细报告中包括该函数中每行代码的被调用次数和运行时间，并且可以显示其中的子函数、函数列表等，如图 7-9 所示。另外用户可以单击“Copy to new window for comparing multiple runs”将该结果保存至新的窗口中，用于修改代码后进行再次分析、比较。

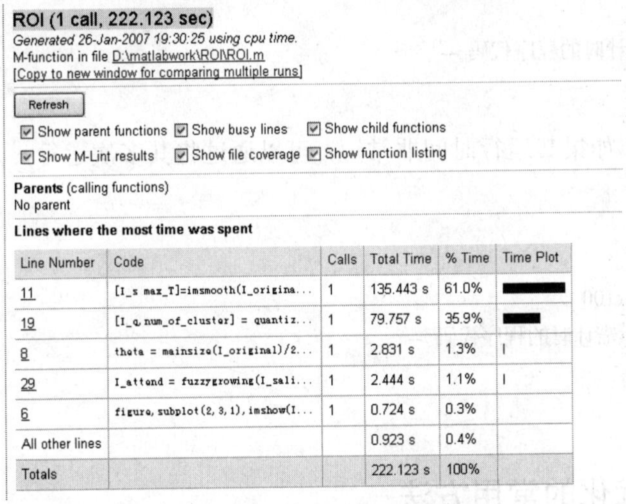

ROI (1 call, 222.123 sec)

Generated 26-Jan-2007 19:30:25 using cpu time.

M-function in file D:\matlabwork\ROI\ROI.m

[Copy to new window for comparing multiple runs]

Refresh

☑ Show parent functions ☑ Show busy lines ☑ Show child functions

☑ Show M-Lint results ☑ Show file coverage ☑ Show function listing

Parents (calling functions)

No parent

Lines where the most time was spent

Line Number	Code	Calls	Total Time	% Time	Time Plot
11	[I_s max_T]=imsmooth(I_origina...	1	135.443 s	61.0%	
19	[I_q,num_of_cluster] = quantiz...	1	79.757 s	35.9%	
8	theta = mainsize(I_original)/2...	1	2.831 s	1.3%	
29	I_attend = fuzzygrowing(I_sali...	1	2.444 s	1.1%	
6	figure,subplot(2,3,1),imshow(I...	1	0.724 s	0.3%	
All other lines			0.923 s	0.4%	
Totals			222.123 s	100%	

图 7-9　Profiler 的函数详细分析报告

4. 通过 profile 函数进行程序运行分析

Profiler 的运行主要是基于 profile 函数的运行结果。这里对 profile 函数的使用做简单的介绍。profile 函数的主要使用格式如表 7-7 所示。

表 7-7　profile 函数的主要使用格式

命　令	说　明
profile on	开始进行程序运行分析，清除已有的分析结果
profile on -detail level	指定分析的深度，level 可以是 mmex 或者 builtin，分别表示忽略或包括嵌套函数
profile on -history	指定记录函数调用的确切顺序
profile off	延缓分析

(续表)

命　　令	说　　明
profile resume	继续进行分析，不清除已有的结果
profile viewer	打开 Profiler
s = profile('status')	显示当前 profile 状态的结构体
stats = profile('info')	延缓分析并显示当前 profile 状态的结构体

7.9.2　通过 tic、toc 函数进行程序运行分析

如果只需要了解程序的运行时间，或者比较一段程序在不同应用条件下的运行速度，可以通过计时器来进行。计时器包含两个函数：tic 和 toc。tic 用于开始计时器，toc 用于关闭计时器，并计算程序运行的总时间。如：

```
tic
    -- 所需计时的程序代码 --
toc
```

对于小程序，如果其运行时间非常短，可以通过将其多次运行，计算总体时间的方法进行，如：

```
tic
    for k = 1:100
        -- 所需计时的程序代码 --
    end
toc
```

7.9.3　程序优化的常用方法

同样的功能可以采用不同的方法实现，不同的方法运行速度不同。因此，在程序中，方法的选择可以在很大程度上提高程序运行效率。本节介绍程序优化的一些常用方法，用户可以根据具体情况，选择这些算法，或者采用其他的方法，使程序达到最好的运行效果。

1. 使循环向量化

MATLAB 为矩阵语言，为向量和矩阵的运算而开发。因此用户可以通过向量化加快程序运行速度。通常对 for 循环和 while 循环进行向量化。

例 7-31　向量化 for 循环。

代码

```
i = 0;
for t = 0:.01:10
    i = i + 1;
```

```
        y(i) = sin(t);
    end
```

可以通过下面的代码实现以上代码向量化：

```
t = 0:.01:10;
y = sin(t);
```

例 7-32　repmat 函数。

repmat 函数用于将一个矩阵以循环的方式进行扩展，如：

```
>> A = [1 2 3; 4 5 6];
>> B = repmat(A,2,3)
B =
    1    2    3    1    2    3    1    2    3
    4    5    6    4    5    6    4    5    6
    1    2    3    1    2    3    1    2    3
    4    5    6    4    5    6    4    5    6
```

该函数的实现代码为：

```
function B = repmat(A, M, N)
% 第一步：获取矩阵的行数和列数
[m,n] = size(A);
% 第二步：生成索引向量
mind = (1:m)';
nind = (1:n)';
% 第三步：通过索引向量创建索引矩阵
mind = mind(:,ones(1, M));
nind = nind(:,ones(1, N));
% 第四步：创建输出数组
B = A(mind,nind);
```

该函数中，通过索引矩阵的方式，将矩阵元素的重复以数组的形式进行，提高了运行效率。

2. 为数组预分配内存

在 for 循环或者 while 循环中，如果数组的大小随着循环而增加则会严重影响内存的使用效率。如下面的代码：

```
x = 0;
for k = 2:1000
    x(k) = x(k-1) + 5;
end
```

该代码首先创建变量 x，其值为 0，在接下来的 for 循环中，逐渐将其扩充为长度为 1000

的一维数组。在每一次扩充中，系统需要寻找更大的连续内存区域，用于存放该数组，并将数组从原地址移动到新地址中。该代码可以通过下面的代码实现：

```
x = zeros(1, 1000);
for k = 2:1000
    x(k) = x(k-1) + 5;
end
```

在该段代码中，首先为数组 x 分配内存区域，将 x 的所有元素赋为 0。这样可以节约重新分配内存的时间，提高程序的效率。

在 MATLAB 中，可以用于分配内存的函数有 zeros 和 cell，分别用于为数值数组和单元数组赋值。在用 zeros 对数组分配内存时，如果数组的类型是 double 以外的类型，则应利用下面的语句进行：

```
A = zeros(100, 'int8');
```

该语句为 A 分配 100×100 的 int8 类型的内存。如果采用下面的语句：

```
A = int8(zeros(100));
```

则系统首先为 A 分配 100×100 的 double 类型的内存，再将其转换为 int8 类型。

3. 其他方法

除上面介绍的两种方法外，MATLAB 中的常用方法还包括以下几种：

(1) 以 MEX 文件的格式编写循环语句。

(2) 对向量赋值时尽量避免改变变量的类型或数组大小。

(3) 对实数进行操作，尽量避免复数的操作。

(4) 合理使用逻辑运算符。

(5) 避免重载 MATLAB 的内置函数和操作符。

(6) 通常情况下，函数的运行效率高于脚本文件。

(7) Load 和 Save 函数效率高于文件输入输出函数。

(8) 避免在运行 MATLAB 时运行其他大型后台程序。

7.10 习　　题

1. 叙述脚本式 M 文件与函数式 M 文件的异同。

2. 叙述 MATLAB 中都有哪些变量类型及这些变量类型的特点。

3. 观察一下语句，计算每个循环的循环次数和循环结束之后 x 的值。

(1)

```
x = 1;
while mod(x,10)~=0
    x=x+1;
```

```
    end
```

(2)

```
    x = 0;
    for i=1:100
        x = x + i;
    end
```

(3)

```
    x = 200;
    while x > 0
        if mod(x,7) == 0
            break;
        end
        x = x -1;
    end
```

(4)

```
    x = 500;
    while x > 0
        if isprime(x)
            break;
        end
        x = x -1;
    end
```

4. 执行【例 7-10】中的代码，观察运行结果；将 continue 语句更改为 break，再次运行，查看运行结果并比较异同。

5. 执行【例 7-11】中的代码，观察运行结果；将 break 语句更改为 continue，再次运行，查看运行结果并比较异同。

6. 叙述 MATLAB 中的函数类型，及各种函数类型的特征。

7. 编写程序计算 $f(x) = \begin{cases} x^3 + 5 & x \geq 0 \\ -x^3 + 5 & x < 0 \end{cases}$ 的值，其中 x 的值为 - 10 到 10 之间，以 0.5 为步长，通过循环语句实现。

8. 重新编写程序，实现习题 7 中的功能，不采用循环语句，使用变量方式实现，并且比较两个程序的运行效率。

9. 利用 random 函数编写一个新的函数 randomn，该函数能够产生 $[-n, n]$ 之间的随机数，其中 n 为任意正数。要求在该函数中调用 random 函数。

第8章 MATLAB的符号计算功能

符号运算工具箱将符号计算和数值计算在形式和风格上统一。MATLAB 提供了强大的符号运算功能，可以替代其他的符号运算专用计算语言。MATLAB 符号计算的功能有以下几方面：

- 计算：微分、积分、求极限、求和及 Taylor 展开等。
- 线性代数：矩阵求逆，计算矩阵行列式、特征值、奇异值分解和符号矩阵的规范化。
- 化简：化简代数表达式。
- 方程求解：代数方程和微分方程的求解。
- 特殊的数学函数：经典应用数学中的特殊方程。
- 符号积分变换：包括傅立叶变换、拉普拉斯变换、Z 变换及相应的逆变换。

尽管 MATLAB 的符号运算功能非常强大，但是一门优秀的程序语言应与其他语言有良好的接口，有良好的交互性。MATLAB 提供了与 MAPLE 的良好接口，通过 maple.m 和 map.m 实现。这样，MATLAB 可以实现更强大的符号运算功能，另外为习惯 MAPLE 的用户提供了方便。

本章学习目标

- ☑ 掌握基本符号运算
- ☑ 掌握符号函数图形绘制
- ☑ 掌握符号微积分的运算
- ☑ 掌握符号线性代数
- ☑ 掌握符号方程的求解方法
- ☑ 掌握符号积分变换
- ☑ 了解 Maple 函数的调用方法
- ☑ 了解符号函数计算器的使用

8.1 符号运算简介

本节介绍符号运算的基本知识，包括符号对象的属性、符号变量、符号表达式和符号方程的生成等基本符号操作。

8.1.1　符号对象

符号对象是符号工具箱中定义的另一种数据类型。符号对象是符号的字符串表示。在符号工具箱中符号对象用于表示符号变量、表达式和方程。下例说明了符号对象和普通的数据对象之间的差别。

例 8-1　符号对象和普通数据对象之间的差别。

在命令窗口中输入如下命令：

```
>> sqrt(2)
ans =
      1.4142
>> x=sqrt(sym(2))
x =
2^(1/2)
>>
```

由上例可以看出，当采用符号运算时，并不计算出表达式的结果，而是给出符号表达。如果查看符号 x 所表示的值，在窗口中输入：

```
>> double(x)
ans =
      1.4142
```

另外，对符号进行的数学运算与对数值进行的数学运算并不相同，看下面的例子。

例 8-2　符号运算和数值运算之间的差别。

```
>> sym(2)/sym(5)
ans =
2/5
```

两个符号进行运算，结果为分数形式。继续输入：

```
>> 2/5 + 1/3
ans =
      0.7333
>> sym(2)/sym(5) + sym(1)/sym(3)
ans =
11/15
>> double(sym(2)/sym(5) + sym(1)/sym(3))
ans =
      0.7333
>>
```

　　由上例看出，当进行数值运算时，得到的结果为 double 型数据；采用符号进行运算时，输出的结果为分数形式。

　　本节介绍的仅仅是关于符号的初级知识，关于符号的更多用法和性质，会在后面的章节中依次介绍。

8.1.2　符号变量、表达式的生成

　　MATLAB 中有两个函数用于符号变量、符号表达式的生成，这两个函数为 sym 和 syms，分别用于生成一个或多个符号对象。

1. sym 函数

　　sym 函数可以用于生成单个的符号变量。在上面一节中已经初步涉及了 sym 函数，本节将要详细介绍该函数。该函数的调用格式有以下几种：

- S = sym(A)，如果参数 A 为字符串，则返回的结果为一个符号变量或者一个符号数值；如果 A 是一个数字或矩阵，则返回结果为该参数的符号表示。
- x = sym('x')，该命令用于创建一个符号变量，该变量的内容为 x，表达为 x。
- x = sym('x','real')，指定符号变量 x 为实数。
- x = sym('x','unreal')，指定 x 为一个纯粹的变量，而不具有其他属性。
- S = sym(A,flag)，其中参数 flag 可以为'r', 'd', 'e', 或者 'f' 中的一个。该函数将数值标量或者矩阵转化为参数形式，该函数的第二个参数用于指定浮点数转化的方法，该函数各个取值的意义如表 8-1 所示。

表 8-1　flag 参数的可选值及其意义

参　　数	说　　明
r	有理数
d	十进制数
e	估计误差
f	浮点数，将数值表示为 '1.F'*2^(e)或者 '-1.F'*2^(e)的格式，其中 F 为 13 位十六进制数，e 为整数

　　例 8-3　用 sym 函数生成符号表达式 $ae^x + b\sin(x)$。

　　采用两种方法生成，首先使用逐个变量法。在命令窗口中输入：

```
>> a=sym('a');
>> b=sym('b');
>> x=sym('x');
>> e=sym('e');
>> f=a*e^x+b*sin(x)
f =
a*e^x+b*sin(x)
```

采用整体定义法：

```
>> f=sym('a*e^x+b*sin(x)')
f =
a*e^x+b*sin(x)
```

由上面的例子看出，在使用 sym 函数整体定义时，将整个表达式用单引号括起来，再利用 sym 函数定义，得出与单独定义相同的结果，同时减少了输入。

2. syms 函数

syms 用于一次生成多个符号变量，但是不能用于生成表达式。该函数的调用格式为：

- syms arg1 arg2 ...，定义多个符号变量。该命令与 arg1 = sym('arg1'); arg2 = sym('arg2'); ...作用相同。
- syms arg1 arg2 ... option，option 可以是 "real"、"unreal" 等，将定义的所有符号变量指定为 option 定义的类型。

syms 函数的输入参数必须以字母开头，并且只能包括字母和数字。该函数的具体用法见下例。

例 8-4　用函数 syms 定义符号变量。

```
>> syms a b
>> f=a+b
f =
a+b
>> syms x y 5
??? Error using ==> syms
Not a valid variable name.
>> syms x y f1
>>
```

在上面的代码中，第一条语句同时定义了两个符号变量；第二条语句定义了一个符号表达式；在第三条语句中，由于指定的变量名为数字，因此系统提示出错；第四条语句定义了三个符号变量，其中的第三个变量变量名以字母开始，其中含有数字。

MATLAB 中一种特殊的符号表达式为复数，创建复数符号变量可以有两种方法：直接创建法和间接创建法。下面以实例说明复数符号变量的创建。

例 8-5　复数符号变量的创建。

在命令窗口中输入如下命令：

```
>> z=sym('x+i*y')
z =
x+i*y
>> expand(z^2)
ans =
x^2+2*i*x*y-y^2
```

```
>> abs(z)
ans =
 (x^2+y^2)^(1/2)
>> conj(z)
ans =
x-i*y
```

上面的代码中以直接方法创建了一个复数符号变量 z，并对该变量进行计算。采用下面的方式同样可以创建复数符号变量。

```
>> clear
>> syms x y real
>> z=x+i*y
z =
x+i*y
>> abs(z)
ans =
 (x^2+y^2)^(1/2)
>>
```

比较上面两段代码可以看出，用两种方法创建的复数变量结果相同。

8.1.3   findsym 函数和 subs 函数

本节介绍两个非常重要的函数：findsym 函数和 subs 函数。

1. findsym 函数

该函数用于确定一个表达式中的符号变量。见下例。

例 8-6   通过 findsym 函数确定表达式中的符号变量。

```
>> syms a b c x
>> f=a*x^2+b*x+c
f =
a*x^2+b*x+c
>> findsym(f)
ans =
a, b, c, x
>> a1=1;b1=2;c1=1;
>> g=a1*x^2+b1*x+c1
g =
x^2+2*x+1
>> findsym(g)
ans =
x
>>
```

在上面的例子中，表达式 f 中包含有四个符号变量，表达式 g 中包含有 1 个符号变量，其他变量为普通变量。

findsym 函数通常由系统自动调用，在进行符号运算时，系统调用该函数确定表达式中的符号变量，执行相应的操作。

2. subs 函数

subs 函数可以将符号表达式中的符号变量用数值代替。该函数的具体用法见下面的例子。

例 8-7　subs 函数的用法。

```
>> f=sym('x+sin(x)')
f =
x+sin(x)
>> subs(f,pi/4),subs(f,pi/2)
ans =
    1.4925
ans =
    2.5708
```

上面的代码中使用 subs 函数，将表达式 f 中的符号变量 x 用数值代替，计算表达式的值。如果表达式中含有多个符号变量，在使用该函数时，需指定需要代入数值的变量。见下面的例子。

例 8-8　subs 函数在多符号变量表达式中的应用。

```
>> f=sym('x^2+y^2')
f =
x^2+y^2
>> g=subs(f,x,3)
g =
9+y^2
>> subs(g,4)
ans =
    25
```

该例中，首先创建了抛物面的符号表达式，继而求解当 x=3、y=4 时该表达式的值。在用 subs 函数时，每次只能代入一个变量的值，如果需要代入多个变量的值，可以分步进行。

在对多变量符号表达式使用 subs 函数时，如果不指定变量，则系统选择默认变量进行计算。默认变量的选择规则为：对于只包含一个字符的变量，选择靠近 x 的变量作为默认变量；如果有两个变量和 x 之间的距离相同，则选择字母表后面的变量作为默认变量。如，继续上面的例子，在命令窗口中输入下面的代码：

```
>> h=subs(f,3)
h =
9+y^2
>> subs(h,4)
ans =
      25
```

得到了与【例 8-8】相同的结果。

8.1.4　符号和数值之间的转化

在 8.1.2 节中已经介绍了 sym 函数，该函数用于生成符号变量，也可以将数值转化为符号变量。转化的方式由参数 "flag" 确定。flag 的取值及具体意义在 8.1.2 节中已经叙述过，这里不再叙述，仅以下面的例子介绍其具体结果。

例 8-9　使用 sym 函数将数值转化为符号变量时的参数结果比较。

```
>> clear
>> t=0.2;
>> sym(t)
ans =
1/5
>> sym(t,'r')
ans =
1/5
>> sym(t,'f')
ans =
'1.999999999999a'*2^(-3)
>> sym(t,'d')
ans =
.20000000000000001110223024625157
>> sym(t,'e')
ans =
1/5+eps/20
>>
```

在上面的代码中，可以看出，sym 的默认参数为 "r"，即有理数形式。

sym 的另一个重要作用为将数值矩阵转化为符号矩阵。见下面的例子。

例 8-10　将数值矩阵转化为符号矩阵。

```
>> A=magic(3)./10
A =
    0.8000    0.1000    0.6000
    0.3000    0.5000    0.7000
    0.4000    0.9000    0.2000
>> sym(A)
```

```
ans =
    [ 4/5, 1/10, 3/5]
    [ 3/10, 1/2, 7/10]
    [ 2/5, 9/10, 1/5]
>>
```

8.1.5　任意精度的计算

符号计算的一个非常显著的特点是：在计算过程中不会出现舍入误差，从而可以得到任意精度的数值解。如果希望计算结果精确，可以用符号计算来获得符合用户要求的计算精度。符号计算相对于数值计算而言，需要更多的计算时间和存储空间。

MATLAB 工具箱中有 3 种不同类型的算术运算。

● 数值型：MATLAB 的浮点数运算。

● 有理数类型：Maple 的精确符号运算。

● VPA 类型：Maple 的任意精度算术运算。

看下面的代码：

```
>> format long
>> 1/2+1/3
ans =
     0.83333333333333
```

得到浮点运算的结果。

```
>> sym(1/2)+1/3
ans =
5/6
```

得到符号运算的结果。

```
>> digits(25)
>> vpa('1/2+1/3')
ans =
.8333333333333333333333333
```

得到指定精度的结果。

在 3 种运算中，浮点运算速度最快，所需的内存空间最小，但是结果精确度最低。双精度数据的输出位数由 format 命令控制，但是在内部运算时采用的是计算机硬件所提供的八位浮点运算。而且，在浮点运算的每一步，都存在一个舍入误差，如上面的运算中存在三步舍入误差：计算 1/3 的舍入误差，计算 1/2+1/3 的舍入误差，和将最后结果转化为十进制输出时的舍入误差。

符号运算中的有理数运算，其时间复杂度和空间复杂度都是最大的，但是，只要时间和空间允许，能够得到任意精度的结果。

可变精度的运算速度和精确度均位于上面两种运算之间。其具体精度由参数指定，参数越大，精确度越高，运行越慢。

8.1.6　创建符号方程

1. 创建抽象方程

MATLAB 中可以创建抽象方程，即只有方程符号，没有具体表达式的方程。若要创建方程 $f(x)$，并计算其一阶微分的方法如下：

```
>> f=sym('f(x)');
>> syms x h;
>> df = (subs(f,x,x+h)-f)/h
df =
  (f(x+h)-f(x))/h
```

抽象方程在积分变换中有着很多的应用。

2. 创建符号方程

创建符号方程的方法有两种：利用符号表达式创建和创建 M 文件。下面分别介绍这两种方法。

首先介绍利用符号表达式的方法。即可以先创建符号变量，通过符号变量的运算生成符号函数，也可以直接生成符号表达式，见下例。

例 8-11　利用符号表达式创建符号方程。

```
>> syms a b x
>> f=a*sin(x)+b*cos(x)
f =
a*sin(x)+b*cos(x)
>> g=sym('x^2+y^2+z^2')
g =
x^2+y^2+z^2
```

上面通过表达式创建了符号方程。对符号方程可以进行求导和代入数值等操作。

下面介绍通过 M 文件创建符号方程的方法。对于复杂的方程，更适合于用 M 文件创建。其创建方法如下面的例子。

例 8-12　创建方程 $\sin(x)/x$，当 $x = 0$ 时函数值为 0。

```
function z = sinc(x)
if isequal(x,sym(0))
    z = 1;
else
    z = sin(x)/x;
end
```

在命令窗口中输入如下命令：

```
>> syms x y
>> sinc(x)
ans =
sin(x)/x
>> sinc(y)
ans =
sin(y)/y
```

利用 M 文件创建的函数，可以接受任何符号变量作为输入，作为生成函数的自变量。

8.2　符号表达式的化简与替换

8.2.1　符号表达式的化简

多项式的表示方式可以有多种，如多项式 $x^3 - 6x^2 + 11x - 6$ 还可以表示为 $(x-1)(x-2)(x-3)$ 或 $-6 + (11 + (-6 + x)x)x$。这 3 种表示方法分别针对不同的应用目的。第一种方法是多项式的常用表示方法，第二种方法便于多项式求根，第三种方法为多项式的嵌套表示，便于多项式求值。本节介绍符号表达式的化简。

MATLAB 中 collect、expand、horner、factor、simplify 和 simple 函数分别实现符号表达式的化简。下面详细介绍这些函数。

1. collect

该函数用于合并同类项，具体调用格式如下：

● R = collect(S)，合并同类项。其中 S 可以是数组，数组的每个元素为符号表达式。该命令将 S 中的每个元素进行合并同类项。

● R = collect(S,v)，对指定的变量 v 进行合并，如果不指定，则默认为对 x 进行合并，或者由 findsym 函数返回的结果进行合并。

具体见下面的例子。

例 8-13　利用 collect 函数进行合并同类项。

```
>> S=sym('x^2*y+x^2+2*x*y+x+x*y^2+y^2+y')
S =
x^2*y+x^2+2*x*y+x+x*y^2+y^2+y
>> S1=collect(S)
S1 =
 (y+1)*x^2+(y^2+1+2*y)*x+y^2+y
>> S2=collect(S,y)
```

```
S2 =
 (x+1)*y^2+(x^2+2*x+1)*y+x^2+x
>> pretty(S1)
```

$$(y\sim + 1)\,x\sim^2 + (y\sim^2 + 1 + 2\,y\sim)\,x\sim + y\sim^2 + y\sim$$

```
>> pretty(S2)
```

$$(x\sim + 1)\,y\sim^2 + (x\sim^2 + 2\,x\sim + 1)\,y\sim + x\sim^2 + x\sim$$

```
>>
```

上例中对多项式 *S* 分别基于 *x* 和 *y* 进行了同类项合并，并且将结果表示为手写形式，从结果可以看出对两个变量进行合并的差别。

2. expand

expand 函数用于符号表达式的展开。其操作对象可以是多种类型，如多项式、三角函数、指数函数等。

例 8-14　符号表达式的展开。

```
>> syms x y;
>> f=(x+y)^3;
>> expand(f)
 ans =
 x^3+3*x^2*y+3*x*y^2+y^3
>> expand(sin(x+y))
 ans =
 sin(x)*cos(y)+cos(x)*sin(y)
>> expand(exp(x+y))
 ans =
 exp(x)*exp(y)
```

上面给出了一些简单的例子，用户可以利用 expand 函数对任意的符号表达式进行展开。

3. horner

horner 函数将函数转化为嵌套格式。嵌套格式在多项式求值中可以降低计算的时间复杂度。该函数的调用格式为：

R = horner(P)，其中 *P* 为由符号表达式组成的矩阵，该命令将 *P* 中的所有元素转化为相应的嵌套形式。见下例。

例 8-15　horner 函数的应用。

```
>> syms x y;
>> f=expand((x-2)^3)
 f =
 x^3-6*x^2+12*x-8
```

```
>> horner(f)
ans =
-8+(12+(-6+x)*x)*x
>> g=x^3+3*x+1;
>> h=3*y^2+4*y+7;
>> horner([g,h])
ans =
[ 1+(3+x^2)*x, 7+(4+3*y)*y]
```

上例中实现将多项式转化为嵌套形式，需要注意的是，如果待转化的表达式是因式乘积的形式，则将每个因式转化为嵌套形式，见下面的例子。

```
>> f = (x^2+x+1)*(x^3+1)
f =
  (x^2+x+1)*(x^3+1)
>> horner(f)
ans =
  (1+(x+1)*x)*(x^3+1)
>> horner(expand(f))
ans =
1+(1+(1+(1+(x+1)*x)*x)*x)*x
>> horner(f+1)
ans =
2+(1+(1+(1+(x+1)*x)*x)*x)*x
```

4. factor

该函数实现因式分解功能，如果输入的参数为正整数，则返回此数的素数因数。见下例。

例 8-16　factor 函数的应用。

```
>> sym x;
>> g=4*x^3+x^4+8*x+5*x^2+6
>> h=factor(g)
h =
  (x+1)*(x^2+2)*(3+x)
>> factor(84)
ans =
    2     2     3     7
>> factor(sym('84'))
ans =
  (2)^2*(3)*(7)
```

在上面的例子中，如果输入参数为数值，则返回该数的全部素数因子；如果输入参数为数值型符号变量，则返回该数的因数分解形式。

5. simplify

该函数实现表达式的化简,化简所选用的方法为 Maple 中的化简方法。见下面的例子。

例 8-17　函数 simplify 的使用。

```
>> simplify(sin(x)^2 + cos(x)^2)
ans =
1
>> syms a b c
>> simplify(exp(c*log(sqrt(a+b))))
ans =
 (a+b)^(1/2*c)
>> S = [(x^2+5*x+6)/(x+2),sqrt(16)];
>> R = simplify(S)
R =
 [ 3+x,    4]
```

6. simple

该函数同样可以实现表达式的化简,并且该函数可以自动选择化简所采用的方法,最后返回表达式的最简单的形式。函数的化简方法包括:simplify、combine(trig)、radsimp、convert(exp)、collect、factor、expand 等。该函数的调用格式如下:

- r = simple(S),该命令尝试多种化简方法,显示全部化简结果,并且返回最简单的结果;如果 S 为矩阵,则返回使矩阵最简单的结果。但是对于每个元素而言,则并不一定是最简单的。
- [r,how] = simple(S),该命令在返回化简结果的同时返回化简所使用的方法。

具体见下面的例子。

例 8-18　simple 函数的应用。

```
>> [r,how]=simple(2*cos(x)^2-sin(x)^2)
r =
3*cos(x)^2-1
how =
simplify
>> [r,how]=simple(cos(x)^2-sin(x)^2)
r =
cos(2*x)
how =
combine(trig)
>> [r,how]=simple(x^3+3*x^2+3*x+1)
r =
 (x+1)^3
how =
factor
```

8.2.2 符号表达式的替换

MATLAB 中，可以通过符号替换使表达式的形式简化。符号工具箱中提供了两个函数用于表达式的替换：subexpr 和 subs。

1. subexpr

该函数自动将表达式中重复出现的字符串用变量替换，该函数的调用格式如下：

- [Y,SIGMA] = subexpr(X,SIGMA)，指定用符号变量 SIGMA 来代替符号表达式(可以是矩阵)中重复出现的字符串。替换后的结果由 Y 返回，被替换的字符串由 SIGMA 返回。
- [Y,SIGMA] = subexpr(X,'SIGMA')，该命令与上面的命令不同之处在于第二个参数为字符串，该命令用来替换表达式中重复出现的字符串。

下面以具体例子介绍该函数的用法。

例 8-19 subexpr 函数的用法。

对于三次函数 $x^3 + ax + 1$，利用 MATLAB 进行求解，可以得到下面的结果：

```
>> syms a x
>> s = solve(x^3+a*x+1)
s =
1/6*(-108+12*(12*a^3+81)^(1/2))^(1/3)-2*a/(-108+12*(12*a^3+81)^(1/2))^(1/3)
 -1/12*(-108+12*(12*a^3+81)^(1/2))^(1/3)+a/(-108+12*(12*a^3+81)^(1/2))^(1/3)+1/2*sqrt(-1)*3^(1/2
)*(1/6*(-108+12*(12*a^3+81)^(1/2))^(1/3)+2*a/(-108+12*(12*a^3+81)^(1/2))^(1/3))
 -1/12*(-108+12*(12*a^3+81)^(1/2))^(1/3)+a/(-108+12*(12*a^3+81)^(1/2))^(1/3)-1/2*sqrt(-1)*3^(1/2
)*(1/6*(-108+12*(12*a^3+81)^(1/2))^(1/3)+2*a/(-108+12*(12*a^3+81)^(1/2))^(1/3))
```

上面得到的结果极为繁琐，但是仔细观察可以看出，"-108+12*(12*a^3+81)^(1/2)"在表达式中多次出现，因此可以将其简化。在命令窗口中继续输入：

```
>> r=subexpr(s)
```

得到的结果为：

```
sigma =
-108+12*(12*a^3+81)^(1/2)
r =
1/6*sigma^(1/3)-2*a/sigma^(1/3)
 -1/12*sigma^(1/3)+a/sigma^(1/3)+1/2*i*3^(1/2)*(1/6*sigma^(1/3)+2*a/sigma^(1/3))
 -1/12*sigma^(1/3)+a/sigma^(1/3)-1/2*i*3^(1/2)*(1/6*sigma^(1/3)+2*a/sigma^(1/3))
```

该结果则简单易读。

2. subs

函数 subs 可以用指定符号替换表达式中的某一特定符号。该函数在 8.1.3 节中已经有简单介绍，本节介绍该函数的更多功能。该函数的调用格式如下：

- R = subs(S)，对于 S 中出现的全部符号变量，如果在调用函数或工作区间中存在相应值，则将值代入，如果没有相应值，则对应的变量保持不变。
- R = subs(S, new)，用新的符号变量替换 S 中的默认变量，即有 findsym 函数返回的变量。
- R = subs(S,old,new)，用新的符号变量替换 S 中的变量，被替换的变量由 old 指定，如果 new 是数字形式的符号，则数值代替原来的符号计算表达式的值，所得结果仍是字符串形式；如果 new 是矩阵，则将 S 中的所有 old 替换为 new，并将 S 中的常数项扩充为与 new 维数相同的常数矩阵。

下面为 subs 函数应用的一些例子。

例 8-20 subs 函数的应用。

```
>> x=sym('x');
>> f=x^2+1;
>> subs(f,3)
ans =
      10
>> A=magic(3)
A =
      8     1     6
      3     5     7
      4     9     2
>> subs(f,magic(3))
ans =
     65     2    37
     10    26    50
     17    82     5
```

8.3 符号函数图形绘制

图形在函数的理解中占有重要地位，因此 MATLAB 开发了强大的图形功能。强大的符号计算能力与图形功能为 MATLAB 用户提供了更多的便利。

本节介绍针对符号函数的图形绘制，对于普通变量及函数的图形将会在后续章节中介绍。

8.3.1 符号函数曲线的绘制

MATLAB 中，ezplot 函数和 ezplot3 函数分别实现符号函数二维和三维曲线的绘制。首先介绍 ezplot 函数。

ezplot 函数可以绘制显函数或隐函数的图形，也可以绘制参数方程的图形。对于显函数，其调用格式有：

- ezplot(f)，绘制函数 f 在区间 $[-2\pi, 2\pi]$ 内的图形。
- ezplot(f,[min,max])，绘制函数 f 在指定区间[min,max]内的图形。该函数打开标签为 Figure No. 1 的图形窗口，并显示图像。如果已经存在图形窗口，在该函数标签数最大的窗口中显示图形。
- ezplot(f,[xmin xmax],fign)，在指定的窗口 fign 中绘制函数的图像。

例 8-21　绘制余弦函数在区间 $[-2\pi, 2\pi]$ 的图像。

在命令窗口中输入如下代码：

```
>> syms x
>> fcos = cos(x);
>> ezplot(fcos)
>> grid
```

得到的图形如图 8-1 所示。

对于隐函数，ezplot 函数的调用格式如下：

- ezplot(f)，绘制函数 $f(x,y)=0$ 在区间 $-2\pi < x < 2\pi$，$-2\pi < y < 2\pi$ 的图形。
- ezplot(f,[xmin,xmax,ymin,ymax])，绘制函数在 xmin < x < xmax、ymin < y < ymax 的图形。
- ezplot(f,[min,max])，绘制函数在 min < x < max、min < y < max 的图形。

例 8-22　绘制函数 $x^2 - y^4 = 0$ 的图形。

代码为：

```
>> syms x y
>> ezplot(x^2-y^4)
```

得到的图形如图 8-2 所示。

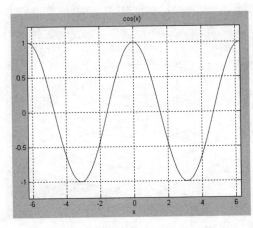

图 8-1　余弦函数图像

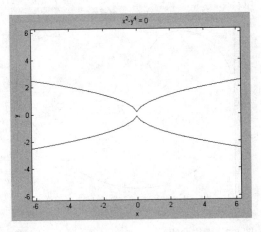

图 8-2　函数 $x^2 - y^4 = 0$ 的图形

对于参数方程，ezplot 函数的调用格式如下：

- ezplot(x,y)，绘制参数方程 $x = x(t)$、$y = y(t)$ 在 $0 < t < 2\pi$ 的曲线。
- ezplot(x,y,[tmin,tmax])，绘制参数方程 $x = x(t)$、$y = y(t)$ 在 $0 < t < 2\pi$ 的曲线。

例 8-23　绘制螺旋曲线 $x = t\cos(t)$，$y = t\sin(t)$ 的图像。

代码为：

```
>> syms x y t
>> x=t*cos(t);
>> y=t*sin(t);
>> ezplot(x,y)
```

得到图形如图 8-3 所示。

ezplot3 函数用于绘制三维参数曲线。该函数的调用格式如下：

- ezplot3(x,y,z)，在默认区间 $0 < t < 2\pi$ 内绘制参数方程 $x = x(t)$，$y = y(t)$，$z = z(t)$ 的图像。
- ezplot3(x,y,z,[tmin,tmax])，在区间 $tmin < t < tmax$ 内绘制参数方程 $x = x(t)$、$y = y(t)$、$z = z(t)$ 的图像。
- ezplot3(...,'animate')，生成空间曲线的动态轨迹。

例 8-24　三维曲线的绘制。

绘制参数方程 $x = \sin t$，$y = \cos t$，$z = t$ 的图像。代码为：

```
>> x=cos(t);
>> y=sin(t);
>> z=t;
>> ezplot3(x,y,z,[0,6*pi]);
```

得到图形如图 8-4 所示。

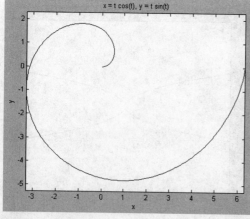

图 8-3　螺旋曲线 $x = t\cos(t)$，$y = t\sin(t)$ 的图像

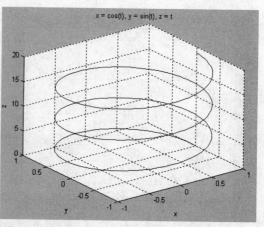

图 8-4　绘制参数方程图像示例

8.3.2　符号函数曲面网格图及表面图的绘制

MATLAB 中，函数 ezmesh、ezmeshc、ezsurf 及 ezsurfc 实现三维曲面的绘制。下面介绍这些函数。

1. ezmesh、ezsurf

ezmesh、ezsurf 函数分别用于绘制三维网格图和三维表面图。这两个函数的用法相同，下面以 ezmesh 函数为例介绍三维曲面的绘制。该函数的调用格式如下：

- ezmesh(f)，绘制函数 f(x,y)的图像。
- ezmesh(f,domain)，在指定区域绘制函数 f(x,y)的图像。
- ezmesh(x,y,z)，在默认区域绘制三维参数方程的图像。
- ezmesh(x,y,z,[smin,smax,tmin,tmax]) or ezmesh(x,y,z,[min,max])，在指定区域绘制三维参数方程的图像。

例 8-25　在图形窗口中绘制函数 $f(x,y) = xe^{-x^2-y^2}$ 的网格图和表面图。

```
>> syms x y
>> z=x*exp(-x^2-y^2);
>> subplot(1,2,1),ezmesh(z,[-2.5,2.5],30);
>> colormap([0 0 1])
>> subplot(1,2,2),ezsurf(z,[-2.5,2.5],30);
```

得到图形如图 8-5 所示。

2. ezmeshc、ezsurfc

这两个函数用于在绘制三维曲面的同时绘制等值线。下面以 ezmeshc 函数为例介绍这两个函数的用法。

- ezmeshc(f)，绘制二元函数 $f(x,y)$ 在默认区域 $-2\pi < x < 2\pi$，$-2\pi < y < 2\pi$ 的图形。
- ezmeshc(f,domain)，绘制函数 $f(x,y)$ 在指定区域的图形，绘图区域由 domain 指定，其中 domain 为 4×1 数组或者 2×1 数组。如[xmin, xmax, ymin, ymax]表示 min < x < max，min < y < max，[min, max] 表示 min < x < max，min < y < max。
- ezmeshc(x,y,z)，绘制参数方程 x = x(s,t), y = y(s,t), z = z(s,t)在默认区域 $-2\pi < s < 2\pi$，$-2\pi < t < 2\pi$ 的图形。
- ezmeshc(x,y,z,[smin,smax,tmin,tmax])，ezmeshc(x,y,z,[min,max])，绘制参数方程在指定区域的图形，指定的方法与 domain 相同。
- ezmeshc(...,n)，指定绘图的网格数，默认值为 60。
- ezmeshc(...,'circ')，在以指定区域中心为中心的圆盘上绘制图像。

例 8-26　在一幅图像中绘制函数 $f(x,y) = \dfrac{y}{1+x^2+y^2}$ 带等值线网格图和表面图。

代码如下：

```
>> syms x y
>> f = y/(1 + x^2 + y^2);
>> subplot(1,2,1),ezmeshc(f,[-5,5,-2*pi,2*pi],30),title('mesh');
>> subplot(1,2,2),ezsurfc(f,[-5,5,-2*pi,2*pi],30),title('surf');
```

得到的图形如图 8-6 所示。

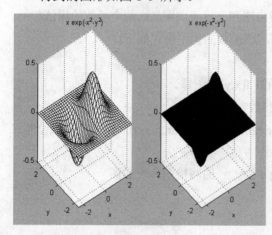

图 8-5　函数 $f(x, y) = xe^{-x^2-y^2}$ 的

网格图和表面图

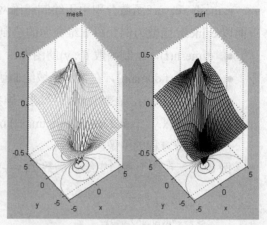

图 8-6　函数 $f(x, y) = \dfrac{y}{1+x^2+y^2}$ 带等值线

网格图和表面图

8.3.3　等值线的绘制

在 MATLAB 中，用于绘制符号函数等值线的函数有 ezcontour 和 ezcontourf，这两个函数分别用于绘制等值线和带有区域填充的等值线。下面以 ezcontour 函数为例介绍这两个函数的用法。该函数的调用格式如下：

- ezcontour(f)，绘制符号二元函数 f(x,y)在默认区域的等值线图。
- ezcontour(f,domain)，绘制符号二元函数 f(x,y)在指定区域的等值线图。
- ezcontour(...,n)，绘制等值线图，并指定等值线的数目。

例 8-27　绘制函数

$$f(x, y) = 3(1-x)^2 \, \mathrm{e}^{-x^2-(y+1)^2} - 10\left(\frac{x}{5} - x^3 - y^5\right)\mathrm{e}^{-x^2-y^2} - \frac{1}{3}\mathrm{e}^{-(x+1)^2-y^2}$$ 的等值线图。

代码为：

```
>> syms x y
>> f = 3*(1-x)^2*exp(-(x^2)-(y+1)^2) ...
    - 10*(x/5 - x^3 - y^5)*exp(-x^2-y^2) ...
    - 1/3*exp(-(x+1)^2 - y^2);
>> subplot(1,2,1),ezcontour(f,[-3,3],49),title('coutour');
```

```
>> subplot(1,2,2),ezcontourf(f,[-3,3],49),title('filled coutour');
```

得到的图形如图 8-7 所示。

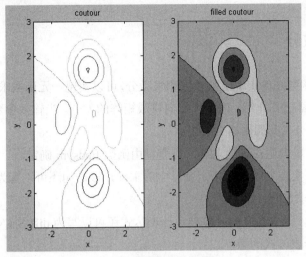

图 8-7　等值线绘制示例

8.4　符号微积分

微积分在数学中占有不可替代的地位，在工程应用中有着举足轻重的作用，是大学数学的主要内容之一。

MATLAB 符号数学工具箱提供了大量函数支持基础微积分运算，主要包括微分、极限、积分、级数求和和泰勒级数等。本节介绍符号微积分的基本运算。

8.4.1　符号表达式求极限

极限是微积分的基础，微分和积分都是"无穷逼近"时的结果。在 MATLAB 中函数 limit 用于求表达式的极限。该函数的调用格式为：

- limit(F,x,a)，当 x 趋近于 a 时表达式 F 的极限。
- limit(F,a)，当 F 中的自变量趋近于 a 时 F 的极限，自变量由 findsym 函数确定。
- limit(F)，当 F 中的自变量趋近于 0 时 F 的极限，自变量由 findsym 函数确定。
- limit(F,x,a,'right')，当 x 从右侧趋近于 a 时 F 的极限。
- limit(F,x,a,'left')，当 x 从左侧趋近于 a 时 F 的极限。

例 8-28　符号表达式的极限。

```
>> syms x h
>> limit(sin(x)/x)
ans =
1
```

```
>> limit((sin(x+h)-sin(x))/h,h,0)
ans =
cos(x)
```

8.4.2　符号微分

　　MATLAB 中函数 diff 实现函数求导和求微分，可以实现一元函数求导和多元函数求偏导。该函数在第 5 章已有介绍，用于计算向量或矩阵的差分。当输入参数为符号表达式时，该函数实现符号微分，其调用格式如下：

- diff(S)，实现表达式 S 的求导，自变量由函数 findsym 确定。
- diff(S,'v')，实现表达式对指定变量 v 的求导，该语句还可以写为 diff(S,sym('v'))。
- diff(S,n)，求 S 的 n 阶导。
- diff(S,'v',n)，求 S 对 v 的 n 阶导，该表达式还可以写为 diff(S,n,'v')。

　　例 8-29　符号表达式的微分。

```
>> syms x y
>> f1=sin(x);
>> f1d=diff(sin(x))
f1d =
cos(x)
>> f2=y*sin(x)+x*cos(y);
>> f2d=diff(f2)
f2d =
y*cos(x)+cos(y)
>> f2d=diff(f2,y)
f2d =
sin(x)-x*sin(y)
>> f3=exp(x^2);
>> f3d3=diff(f3,3)
f3d3 =
12*x*exp(x^2)+8*x^3*exp(x^2)
```

　　上述为利用 diff 函数计算符号函数的微分，另外，微积分中一个非常的重要概念为 Jacobian 矩阵，计算函数向量的微分。如果 $F = \begin{pmatrix} f_1 & f_2 & \cdots & f_m \end{pmatrix}$，其中 $f_i = f_i(x_1, x_2, \ldots, x_n)$，$i = 1, 2, \ldots, m$，则 F 的 Jacobian 矩阵为：

$$\begin{pmatrix} \partial f_1/\partial x_1 & \partial f_1/\partial x_2 & \cdots & \partial f_1/\partial x_n \\ \partial f_2/\partial x_1 & \partial f_2/\partial x_2 & \cdots & \partial f_2/\partial x_n \\ \vdots & \vdots & \vdots & \vdots \\ \partial f_m/\partial x_1 & \partial f_m/\partial x_2 & \cdots & \partial f_m/\partial x_n \end{pmatrix}。$$

　　MATLAB 中函数 jacobian 用于计算 Jacobian 矩阵。该函数的调用格式如下：

　　R = jacobian(f,v)，如果 f 是函数向量，v 为自变量向量，则计算 f 的 Jacobian 矩阵；如

果 f 是标量，则计算 f 的梯度，如果 v 也是标量，则其结果与 diff 函数相同。

例 8-30　jacobian 函数的使用。

```
>> syms x y z
>> F = [x*y*z; y; x+z];
>> v = [x,y,z];
>> R=jacobian(F,v)
R =
 [ y*z, x*z, x*y]
 [   0,   1,   0]
 [   1,   0,   1]
>> syms a b c
>> jacobian(a*x^2+b*y^2+c*z^2,v)
ans =
 [ 2*a*x, 2*b*y, 2*c*z]
```

8.4.3　符号积分

与微分对应的是积分，在 MATLAB 中，函数 int 用于实现符号微分运算。该函数的调用格式如下：

- R = int(S)，求表达式 S 的不定积分，自变量由 findsym 函数确定。
- R = int(S,v)，求表达式 S 对自变量 v 的不定积分。
- R = int(S,a,b)，求表达式 S 在区间[a,b]上的定积分，自变量由 findsym 函数确定。
- R = int(S,v,a,b)，求表达式 S 在区间[a,b]上的定积分，自变量为 v。

见下面的实例。

例 8-31　int 函数的应用。

```
>> syms x y z
>> f1=-2*x/(1+x^2)^2;
>> F1=int(f1)
F1 =
1/(x^2+1)
>> f2=x/(1+z^2);
>> F2=int(f2,z)
F2 =
x*atan(z)
>> f3=1/sqrt(2*pi)*exp(-x^2/2);
>> F3=int(f3,0,inf)
F3 =
7186705221432913/36028797018963968*2^(1/2)*pi^(1/2)
>> double(F3)
ans =
    0.50000000000000
>>
```

8.4.4 级数求和

symsum 函数用于级数的求和。该函数的调用格式如下。

- r = symsum(s)，自变量为 findsym 函数所确定的符号变量，设其为 k，则该表达式计算 s 从 0 到 $k-1$ 的和。
- r = symsum(s,v)，计算表达式 s 从 0 到 v-1 的和。
- r = symsum(s,a,b)，计算自变量从 a 到 b 之间 s 的和。
- r = symsum(s,v,a,b)，计算 v 从 a 到 b 之间的 s 的和。

见下面的实例。

例 8-32 符号级数的求和。

```
>> syms x k
>> symsum(x^2)
ans =
1/3*x^3-1/2*x^2+1/6*x
>> symsum(1/x^k,k,0,inf)
ans =
x/(-1+x)
```

8.4.5 Taylor 级数

函数 taylor 用于实现 Taylor 级数的计算。该函数的调用格式如下：

- r = taylor(f)，计算表达式 f 的 Taylor 级数，自变量由 findsym 函数确定，计算 f 的在 0 的 6 阶 Taylor 级数。
- r = taylor(f,n,v)，指定自变量 v 和阶数 n。
- r = taylor(f,n,v,a)，指定自变量 v、阶数 n，计算 f 在 a 的级数。

见下面的实例。

例 8-33 函数 exp(x*sin(x))的 Taylor 级数与原函数的比较。

```
>> syms x
>> g = exp(x*sin(x))
g =
exp(x*sin(x))
>> g = exp(x*sin(x));
>> t = taylor(g,12,2);
>> xd = 1:0.05:3; yd = subs(g,x,xd);
>> ezplot(t, [1,3]); hold on;
>> plot(xd, yd, '-.')
>> title('Taylor approximation vs. actual function');
>> legend('Taylor','Function')
```

输出的图形如图 8-8 所示。

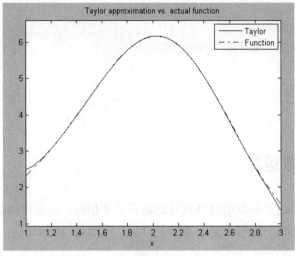

图 8-8　Taylor 级数与原函数的比较

8.5　符号线性代数

由于 MATLAB 中的运算符重载和函数重载，对于符号对象的运算和普通对象的运算完全相同。本节介绍符号线性代数，主要为符号矩阵的运算、矩阵特征值等。符号运算的结果仍为符号变量。

8.5.1　基本代数运算

基本代数运算包括矩阵的四则运算、乘方、转置等，这些运算与数值矩阵的运算相同，这里仅以一个具体实例介绍其用法。

例 8-34　符号矩阵的基本运算。

考查二维平面上的旋转矩阵：$R = \begin{pmatrix} \cos(t) & \sin(t) \\ -\sin(t) & \cos(t) \end{pmatrix}$，见下面的运算。

```
>> syms t
>> R=[cos(t),sin(t);-sin(t),cos(t)]
R =
[ cos(t), sin(t)]
[ - sin(t), cos(t)]
>> D=det(R)
D =
cos(t)^2+sin(t)^2
>> simplify(D)
ans =
1
```

```
>> A=R.'*R
A =
[ cos(t)^2+sin(t)^2,                    0]
[                 0, cos(t)^2+sin(t)^2]
>> simplify(A)
ans =
[ 1, 0]
[ 0, 1]
```

8.5.2 线性代数运算

符号线性代数的运算和数值线性代数的运算基本相同，读者可以首先回顾一下第 5 章中关于线性代数的知识，这样有助于本节的学习。本节以 Hilbert 矩阵为例，介绍矩阵的代数运算。

首先生成 Hilbert 矩阵。

```
>> H=hilb(3)
H =
    1.00000000000000    0.50000000000000    0.33333333333333
    0.50000000000000    0.33333333333333    0.25000000000000
    0.33333333333333    0.25000000000000    0.20000000000000
```

该矩阵为双精度类型(double)，下面将其转化为符号矩阵。

```
>> H = sym(H)
H =
[   1, 1/2, 1/3]
[ 1/2, 1/3, 1/4]
[ 1/3, 1/4, 1/5]
```

对该矩阵进行求逆、求行列式等操作：

```
>> inv(H)
ans =
[    9,   -36,    30]
[  -36,   192, -180]
[   30, -180,   180]
>> det(H)
ans =
1/2160
```

利用左除符号 "\" 求解线性系统：

```
>> b = [1 1 1]';
>> x = H\b
```

```
    x =
         3
      - 24
        30
```

上述运算得到的结果均为精确解，如果对相同的运算采用数值解，则得到的解会存在误差，见下面的代码。

```
>> digits(16)
>> V = vpa(H)
V =
[                    1., .5000000000000000, .3333333333333333]
[ .5000000000000000, .3333333333333333, .2500000000000000]
[ .3333333333333333, .2500000000000000, .2000000000000000]
>> inv(V)
ans =
[    9.000000000000179, - 36.00000000000080,    30.00000000000067]
[ - 36.00000000000080,    192.0000000000042, - 180.0000000000040]
[    30.00000000000067, - 180.0000000000040,    180.0000000000038]
>> det(V)
ans =
.462962962962953e-3
>> V\b
ans =
      3.000000000000041
    - 24.00000000000021
      30.00000000000019
```

上面的 Hilbert 矩阵为非奇异矩阵，下面查看对奇异矩阵的操作。首先，改变矩阵 H 的第一个元素，使其成为奇异矩阵，然后对其进行运算，见下面的代码。

```
>> H(1,1)=8/9;               % 将矩阵第一行第一列的矩阵值改为 8/9
>> det(H)                    % 计算矩阵的行列式
ans =
0
>> inv(H)
??? Error using ==> sym.inv
Error, (in inverse) singular matrix
```

8.5.3　矩阵的特征值分解

在 MATLAB 中，矩阵的特征值和特征向量由函数 eig 计算。该函数的主要用法如下：

- E = eig(A)，计算符号矩阵 A 的符号特征值，返回结果为一个向量，向量的元素为矩阵 A 的特征值。

- [V,E] = eig(A)，计算符号矩阵 *A* 的符号特征值和符号特征向量，返回结果为两个矩阵：*V* 和 *E*，*V* 是矩阵 *A* 的特征向量组成的矩阵，*E* 为 *A* 的特征值组成的对角矩阵，得到的结果满足 *AV=VE*。

见下面的实例。

例 8-35　矩阵的特征值分解。

```
>> R =sym([8/9, 1/2, 1/3;1/2, 1/3, 1/4;1/3, 1/4, 1/5])
R =
[ 8/9, 1/2, 1/3]
[ 1/2, 1/3, 1/4]
[ 1/3, 1/4, 1/5]
>> E=eig(R)
E =
                          0
 32/45+1/180*12589^(1/2)
 32/45-1/180*12589^(1/2)
>> [V,E]=eig(R)
V =
[                    1,    28/153+2/153*12589^(1/2),    28/153-2/153*12589^(1/2)]
[                   -4,                           1,                           1]
[                 10/3, 292/255-1/255*12589^(1/2), 292/255+1/255*12589^(1/2)]
E =
[                    0,                           0,                          0]
[                    0, 32/45+1/180*12589^(1/2),                          0]
[                    0,                           0,    32/45-1/180*12589^(1/2)]
```

由上一节的例子已经知道，矩阵 *R* 为奇异矩阵，因此 *R* 有一个特征值为 0。

上面的例子实现了矩阵特征值和特征向量的计算，在计算符号矩阵特征向量时需注意，矩阵的元素必须是有理数、有理方程、代数数或代数方程，到目前为止 MATLAB 不支持其他符号矩阵的特征向量计算。见下面的例子。

```
>> R=[cos(x),sin(x);-sin(x),cos(x)]
R =
[   cos(x),   sin(x)]
[ - sin(x),   cos(x)]
>> [V,E]=eig(R)
??? Error using ==> sym.eig
Error, (in eigenvectors) eigenvects only works for a matrix of rationals, rational functions, algebraic
numbers, or algebraic functions at present
>> eig(R)
ans =
cos(x)+(cos(x)^2-1)^(1/2)
cos(x)-(cos(x)^2-1)^(1/2)
```

8.5.4　Jordon 标准型

当利用相似变换将矩阵对角化时会产生 Jordon 标准型。对于给定的矩阵 A，如果存在非奇异矩阵 V，使得矩阵 $J=V^{-1}AV$ 最接近对角形，则矩阵 J 称为 A 的 Jordon 标准型。MATLAB 中函数 jordan 用于计算矩阵的 Jordon 标准型。该函数的调用格式如下：

- J = jordan(A)，计算矩阵 A 的 Jordon 标准型。
- [V,J] = jordan(A)，返回矩阵 A 的 Jordon 标准型，同时返回相应的变换矩阵。

见下面的例子。

例 8-36　矩阵 Jordon 标准型的计算。

```
>> A = sym([12,32,66,116;-25,-76,-164,-294; 21,66,143,256;-6,-19,-41,-73])
A =
[   12,    32,    66,   116]
[ - 25,  - 76,  - 164, - 294]
[   21,    66,    143,   256]
[  - 6,   - 19,  - 41,  - 73]
>> [V,J] = jordan(A)
V =
[   4,    - 2,    4,      3]
[  - 6,     8,  - 11,   - 8]
[   4,    - 7,    10,     7]
[  - 1,     2,   - 3,   - 2]
J =
[ 1, 1, 0, 0]
[ 0, 1, 0, 0]
[ 0, 0, 2, 1]
[ 0, 0, 0, 2]
```

8.5.5　奇异值分解

奇异值分解是矩阵分析中的一个重要内容，在理论分析和实践计算中都有着广泛的应用。在 MATLAB 中，完全的奇异值分解只对可变精度的矩阵可行。进行奇异值分解的函数为 svd，该函数的调用格式如下：

- sigma = svd(A)，计算矩阵的奇异值。
- sigma = svd(vpa(A))，采用可变精度计算矩阵的奇异值。
- [U,S,V] = svd(A)，矩阵奇异值分解，返回矩阵的奇异向量矩阵和奇异值所构成的对角矩阵。
- [U,S,V] = svd(vpa(A))，采用可变精度计算对矩阵进行奇异值分解。

见下面的例子。

例 8-37　矩阵的奇异值分解。

以魔术矩阵为例，介绍矩阵的奇异值分解。

```
>> digits(3)
>> A = sym(magic(4));
>> svd(A)
ans =
            0
  2*5^(1/2)
  8*5^(1/2)
           34
>> svd(vpa(A))
ans =
.296e-6*i
         4.47
         17.9
         34.1
>> [U,S,V] = svd(A)
U =
[ -.500,   .671,   .500,  -.224]
[ -.500,  -.224,  -.500,  -.671]
[ -.500,   .224,  -.500,   .671]
[ -.500,  -.671,   .500,   .224]
S =
[     34.0,        0,        0,        0]
[        0,     17.9,        0,        0]
[        0,        0,     4.47,        0]
[        0,        0,        0,  .835e-15]
V =
[ -.500,   .500,   .671,  -.224]
[ -.500,  -.500,  -.224,  -.671]
[ -.500,  -.500,   .224,   .671]
[ -.500,   .500,  -.671,   .224]
```

8.6　符号方程的求解

　　方程求解是数学中的一个重要问题。在前面的章节中，已经介绍了多项式求解，函数求解等。本节介绍符号方程的求解，包括代数方程的求解和微分方程求解。

8.6.1　代数方程的求解

代数方程包括线性方程、非线性方程和超越方程等。在 MATLAB 中函数 solve 用于求解代数方程和方程组，其调用格式如下：

- g = solve(eq)，求解方程 *eq* 的解，对默认自变量求解，输入的参数 *eq* 可以是符号表达式或字符串。
- g = solve(eq,var)，求解方程 *eq* 的解，对指定自变量求解。

在上面的语句中，如果输入的表达式中不包含等号，则 MATLAB 求解其等于 0 时的解。例如 g=solve(sym('x^2-1'))的结果与 g=solve(sym('x^2-1=0'))相同。

对于单个方程的情况，返回结果为一个符号表达式，或是一个符号表达式组成的数组，对于方程组的情况，返回结果为一个结构体，结构体的元素为每个变量对应的表达式，各个变量按照字母顺序排列。

例 8-38　代数符号方程的求解。

```
>> x=solve('a*x^2 + b*x + c')
x =
1/2/a*(-b+(b^2-4*a*c)^(1/2))
1/2/a*(-b-(b^2-4*a*c)^(1/2))
```

返回结果为一个符号数组。

```
>> syms u v x y
>> S = solve(x+2*y-u, 4*x+5*y-v)
S =
    x: [1x1 sym]
    y: [1x1 sym]
>> S.x
ans =
-5/3*u+2/3*v
>> S.y
ans =
4/3*u-1/3*v
```

返回结果为一个结构体。

8.6.2　求解代数方程组

代数方程组同样由函数 solve 函数进行，其格式如下：

- g = solve(eq1,eq2,...,eqn)，求由方程 *eq*1、*eq*2、…、*eq*n 等组成的系统，自变量为默认自变量。
- g = solve(eq1,eq2,...,eqn,var1,var2,...,varn)，求由方程 *eq*1、*eq*2、…、*eq*n 等组成的系

统，自变量为指定的自变量：*var1*、*var2*、…、*varn*。

例 8-39　求解 $\begin{cases} x^2 y^2 = 0 \\ x - \dfrac{y}{2} = \alpha \end{cases}$。

在命令窗口中输入：

```
>> syms x y alpha
>> [x,y] = solve(x^2*y^2, x-y/2-alpha)
```

得到结果为：

```
x =
[       0]
[       0]
[ alpha]
[ alpha]
y =
[ -2*alpha]
[ -2*alpha]
[       0]
[       0]
```

8.6.3　微分方程的求解

MATLAB 中微分方程的求解通过函数 dsolve 进行，该函数用于求解常微分方程。

如在命令窗口中输入如下命令：

```
>> dsolve('Dy=cos(t)')
```

得到结果为：

```
ans =
sin(t)+C1
```

该函数的具体调用格式为 r = dsolve('eq1,eq2,...', 'cond1,cond2,...', 'v')或者 r = dsolve ('eq1','eq2',...,'cond1','cond2',...,'v')，其中 eq1、eq2 等表示待求解的方程，默认的自变量为 t。方程中用 D 表示微分，如 Dy 表示 dy/dt；如果在 D 后面带有数字，则表示多阶导数，如 D2y 表示 $d^2 y/dt^2$。cond1、cond2 等表示初始值，通常表示为 y(a) = b 或者 Dy(a) = b。如果不指定初始值，或者初始值方程的个数少于因变量的个数，则最后得到的结果中会包含常数项，表示为 C1、C2 等。dsolve 函数最多接受 12 个输入参数。

函数输出的结果可能有 3 种情况，与代数方程求解的结果类似，读者可以参考上一节。下面介绍微分方程求解的例子。

例 8-40　微分方程求解：

1. 求微分方程 $\dfrac{dx}{dt} = -ax$、$\dfrac{dx}{dt} = \cos t$、$\dfrac{d^2x}{dt^2} = \cos t$、$\left(\dfrac{dy}{ds}\right)^2 + y^2 = 1$ 的解。

在命令窗口中输入如下命令：

```
>> dsolve('Dx = -a*x')
ans =
C1*exp(-a*t)
>> dsolve('Dx = cos(t)')
ans =
sin(t)+C1
>> dsolve('D2x = cos(t)')
ans =
-cos(t)+C1*t+C2
>> dsolve('(Dy)^2 + y^2 = 1','s')
ans =
            1
          - 1
      sin(s-C1)
    - sin(s-C1)
```

2. 限制初值的微分方程的解。

```
>> dsolve('Dy = a*y', 'y(0) = b')
ans =
b*exp(a*t)
>> dsolve('D2y = -a^2*y', 'y(0) = 1', 'Dy(pi/a) = 0')
ans =
cos(a*t)
>> y = dsolve('(Dy)^2 + y^2 = 1','y(0) = 0')
y =
-sin(t)
  sin(t)
```

当方程的解析解不存在时，系统会弹出提示，并返回对象为空。

8.6.4　微分方程组的求解

求解微分方程组通过 dsolve 进行，格式为 r = dsolve('eq1,eq2,...', 'cond1,cond2,...', 'v')。

该语句求解由参数 eq1、eq2 等指定的方程组成的系统，初值条件为 cond1、cond2 等，v 为自变量。

例 8-41　求解 $\begin{cases} f' = 3f + 4g \\ g' = -4f + 3g \end{cases}$ 。

在命令窗口中输入：

```
>> syms f g
>> S = dsolve('Df = 3*f+4*g', 'Dg = -4*f+3*g')
```

得到结果为：

```
S =
    f: [1x1 sym]
    g: [1x1 sym]
```

查看其具体内容：

```
>> S.f
ans =
exp(3*t)*(C1*sin(4*t)+C2*cos(4*t))
>> S.g
ans =
exp(3*t)*(C1*cos(4*t)-C2*sin(4*t))
```

8.6.5　复合方程

复合方程通过函数 compose 进行，该函数的调用格式如下：

- compose(f,g)，返回函数 $f(g(y))$，其中 $f = f(x)$，$g = g(y)$，x 是 f 的默认自变量，y 是 g 的默认自变量。
- compose(f,g,z)，返回函数 $f(g(z))$，自变量为 z。
- compose(f,g,x,z)，返回函数 $f(g(z))$，指定 f 的自变量为 x。
- compose(f,g,x,y,z)，返回函数 $f(g(z))$，f 和 g 的自变量分别指定为 x 和 y。

见下面的例子。

例 8-42　利用函数 compose 求复合函数/。

```
>> syms x y z t u;
>> f = 1/(1 + x^2);
>> g = sin(y);
>> h = x^t;
>> p = exp(-y/u);
>> compose(f,g)
ans =
1/(sin(y)^2+1)
>> compose(f,g,t)
ans =
1/(sin(t)^2+1)
```

```
>> compose(h,g,x,z)
ans =
sin(z)^t
>> compose(h,g,t,z)                    %指定 h 的自变量为 t，与上面的语句结果不同
ans =
x^sin(z)
>> compose(h,p,x,y,z)
ans =
exp(-z/u)^t
>> compose(h,p,t,u,z)
ans =
x^exp(-y/z)
```

8.6.6　反方程

反方程通过函数 finverse 求得，该函数的调用格式如下：

- g = finverse(f)，在函数 f 的反函数存在的情况下，返回函数 f 的反函数，自变量为默认自变量。
- g = finverse(f,v)，在函数 f 的反函数存在的情况下，返回函数 f 的反函数，自变量为 v。

见下面的例子。

例 8-43　求函数的反函数。

```
>> finverse(1/tan(x))
ans =
atan(1/x)
>> finverse(exp(u-2*v),u)
ans =
2*v+log(u)
>> finverse(exp(u-2*v),v)
ans =
1/2*u-1/2*log(v)
```

8.7　符号积分变换

积分变换在工程中有着广泛的应用，常用的变换有傅立叶变换、拉普拉斯变换、Z 变换和小波变换等。本节介绍傅立叶变换、拉普拉斯变换和 Z 变换，关于小波变换，MATLAB 提供了小波工具箱，可以满足用户的多种需要。

8.7.1　符号傅立叶变换

傅立叶变换是最早的积分变换，可以实现函数在时域(空域)和频域之间的转化。本节介绍傅立叶变换及其逆变换。

1. 傅立叶变换

傅立叶变换由函数 fourier 实现，该函数的调用格式如下：

- F = fourier(f)，实现函数 f 的傅立叶变换，如果 f 的默认自变量为 x，则返回 f 的傅立叶变换结果，默认自变量为 w；如果 f 的默认自变量为 w，则返回结果的默认自变量为 t。
- F = fourier(f,v)，返回结果为 v 的函数。
- F = fourier(f,u,v)，f 的自变量为 u，返回结果为 v 的函数。

见下面的例子。

例 8-44　符号函数的傅立叶变换。

```
>> syms x y u v w
>> f = exp(-x^2);
>> F= fourier(f)
F =
pi^(1/2)*exp(-1/4*w^2)
>> g = exp(-abs(w));
>> G=fourier(g)
G =
2/(1+t^2)
>> f1 = x*exp(-abs(x));
>> F1=fourier(f1,u)
F1 =
-4*i/(1+u^2)^2*u
>> syms x real
>> f2 = exp(-x^2*abs(v))*sin(v)/v;
>> F2 = fourier(f,v,u)
F2 =
2*exp(-x^2)*pi*dirac(u)
```

2. 傅立叶逆变换

傅立叶逆变换由函数 ifourier 实现，该函数的调用格式如下：

- f = ifourier(F)，实现函数 F 的傅立叶逆变换，如果 F 的默认自变量为 w，则返回结果 f 的默认自变量为 x，如果 F 的自变量为 x，则返回结果 f 的自变量为 t。
- f = ifourier(F,u)，实现函数 F 的傅立叶逆变换，返回结果 f 为 u 的函数；
- f = ifourier(F,v,u)，实现函数 F 的傅立叶逆变换，F 的自变量为 v，返回结果 f 为 u

的函数。

见下面的例子。

例 8-45　函数的傅立叶逆变换。

```
>> F =pi^(1/2)*exp(-1/4*w^2);
>> ifourier(F)
ans =
exp(-x^2)
>> G =2/(1+t^2);
>> ifourier(G)
ans =
exp(x)*heaviside(-x)+exp(-x)*heaviside(x)
>> simplify(G)
ans =
2/(1+t^2)
>> clear
>> syms x real
>> g = exp(-abs(x));
>> ifourier(g)
ans =
1/(1+t^2)/pi
>> clear
>> syms w v t real
>> f = exp(-w^2*abs(v))*sin(v)/v;
>> ifourier(f,v,t)
ans =
1/2*(-atan((t-1)/w^2)+atan((t+1)/w^2))/pi
```

8.7.2　符号拉普拉斯变换

1. 拉普拉斯变换

laplace 函数实现符号函数的拉普拉斯变换。该函数的调用格式如下：

- laplace(F)，实现函数 F 的拉普拉斯变换，如果 F 的默认自变量为 t，返回结果的默认自变量为 s；如果 F 的默认自变量为 s，则返回结果为 t 的函数。
- laplace(F,t)，返回函数的自变量为 t。
- laplace(F,w,z)，指定 F 的自变量为 w，返回结果为 z 的函数。

例 8-46　函数的拉普拉斯变换。

```
>> syms t
>> f = t^4;
>> laplace(f)
ans =
```

```
24/s^5
>> syms s
>> g = 1/sqrt(s);
>> laplace(g)
ans =
  (pi/t)^(1/2)
>> syms a t x
>> f = exp(-a*t);
>> laplace(f,x)
ans =
  1/(x+a)
```

2. 拉普拉斯逆变换

拉普拉斯逆变换由函数 ilaplace 实现，该函数的调用格式如下：

- F = ilaplace(L)，实现函数 L 的拉普拉斯逆变换，如果 L 的自变量为 s，则返回结果为 t 的函数；如果 L 的自变量为 t，则返回结果为 x 的函数。
- F = ilaplace(L,y)，返回结果为 y 的函数。
- F = ilaplace(L,y,x)，指定 L 的自变量为 y，返回结果为 x 的函数。

例 8-47　函数的拉普拉斯逆变换。

```
>> syms s t a x u
>> f = 1/s^2;
>> ilaplace(f)
ans =
t
>> g = 1/(t-a)^2
g =
1/(t-a)^2
>> ilaplace(g)
ans =
x*exp(a*x)
>> syms x u
>> syms a real
>> f = 1/(u^2-a^2)
f =
1/(u^2-a^2)
>> simplify(ilaplace(f,x))
ans =
1/a*sinh(a*x)
```

8.7.3 符号 Z 变换

1. Z 变换

Z 变换由函数 Ztrans 完成，其调用格式如下：

- F = ztrans(f)，如果 f 的默认自变量为 n，则返回结果为 z 的函数，如果 f 为函数 z 的函数，则返回结果为 w 的函数。
- F = ztrans(f,w)，返回结果为 w 的函数。
- F = ztrans(f,k,w)，f 的自变量为 k，返回结果为 w 的函数。

例 8-48 函数的逆变换。

```
>> syms n z a w
>> f = n^4;
>> ztrans(f)
ans =
z*(z^3+11*z^2+11*z+1)/(z-1)^5
>> g = a^z
g =
a^z
>> simplify(ztrans(g))
ans =
-w/(-w+a)
>> f = sin(a*n);
>> ztrans(f,w)
ans =
-w*sin(a)/(-w^2+2*w*cos(a)-1)
```

2. Z 逆变换

Z 逆变换由函数 iztrans 完成，其调用格式如下：

- f = iztrans(F)，若 F 的默认自变量为 z，则返回结果为 n 的函数；如果 F 是 n 的函数，则返回结果为 k 的函数。
- f = iztrans(F,k)，指定返回结果为 k 的函数。
- f = iztrans(F,w,k)，指定 F 的自变量为 w，返回结果为 k 的函数。

例 8-49 Z 逆变换。

```
>> syms z n a k
>> f = 2*z/(z-2)^2;
>> iztrans(f)
ans =
2^n*n
>> g = n*(n+1)/(n^2+2*n+1);
>> iztrans(g)
```

```
ans =
  (-1)^k
>> f = z/(z-a);
>> iztrans(f,k)
ans =
a^k
```

8.8　MAPLE 函数的调用

MATLAB 的符号运算功能是基于 MAPLE 内核设计的，在 MATLAB 中，用户可以调用 MAPLE 中的大部分函数。调用 MAPLE 的命令可以满足用户的复杂的符号运算。在 MATLAB 中，函数 maple 和 mfun 用于实现 MAPLE 函数的调用。

8.8.1　maple 函数的使用

maple 是符号工具箱中的一个通用命令，使用它可以实现对 MAPLE 中大部分函数的调用。其使用格式如下：

- r = maple('statement')，其中 statement 为符合 MAPLE 语法的可执行语句的字符串，该命令将 statement 传递给 MAPLE，该命令的输出结果也符合 MAPLE 的语法。
- r = maple('function',arg1,arg2,...)，该函数调用引号中的函数，并接受指定的参数，相当于 MAPLE 语句 function(arg1,arg2,...)。
- [r, status] = maple(...)，返回函数的运行状态，如果函数运行成功，则 status 为 0，r 为运行结果；如果函数运行失败，则 status 为一个正数，r 为相应的错误信息。
- maple('traceon')或者 maple trace on，输出 MAPLE 函数运行中的所有子表达式和运行结果。
- maple('traceoff')或 maple trace off，不显示中间过程。

例 8-50　maple 函数调用示例。

MAPLE 中 gcd 函数用于计算两个数的最大公约数，或者两个多项式的最大公约式。在命令窗口中输入如下代码：

```
>> maple('gcd(14, 21)')
ans =
7
>> maple('gcd(x^2-y^2,x^3-y^3)')
ans =
-y+x
```

例 8-51　编写程序调用 MAPLE 函数实现求解符号矩阵的正弦。

新建 M 文件，命名为 sinm.m，在文件内容为：

```
% calculate the sines of the elements of the matrix
function y = sinm(x)
for k = 1: prod(size(x))
    y(k) = maple('sin',x(k));
end
y = reshape(y,size(x));
```

在命令窗口中输入如下命令：

```
>> syms x y
>> A = [0 x; y pi/4]
A =
[      0,      x]
[      y,   pi/4]
>> sinm(A)
ans =
[           0,        sin(x)]
[       sin(y), 1/2*2^(1/2)]
```

8.8.2　mfun 函数的使用

mfun 函数用于对 maple 函数进行数字评估。该函数的调用格式如下：

Y = mfun('function',par1,par2,par3,par4)。

该语句对指定的数学函数进行评估。其中 'function' 指定待评估的函数，par1、par2 等为 'function' 的参数，为待评估的数值，其维数有 'function' 函数的参数类型确定。在该语句中最多可以设置 4 个参数，最后一个参数可以为矩阵。

例 8-52　mfun 函数的使用。

```
>> mfun('FresnelC',0:5)
ans =
          0     0.7799     0.4883     0.6057     0.4984     0.5636
>> mfun('Chi',[3*i 0])
ans =
   0.1196 + 1.5708i        NaN +        NaNi
```

用户可以通过 help mfunlist 查看 MATLAB 中 mfun 可以调用的函数列表，另外，可以通过 mhelp function 查看指定函数的相关信息。

8.9　符号函数计算器

与其他语言相比，MATLAB 最重要的特点是简单易学，在符号运算中，同样体现了这一特点。MATLAB 提供了图形化符号函数计算器，可以进行一些简单的符号运算和图形绘制。图形化符号函数计算器操作方便、使用简单，深受用户喜欢。本节将介绍图形化符号函数计算器的使用。

　　MATLAB 中提供的符号函数计算器有两种：funtool，用于单变量符号函数计算；taylortool，用于 Taylor 函数逼近。

8.9.1　单变量符号函数计算器

　　在命令窗口中执行 funtool 即可调出单变量符号函数计算器。单变量符号函数计算器用于对单变量函数进行操作，可以对符号函数进行化简、求导、绘制图形等。该工具的界面如图 8-9 所示。

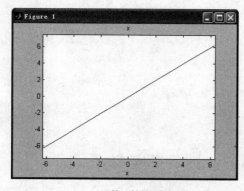

(a) 函数 f 的图形窗口

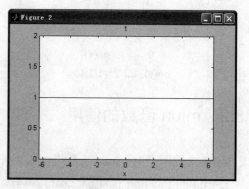

(b) 函数 g 的图形窗口

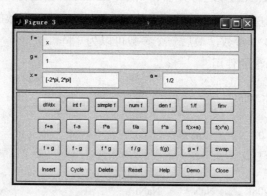

(c) 控制窗口

图 8-9　函数计算器界面

　　运行 funtool 时会生成三个窗口：函数 f 的图形窗口、函数 g 的图形窗口和控制窗口。控制窗口中的操作单元包括输入框和按钮两种类型。下面，分别介绍这两种类型单元的符号运算功能。

1. 输入框的功能

　　如上面的图形中所示，控制窗口中共有四个输入框，分别为 "f="、"g="、"x="、

"a="，这四个输入框用于输入待操作的函数和数据，其详细功能分别为：

- f=：显示函数 f 的符号表达式，可以对函数进行编辑，编辑后，即在 f 的图形窗口中显示更新后的函数图形。
- g=：显示函数 g 的符号表达式，可以对函数进行编辑，编辑后，即在 g 的图形窗口中显示更新后的函数图形。
- x=：显示绘制 f 和 g 的图像的 x 区间。
- a=：用于修改 f 的常数因子。

2. 控制按钮

在符号函数计算器的控制区包含着一系列按钮，按行分别介绍这些按钮，第一行中包括以下按钮：

- df/dx：求函数 f 的导数。
- int f：函数 f 的积分。
- simple f：将函数 f 化简。
- num f：函数 f 的分子。
- den f：函数 f 的分母。
- 1/f：函数 f 的倒数。
- finv：函数 f 的反函数。

第二行为函数 f 与常数之间的操作，包括函数 f 与常数之间的四则运算及自变量代换等。第三行为函数 f 和函数 g 之间的操作，包括四则运算、复合函数、赋值、交换等。第四行按钮及其功能如下：

- Insert：将函数 f 加入到函数列表中。
- Cycle：用函数列表中下一个函数代替 f 值。
- Delete：将 f 从函数列表中删除。
- Reset：重置计算器。
- Help：显示在线帮助。
- Demo：演示。
- Close：关闭计算器。

例 8-53　符号函数计算器的应用。

在 f 函数输入栏中输入 cos(x^3)，得到图形如图 8-10(a)所示，在 g 函数输入栏中输入 (1+x^2)，得到图形如图 8-10(b)所示。单击 f /g，得到结果如图 8-10(c)所示。

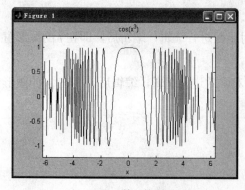

(a) 函数 f 的图形

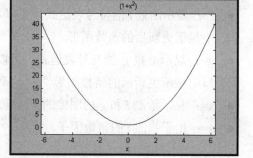

(b) 函数 g 的图形

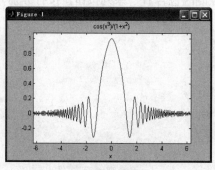

(c) f/g 的图形

图 8-10   符号函数计算器应用实例

8.9.2   Taylor 逼近计算器

Taylor 逼近计算器用于实现函数的 taylor 逼近。在命令窗口中输入 taylortool，调出 Taylor 逼近计算器，界面如图 8-11 所示。

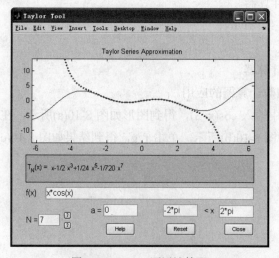

图 8-11   Taylor 逼近计算器

该窗口为一个图形窗口，用户可以利用菜单栏对图像进行操作。该窗口中除包含图形工具栏外，还包含五个输入框、五个按钮和一个显示框。输入框的功能分别如下：

- f(x)：用于输入待逼近的函数。
- N =：用于输入拟合函数的阶数。
- a =：级数的展开点，默认为 0。
- < x：两侧的输入框用于输入拟合区间。

按钮的功能分别如下：

- ?：两个"?"按钮用于增加或减少拟合函数的阶数。
- Help：查看帮助文档。
- Reset：重置。
- Close：关闭该窗口。

显示框用于显示生成的拟合函数。

例 8-54　通过 Taylor 逼近工具计算余弦函数在 0 附近的 Taylor 展开。

在 f(x)输入框中输入 cos(x)，按下回车键，得到结果如图 8-12 所示。

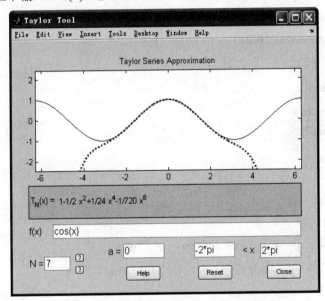

图 8-12　余弦函数在 o 附近的 Taylor 展开

8.10　习　　题

1. 创建符号表达式 $f(x) = \sin x + x$。

2. 计算习题 1 中表达式在 $x = 0$、$x = \pi/4$、$x = 2\pi$ 处的值。

3. 计算习题 1 中表达式在 $x = \pi/6$ 处的值，并将结果设置为以下 5 种精度：小数点之后 1 位、2 位、5 位、10 位和 20 位有效数字。

4. 设 x 为符号变量，$f(x) = x^4 + x^2 + 1$，$g(x) = x^3 + 4x^2 + 5x + 8$，试进行如下运算：

(1) $f(x) + g(x)$。

(2) $f(x) \times g(x)$。

(3) 对 $f(x)$ 进行因式分解。

(4) 求 $g(x)$ 的反函数。

(5) 求 g 以 $f(x)$ 为自变量的复合函数。

5. 合并同类项。

(1) $3x - 2x^2 + 5 + 3x^2 - 2x - 5$

(2) $3x^2y - 4xy^2 - 3 + 5x^2y + 2xy^2 + 5$（对 x 和 y）

(3) $2x^2 - 3xy + y^2 - 2xy - 2x^2 + 5xy - 2y + 1$（对 x 和 y）

6. 因式分解：

(1) 将 7798666 进行因数分解，分解为素数乘积的形式。

(2) $-2m^8 + 512$

(3) $3a^2(x-y)^3 - 4b^2(y-x)^2$

7. 绘制下列函数的图像：

(1) $f(x) = \sin x + x^2$，$[0, 2\pi]$

(2) $f(x) = x^3 + 2x^2 + 1$，$[-2, 2]$

8. 计算下列各式：

(1) $\lim\limits_{x \to 0} \dfrac{\tan x - \sin x}{1 - \cos 2x}$

(2) $\lim\limits_{x \to +\infty} \dfrac{x^2 + x}{e^x}$

(3) $y = x^3 - 2x^2 + \sin x$，求 y'。

(4) $\sin 2x \ln x$，求 y'。

(5) $f = \ln(x + y^2)$，求 $\partial f / \partial x$，$\partial f / \partial y$，$\partial^2 f / \partial x \partial y$。

(6) $y = xy \ln(x + y)$，求 $\partial f / \partial x$，$\partial f / \partial y$，$\partial^2 f / \partial x \partial y$。

(7) $\int \cos(4x+3)\mathrm{d}x$，$\int_0^{\frac{\pi}{6}} \cos(4x+3)\mathrm{d}x$

(8) $y = \int \ln(1+t)\mathrm{d}x$，$y = \int_0^{27} \ln(1+t)\mathrm{d}x$

9. 计算下列各式。

(1) $\sum\limits_{n=1}^{\infty} \left(\dfrac{3}{n}\right)^n$

(2) $\sum\limits_{n=1}^{\infty} 2^n \sin\dfrac{\pi}{3^n}$

(3) $\sin x$ 在 0 附近的 Taylor 展开。

10. 矩阵

$$R = \begin{pmatrix} \cos\theta\cos\phi - \sin\theta\sin\varphi\sin\phi & -\sin\theta\cos\varphi & \cos\theta\sin\phi + \sin\theta\sin\varphi\cos\phi \\ \sin\theta\cos\phi + \cos\theta\sin\varphi\sin\phi & \cos\theta\cos\varphi & \sin\theta\sin\phi - \cos\theta\sin\varphi\cos\phi \\ -\cos\varphi\sin\phi & \sin\varphi & \cos\varphi\cos\phi \end{pmatrix}$$ 求该矩阵的逆及

行列式。

11. 将下面的矩阵进行特征值分解：

(1) $\begin{pmatrix} 2 & 1 & 0 \\ 1 & 3 & 1 \\ 0 & 1 & 4 \end{pmatrix}$ 　　　　　(2) $\begin{pmatrix} 3 & -1 & 0 \\ -1 & 2 & -1 \\ 0 & -1 & 1 \end{pmatrix}$

12. 计算下列矩阵的奇异值分解：

(1) $\begin{pmatrix} -4 & 2 & 11 & 1 \\ -16 & -11 & 0 & -1 \\ 1 & 11 & 3 & 7 \end{pmatrix}$ 　　(2) $\begin{pmatrix} -6 & -15 & -3 & 7 & 11 \\ 8 & -14 & 6 & 12 & -12 \\ 12 & 5 & 8 & 6 & 0 \end{pmatrix}$

13. 求解线性方程组 $\begin{cases} 2x + 3y = 1 \\ 3x + 2y = -1 \end{cases}$：

14. 对符号表达式 $z = xe^{-x^2 - y^2}$，进行如下变换：

(1) 关于 x 的傅立叶变换。

(2) 关于 y 的拉普拉斯变换。

(3) 分别关于 x 和 y 的 Z 变换。

15. 绘制函数 $f(x) = \dfrac{1}{2\pi}\exp\left(-(x^2 + y^2)\right)$ 在 $-3 < x < 3$，$-3 < y < 3$ 上的表面图。

16. 了解 maple 函数的调用，尝试调用 maple 函数求解问题。

17. 用 Taylor 逼近计算器对函数 $\sin(x)$ 和 e^x 进行逼近。

第9章　MATLAB 绘 图

图形可以直观明了地显示数据，使用户更加直接、清楚地了解数据的属性。因此，在科学研究和工程实践中，经常需要将数据可视化。MATLAB 的绘图功能满足了用户的图形需要。MALTAB 中包含了大量的绘图函数，使用户可以方便实现数据的可视化。MATLAB 的图形功能包括在直角坐标系中或极坐标系中绘制基本图像；绘制特殊图像，如条形图、柱状图、轮廓线和表面网格图等。本章将详细介绍 MATLAB 绘图。

本章学习目标

- ☑ 了解 MATLAB 的图形窗口
- ☑ 掌握 MATLAB 基本二维图形、三维图形的绘制，及图形的基本操作
- ☑ 掌握 MATLAB 特殊图形的绘制，如柱状图、饼状图
- ☑ 掌握图形注释的添加及管理
- ☑ 了解三维图形的视点控制及颜色、光照控制

9.1　MATLAB 图形窗口

MATLAB 中的图形都是在图形窗口中绘制的。在采用绘图函数绘制图形时，系统会自动创建绘图窗口，或者用户可以采用创建窗口命令创建图形窗口。图形窗口中包含有菜单和工具栏，通过这些工具，用户可以对图形进行操作，如绘制图形、编辑图形等。本节主要介绍图形窗口，包括其结构、图形绘制和图形编辑等。

9.1.1　图形窗口的创建与控制

1. 创建

图形窗口可以通过函数 figure 创建，该函数的调用格式如下：

- figure，创建图形窗口。
- figure('PropertyName',PropertyValue,...)，按照指定的属性创建图形窗口。

- figure(h)，如果句柄 h 对应的窗口已经存在，则该命令使得该图形窗口为当前窗口；如果不存在，则创建以 h 为句柄的窗口。
- h = figure(...)，返回图形窗口的句柄。

在命令窗口中输入命令 figure，按下回车键，生成的图形窗口如图 9-1 所示。

图 9-1　MATLAB 图形窗口

创建图形窗口时，MATLAB 根据默认属性或者用户通过参数指定的属性创建一个新的窗口。

2. 图形窗口的控制

创建图形窗口后，用户可以对其属性进行编辑。编辑图形的属性可以通过两种方式进行：通过属性编辑器的方式和通过 set 函数的方式。

在图形窗口中，选择 view 菜单中的 Porperty Editor 命令，激活属性编辑器，如图 9-2 所示。

在该窗口中可以设置标题、颜色表等属性。若要对更多属性进行设置，可以单击 More Properties 按钮，打开 Property Inspeetor 窗口，如图 9-3 所示。

图 9-2　属性编辑器界面

图 9-3　更多属性设置界面

在该窗口中可以对图形窗口的所有属性进行查看和编辑。

除此之外，还可以通过 get 函数和 set 函数对图形窗口的属性进行查看和编辑。get 函数的调用格式如下：

- get(h)，返回由句柄 h 指定的图形窗口的所有属性值。
- get(h,'PropertyName')，返回属性 'PropertyName' 的值。
- <m-by-n value cell array> = get(H,<property cell array>)，其中 H 为句柄数组，<property cell array> 为由属性名称构成的单元数组，返回值为单元数组。
- a = get(h)，返回一个结构体，结构体的域名为属性名称，值为对应属性的当前值。
- a = get(0,'Factory')，返回图形窗口所有属性的出厂设置。
- a = get(0,'FactoryObjectTypePropertyName')，返回指定属性的出厂设置。
- a = get(h,'Default')，返回指定图形窗口的默认属性设置。
- a = get(h,'DefaultObjectTypePropertyName')，返回指定属性的默认设置。

例 9-1　通过 get 函数获取图形窗口的属性。

(1) 查看默认线宽：

```
>> get(0,'DefaultLineLineWidth')
ans =
    0.5000
```

(2) 查看当前窗口中所有子坐标系的属性：

```
>> patch;surface;text;line
>> props = {'HandleVisibility', 'Interruptible';
        'SelectionHighlight', 'Type'};
>> output = get(get(gca,'Children'),props)
output =
    'on'    'on'    'on'    'line'
    'on'    'on'    'on'    'text'
    'on'    'on'    'on'    'surface'
    'on'    'on'    'on'    'patch'
```

其中 gca 用于获取当前窗口的句柄。

(3) 查看当前窗口的全部属性：

当前不存在图形窗口。输入如下命令，系统将创建一个默认图形窗口，并返回其属性。

```
>> get(gca)
ActivePositionProperty = outerposition
ALim = [0 1]
ALimMode = auto
AmbientLightColor = [1 1 1]
Box = off
CameraPosition = [0.5 0.5 9.16025]
CameraPositionMode = auto
CameraTarget = [0.5 0.5 0.5]
...
Type = axes
```

UIContextMenu = []
UserData = []
Visible = on

创建的图形窗口如图 9-4 所示。

set 函数用于设置对象的属性。该函数的调用格式如下。

- set(H,'PropertyName',PropertyValue,...)，设置由 H 指定的窗口的属性 'PropertyName' 值为 PropertyValue。H 可以为向量，此时将 H 中指定的所有窗口的 'PropertyName' 属性设置为 PropertyValue。

- set(H,a)，其中 a 是一个结构体，其域名为属性名称，值为对应属性的设置值。该语句设置 H 指定的窗口属性为 a。

- set(H,pn,pv...)，其中 *pn* 和 *pv* 是单元数组，*pn* 用于指定属性名称，*pv* 用于指定属性值，该语句设置 H 指定的所有窗口中，由 *pn* 指定的属性，值为 *pv* 中的相应值。

- set(H,pn,<m-by-n cell array>)，与上面的语句不同，该语句的第三个参数为一个 *m* ×*n* 单元数组，其中 m = length(H)，n 为 *pn* 中包含的属性数目。该语句设置 H 指定的窗口中的属性，其值为单元数组中的指定值。

- a= set(h)，该语句返回 h 指定的窗口中用户可以设置的属性及相应的可选值，返回值 a 是一个结构体，a 的域名为属性名，域值为相应的可选值。

- a= set(0,'FactoryObjectTypePropertyName')，返回指定属性的可选值。

- a= set(h,'Default')，返回对 *h* 指定的对象设置的默认值。

- a= set(h,'DefaultObjectTypePropertyName')，返回指定对象类型的指定属性的可选值。

- <cell array> = set(h,'PropertyName')，返回指定属性名的可选值，如果值为字符串，则返回结果为单元数组，否则返回空的单元数组。

例 9-2　通过 set 函数图形窗口的属性。

首先，创建窗口、并绘制图像：

```
>> figure,plot(peaks)
```

得到的图形如图 9-5 所示。

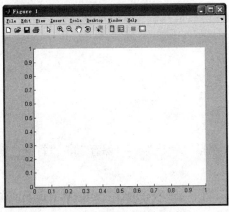

图 9-4　get(gca) 命令创建的窗口

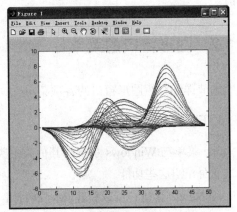

图 9-5　plot(peaks)命令绘制的图像

下面的语句将其颜色设置为蓝色：

>> set(gca,'Color','b')

得到图形如图 9-6 所示。

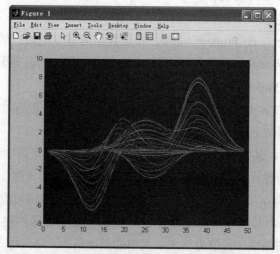

图 9-6　通过 set 函数设置背景后的图像

例 9-3　通过结构体设置图形窗口的属性。

```
active.BackgroundColor = [.7 .7 .7];
active.Enable = 'on';
active.ForegroundColor = [0 0 0];

if gcf == control_fig_handle
    set(findobj(control_fig_handle,'Type','uicontrol'),active)
end
```

这段代码中，首先定义了一个结构体 active，其内容为用于用户接口控件的属性。当 control_fig_handle 指定的图形窗口为当前窗口时，设置其中的用户接口控件为 active 指定的值。

9.1.2　图形窗口的菜单栏

本节详细介绍图形窗口的各项菜单。

1. File 菜单

File 菜单与 Windows 系统的其他菜单类似，包括"新建"、"保存"、"打开"等命令。下面介绍这些功能。

- New：新建。可以新建 M 文件(M-File)，图形窗口(Figure)、变量(Variable)或图形用户接口(GUI)。新建对象时，系统自动打开相应的编辑器。

- Open：打开已有文件。
- Close：关闭当前窗口。
- Save：保存。
- Save As：另存为。
- Generate M-File：生成 M 文件。该命令可以将当前图形窗口中的图形自动转化为 M 文件。见下例。

例 9-4　将图像窗口中的图形转化为 M 文件。

首先创建图形，在命令窗口中输入：

```
>> x=[0:0.1:2];
>> y1=x.^2;
>> y2=x;
>> figure,plot(x,y1);
>> hold on;
>> plot(x,y2);
```

绘制的图形如图 9-7 所示。

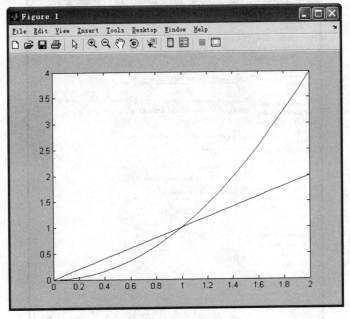

图 9-7　例 9-4 对应图形

单击该窗口的 Generate M-File 命令，系统生成打开文本编辑器，其内容为：

```
function createfigure(x1, ymatrix1)
%CREATEFIGURE(X1,YMATRIX1)
%   X1:    vector of x data
%   YMATRIX1:   matrix of y data

%   Auto-generated by MATLABon 22-Oct-2007 20:54:47
```

```
% Create figure
figure1 = figure('PaperPosition',[0.6345 6.345 20.3 15.23],'PaperSize',[20.98 29.68]);

% Create axes
axes1 = axes('Parent',figure1);
box('on');
hold('all');

% Create multiple lines using matrix input to plot
plot1 = plot(x1,ymatrix1);
```

该文件的绘图功能与图形窗口中的图形一致。

- Import Data：用于导入数据。
- Save Workspace As：该选项用于将图形窗口中的数据存储为二进制文件，以供其他的编程语言调用。
- Preferences：设置图形窗口的风格，其界面如图 9-8 所示。

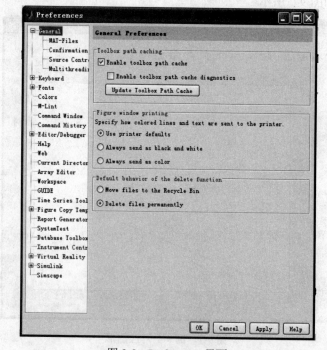

图 9-8　Preferences 界面

- Export Setup：导出设置。可以设置颜色、字体、大小等，可以将图像以多种格式导出，如 emf、bmp、jpg、pdf 等。导出设置的窗口如图 9-9 所示。
- Print Preview：打印预览。
- Print：打印。打开打印对话框。

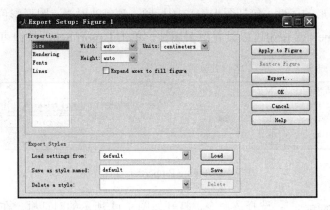

图 9-9　导出设置的窗口

2. Edit 菜单

Edit 菜单中的命令如表 9-1 所示。

表 9-1　图形窗口 Edit 菜单中的命令

命　令	功　能
Undo	撤销
Redo	反撤销
Cut	剪切
Copy	复制
Paste	粘贴
Clear Clipboard	清除剪切板
Delete	删除
Select All	全部选中
Copy Figure	复制图像
Copy Options…	复制选项
Figure Properties…	图像属性
Axes Properties…	坐标轴属性
Current Object Properties…	当前对象属性
Color Map…	颜色表
Find Files…	查找文件
Clear Figure…	清除图形
Clear Command Window	清除命令窗口
Clear Command History	清除命令历史
Clear Workspace	清除工作区

- Copy Options…：将图形复制到剪切板。
- Figure Properties…：选择该命令，打开如图 9-10 所示的对话框。在该对话框中可

以设置图形的属性，包括图形窗口的标题、颜色映射表、图形彩色等，另外，单击 More Properties 按钮可以设置更多属性，单击 Export Setup 按钮可以设置图像导出属性。

图 9-10　Figure Properties 设置界面

● Axes Properties…：选择该命令，打开如图 9-11 所示的对话框。在该窗口中可以设置图形坐标系的属性，包括标题、坐标轴标记、范围等。

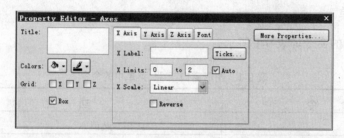

图 9-11　Axes Properties 设置界面

● Current Object Properties…，设置当前对象的属性，即图形中当前选中的对象，包括坐标轴、曲线、图形等。

● Color Map…，用于设置图形的颜色表，关于颜色表的详细信息，可以参考"颜色控制"部分。

3. Insert 菜单

在图像中插入对象，如箭头、直线、椭圆、长方形、坐标轴等。Insert 中的选项及对应的功能如表 9-2 所示。

表 9-2　图形窗口 Insert 菜单的选项

选　　项	功　　能	选　　项	功　　能
X Label	插入 X 轴	Arrow	插入箭头
Y Label	插入 Y 轴	Text Arrow	插入文本箭头
Z Label	插入 Z 轴	Double Arrow	插入双箭头
Title	插入标题	TextBox	插入文本框
Legend	添加图例	Rectangle	插入矩形
Colorbar	添加颜色条	Ellipse	插入椭圆
Line	插入直线	Axes	添加坐标系
Light	亮度控制		

选中上面的选项后，系统自动激活相应的编辑工具，用户可以在图形窗口中绘制、编辑图形。

4. Tools 菜单

Tools 菜单包括一些常用图形工具如：平移、旋转、缩放、视点控制等。另外，Tools 菜单包含了两个数据分析工具：Basic fitting 工具和 Data Statistics 工具，用于对图像中的数据进行基本的分析和拟合等。

数据拟合工具界面如图 9-12 所示。

可以选择相应的拟合方法对图像中数据进行拟合。如对正弦曲线进行二次多项式拟合。首先绘制正弦曲线图像：

```
>> x=0:pi/10:pi;
>> plot(x,sin(x),'-.')
```

在图形窗口中激活曲线拟合工具，选中 quadratic，显示的最终图形如图 9-13 所示。

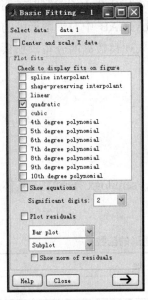 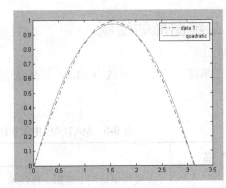

　　　图 9-12　数据拟合工具　　　　　　　　　图 9-13　正弦曲线拟合结果

9.1.3　图形窗口的工具栏

图形窗口的工具栏如图 9-14 所示。

图 9-14　图形窗口的工具栏

其中包含的工具同样存在于菜单栏中，用户可以打开图形窗口，通过鼠标提示，查看这些工具的具体功能。

9.2　基本图形的绘制

MATLAB 语言具有强大的绘图功能，可以方便的绘制二维、三维图形，甚至多维图形。本节介绍基本图形的绘制，包括二维图形和三维图形的绘制。

在 MATLAB 中，绘制一个图形文件，一般的绘图流程有以下几个步骤：

(1) 准备绘图所需数据。

(2) 设置绘图区的位置。

(3) 绘出图形。

(4) 对图形进行属性设置及标注。

(5) 保存和导出图形。

当然以上步骤也不是相对固定的，比如绘图区的位置往往在子图绘制时才需要设置，对曲线属性的标注往往在绘图的时候同时进行。当然 MATLAB 中对于图形中的曲线和标记点格式有默认的设置，所以如果只要画一个简单的图来观察数据的分布，那么只需要进行第一步和第三步就行了。

下面主要介绍二维和三维图形的绘制。

9.2.1　二维图形的绘制

绘制二维图形的主要函数为 plot，另外还有 loglog，semilogx 等函数。具体函数及功能如表 9-3 所示。

表 9-3　MATLAB 中用于绘制二维图形的函数

函 数 名	功　　　能
plot	在线性坐标系中绘制二维图形
loglog	在对数坐标系中绘制二维图形
semilogx	二维图形绘制，x 轴为对数坐标，y 轴为线性坐标
semilogy	二维图形绘制，x 轴为线性坐标，y 轴为对数坐标
plotyy	绘制双 y 轴图形

本节主要介绍 plot 函数。该函数的调用格式为：

- plot(Y)
- plot(X1,Y1,...)
- plot(X1,Y1,LineSpec,...)
- plot(...,'PropertyName',PropertyValue,...)

- plot(axes_handle,...)
- h = plot(...)
- hlines = plot('v6',...)

本节将详细介绍前 3 种格式，对于后面的几种格式，其意义分别如下：

- plot(...,'PropertyName',PropertyValue,...)：利用指定的属性绘制图形，其中 'PropertyName' 用于指定属性名，PropertyValue 用于设置属性值。
- plot(axes_handle,...)：在指定的坐标系中绘制图形。
- h = plot(...)：绘制图形的同时返回图形句柄。
- hlines = plot('v6',...)：返回曲线句柄。

1. plot(Y)

该命令中的 Y 可以是向量、实数矩阵或复数向量。如果 Y 是向量，则以向量的索引为横坐标，以向量元素值为纵坐标绘制图形，以直线段顺序连接各点；如果 Y 是矩阵，则绘制 Y 的各列；如果 Y 是复向量，则以复数的实部为横坐标，虚部为纵坐标绘制图形，即 plot(Y) 相当于 plot(real(Y),imag(Y))，而在其他的绘图格式中复数的虚部会被忽略。见下面两例。

例 9-5　以 0.2 为步长绘制标准正态分布密度函数在[–3,3]之间的图像

在命令窗口中输入如下命令：

```
>> x=[-3:0.2:3];
>> y=1/sqrt(2*pi)*exp(-1/2*x.^2);
>> plot(y)
```

输出图像如图 9-15 所示。

该图显示了正态分布密度函数的形状，但是其横坐标的范围是[0,31]，而不是[–3, 3]，这是因为在绘制图像的过程中是以 y 的索引为横坐标。

例 9-6　对矩阵的绘制：同时绘制均值为 0，方差分别为 1、2 和 3 的正态分布密度函数曲线。

编写 M 文件实现上述功能，文件内容为：

```
% plot N(0,1),N(0,2),N(0,3) by plotting a matrix
clear;
x=[-3:0.2:3]';
for i=1:3
    y(:,i)=1/sqrt(2*pi*i)*exp(-1/(2*i)*x.^2);
end
plot(y);
```

在命令窗口中运行该脚本，输出图形如图 9-16 所示。

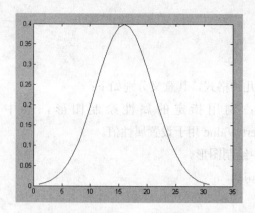

图 9-15　标准正态分布密度函数图像

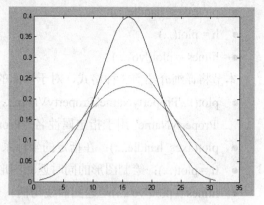

图 9-16　均值为 0，方差分别为 1、2 和 3 的
正态分布密度函数曲线

2. plot(x,y)

该命令中的 x 和 y 可以为向量和矩阵，当 x 和 y 的结构不同时，有不同的绘制方式。

x、y 均为 n 维向量时，以 x 的元素为横坐标，y 的元素为纵坐标绘制图形。

x 为 n 维向量，y 为 $m×n$ 或 $n×m$ 矩阵时，以 x 的元素为横坐标，绘制 y 的 m 个 n 维向量。

x、y 均为 $m×n$ 矩阵时，以 x 的各列为横坐标，y 的对应列为纵坐标绘制图形。下面继续应用上一节的例子，对该命令进行介绍。

例 9-7　用 plot(x,y)绘制标准正态分布密度函数曲线。

与【例 9-1】类似，在窗口中输入下列代码：

```
>> x=[-3:0.2:3];
>> y=1/sqrt(2*pi)*exp(-1/2*x.^2);
>> plot(x,y)
```

该例与【例 9-5】只有一点不同即绘图命令不同，该例输出的图形如图 9-17 所示。从两个图形中比较可以看出，该例的图形横坐标为设置的坐标。

例 9-8　同时绘制均值为 0，方差分别为 1、2 和 3 的正态分布密度函数曲线。将【例 9-6】中的代码最后一行由 plot(y)替换为 plot(x,y)，运行，输出的结果如图 9-18 所示。

3. plot(x,y,LineSpec)

该命令中加入了 LineSpec 参数，用于对图像外观属性的控制，包括线条的形状、颜色和点的形状、颜色。该参数的常用设置选项如表 9-4 所示。

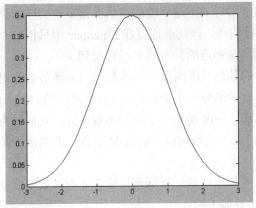

图 9-17 标准正态分布密度函数曲线

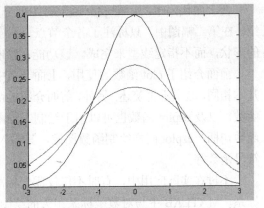

图 9-18 均值为 0,方差分别为 1、2 和 3 的
正态分布密度函数曲线

表 9-4 MATLAB 绘图中的线型及颜色设置

选 项	说 明	选 项	功 能
线型		点的形状	
-	实线(默认设置)	.	点
--	虚线	o	圆
:	点线	*	星号
-.	点划线	+	加号
颜色		x	x 形状(叉)
y	黄色	'square' 或 s	方形
m	紫红色	'diamond' 或 d	菱形
c	蓝绿色	^	上三角
r	红色	v	下三角
g	绿色	<	左三角
b	蓝色(默认)	>	右三角
w	白色	'pentagram' 或 p	正五边形
k	黑色	'hexagram' 或 h	正六边形

例 9-9 将【例 9-7】中的图形画在一幅图像的两个子图中,第一幅以红色虚线绘制,并且用星号标注每个节点,第二幅只用星号标注每个节点,不画出曲线。

在命令窗口中输入如下代码:

```
>> x=[-3:0.2:3];
>> y=1/sqrt(2*pi)*exp(-1/2*x.^2);
>> subplot(1,2,1),plot(x,y,'r--*')
>> subplot(1,2,2),plot(x,y,'r*')
```

得到图像如图 9-19 所示。

在上面代码中，用 subplot 函数将图形分为两个子图，这一功能在后面章节中会详细介绍。在第二幅图中，只标注了各个节点，不连接曲线，该功能通过在 LineSpec 中只指定点的形状，而不指定线型来完成。该功能在绘制向量和点的分布时会经常用到。

前面介绍了 plot 函数的使用，上面一节中的其他二维图形绘制函数与 plot 函数的调用基本相同，这里不再赘述。另外，前面介绍的函数的函数一节中，用于绘制函数图像的 fplot 函数，以及 ezplot 函数也可以用于绘制二维图形。fplot 函数用于绘制函数图像，其输入为函数句柄；ezplot 同样绘制函数图像，其输入可以为函数句柄、函数 M 文件、匿名函数及符号函数等。

不过在实际应用中，有时不仅仅需要标准的等比例刻度坐标系，还需要用对数刻度坐标系。MATLAB 中与对数坐标系相关的绘图函数如下：

(1) semilogx：x 轴采用对数刻度的半对数坐标系绘图函数；

(2) semilogy：y 轴采用对数刻度的半对数坐标系绘图函数；

(3) loglog：x 轴和 y 轴都采用对数刻度的半对数坐标系绘图函数。

例 9-10　对数/半对数坐标系作图。

在命令窗口输入：

```
>> x=0:0.5:20;
>> y=exp(x);
>> subplot(2,2,1);
>> plot(x,y);
>> title('plot');
>> subplot(2,2,2);
>> semilogx(x,y);
>> title('semilogx');
>> subplot(2,2,3);
>> semilogy(x,y);
>> title('semilogy');
>> subplot(2,2,4);
>> loglog(x,y);
>> title('loglog')
```

得到的图形如图 9-20 所示。

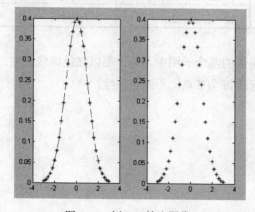

图 9-19　例 9-9 输出图像

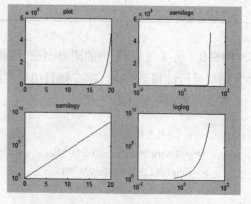

图 9-20　对数/半对数坐标系对比图

9.2.2　三维图形的绘制

三维图形包括三维曲线图和三维曲面图。三维曲线图由函数 plot3 实现，三维曲面图由函数 mesh 和 surf 实现。

1. plot3

MATLAB 中，plot3 用于绘制三维曲线。该函数调用的基本格式如下：

- plot3(X,Y,Z)，其中 X、Y、Z 为向量或矩阵。当 X、Y、Z 为长度相同的向量时，该命令将绘制一条分别以向量 X、Y、Z 为 x、y、z 坐标的空间曲线；当 X、Y、Z 为 $m×n$ 矩阵时，该命令以每个矩阵的对应列为 x、y、z 坐标绘制出 m 条空间曲线。
- plot3(X1,Y1,Z1,LineSpec)，通过 LineSpec 指定曲线和点的属性，LineSpec 的取值与上一节介绍的相同。
- plot3(...,'PropertyName',PropertyValue,...)，利用指定的属性绘制图形。
- h = plot3(...)，绘制图形并返回图形句柄，h 为一个列向量，每个元素对应图像中每个对象的句柄。

例 9-11　利用 plot3 函数绘制三维螺旋线。

在命令窗口中输入如下命令：

```
>> t = 0:pi/50:10*pi;
>> plot3(sin(t),cos(t),t)
>> grid on
>> axis square
```

得到的图形如图 9-21 所示。

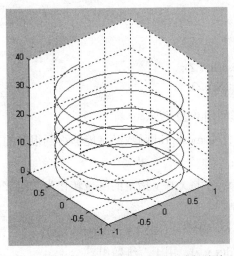

图 9-21　利用 plot3 函数绘制的三维螺旋线

2. mesh 函数和 surf 函数

上一节讲到的 plot3 命令用于绘制三维曲线，但是不能用于绘制曲面。mesh 命令可以绘制出在某一区间内完整的网格曲面，surf 函数可以绘制三维曲面图。这两个函数的调用格式基本相同。

- mesh(X,Y,Z)，surf (X,Y,Z)：绘制出一个网格图(曲面图)，图像的颜色由 Z 确定，即图像的颜色与高度成正比。如果函数参数中，X 和 Y 是向量，length(X) = n，length(Y) = m，size(Z) = [m,n]，则绘制的图形中，(X(j), Y(i), Z(i,j)) 为图像中的各个节点。

- mesh(Z)，surf (Z)：以 Z 的元素为 z 坐标，元素对应的矩阵行和列分别为 x 坐标和 y 坐标，绘制图像。

- mesh(...,C)，surf(...,C)：其中 C 为矩阵。绘制出图像的颜色由 C 指定。MATLAB 对 C 进行线性变换，得到颜色映射表。如果 X，Y，Z 为矩阵，则矩阵维数应该与 C 相同。

见下面的例子。

例 9-12　绘制抛物曲面 $z = x^2 + y^2$ 在 $-1 \le x \le 1$，$-1 \le y \le 1$ 的图像。

在窗口中输入如下命令：

```
>> clear
>> X = -1:0.1:1;
>> Y=X';
>> X1=X.^2;
>> Y1=Y.^2;
>> x=ones(3,1);
>> x=ones(length(X),1);
>> y=ones(1,length(Y));
>> X1=x*X1;
>> Y1=Y1*y;
>> Z=X1+Y1;
>> subplot(1,2,1),mesh(X,Y,Z);
>> subplot(1,2,2),surf(X,Y,Z);
```

上述代码生成的图形如图 9-22 所示。

在绘制三维曲面时，使用 meshgrid 函数经常能够得到很多的方便。该函数用于生成 X 和 Y 数组，其用法如下：

- [X,Y] = meshgrid(x,y)，将 x 和 y 指定的区域转化为数组 X 和 Y，X 的行为 x 的复制，Y 的列为 y 的复制。

- [X,Y] = meshgrid(x)，相当于[X,Y] = meshgrid(x,x)。

- [X,Y,Z] = meshgrid(x,y,z)，用于三维数组。

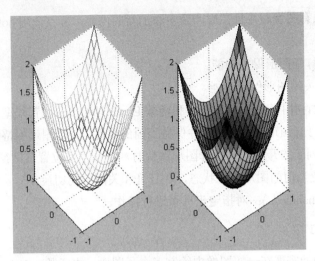

图 9-22　抛物曲面的网格图和表面图

通过 meshgrid 函数，上例中的代码可以简化为：

```
>> [X,Y] = meshgrid([-1:0.1:1]);
>> Z = X.^2+Y.^2;
>> subplot(1,2,1),mesh(X,Y,Z);
>> subplot(1,2,2),surf(X,Y,Z);
```

用于绘制三维曲面的其他函数如表 9-5 所示。

表 9-5　MATLAB 中的三维曲面绘制函数

函　　数	功　　能
mesh	绘制三维网格图
surf	绘制三维表面图
meshc	绘制带有等值线的三维网格图
meshz	在图形周围绘制相关直线
trimesh	绘制三角形网格图
surfc	绘制带有等值线的三维表面图
trisurf	绘制三角形表面图

9.2.3　图形的其他操作

前面介绍了基本的图形绘制命令，可以绘制简单图形，为了更好的绘制效果，还需要更多的图形控制。本节介绍一些简单的图形控制。

1. 图形保持

当采用绘图命令时，MATLAB 默认在当前图形窗口中绘制图像，如果不存在图形窗口，则新建一个图形窗口。此时，如果该窗口中已经存在图像，则将其清除，绘制新的图像。如果要保持原有图像，并且在原图像中添加新的内容，可以使用 hold 命令。该命令的用法如下：

- hold on：打开图形保持功能。
- hold off：关闭图形保持功能。
- hold all：当利用函数 ColorOrder 和函数 LineStyleOrder 设置线型和颜色列表时，该命令用于打开图形保持功能，并保持当前的属性。关闭图形保持时，下一条绘图命令将回到列表的开始处；打开图形保持时，将从当前位置继续循环。
- hold：改变当前的图形保持状态，在打开和关闭中间切换。
- hold(axes_handle,...)：对指定坐标系进行操作。

2. 图形子窗口

图形子窗口功能实现在一幅图像中绘制多个子图像，由函数 subplot 实现。subplot 函数将图形窗口分割为多个矩形子区域，在指定的子区域中绘制图像，各个区域按行排列。该函数的使用方法如下：

- subplot(m,n,p)、subplot(mnp)：将图像分为 $m \times n$ 个子区域，在第 p 个区域中绘制图像，并返回该坐标系的句柄，如果 p 是一个向量，则返回的坐标系句柄所占有的区域为 p 指定的区域的合并。
- subplot(m,n,p,'replace')：如果在指定区域已经存在坐标系，则将其删除并用新的坐标系代替。
- subplot(m,n,p,'v6')：在指定绘图区域设置坐标系，并且自动排布绘图区间，允许坐标轴和各标记之间重合。
- subplot(h)：在由句柄 h 指定的坐标系中绘制图形。
- subplot('Position',[left bottom width height])：在指定的位置绘制坐标系，位置由四个元素指定，分别指定绘图区间左下角的横纵坐标和绘图区域的宽度和高度。
- h = subplot(...)：指定绘图子区域，并返回句柄。

3. 坐标轴控制

在默认情况下，MATLAB 会根据绘图命令和数据自动选择坐标轴，用户也可以指定坐标轴，满足特殊的需求。在 MATLAB 中，坐标轴由函数 axis 控制。该函数的用法如下：

- axis([xmin xmax ymin ymax])：指定当前图像中 x 轴和 y 轴的范围。
- axis([xmin xmax ymin ymax zmin zmax cmin cmax])：指定当前图像中 x 轴、y 轴和 z 轴的范围。
- v = axis：返回当前图像中 x 轴、y 轴和 z 轴的范围，当图像是二维时，返回结果包括四个元素，当图像是三维时，返回结果包括六个元素。
- axis auto：设置自动选择坐标轴，MATLAB 根据 x、y、z 数据的最大最小值自动选择坐标轴的范围。用户还可以对指定的坐标轴设置自动选择，如命令"auto x"自动设置 x 轴，命令"auto yz"自动设置 y 轴和 z 轴。

- axis manual：锁定当前的坐标轴上下限，因此，如果当前设置为 hold on，则下一图像采用和当前相同的坐标轴。
- axis tight：设置坐标轴的范围为数据的范围。
- axis fill：将坐标轴的范围和参数 PlotBoxAspectRatio 的值设置为填充绘图位置的矩形区域。该设置只有当参数 PlotBoxAspectRatioMode 或者 DataAspectRatioMode 为手动时生效。
- axis ij：采用的坐标系为图像坐标系，其中 i 为横坐标，j 为纵坐标，i 的值从上到下增长，j 的值从左到右增长。
- axis xy：在默认的笛卡尔坐标系中绘制图像，x 轴为横轴，y 轴为纵轴，x 的值从左到右增长，y 的值从下到上增长。
- axis equal：设置等刻度坐标轴，各坐标轴的刻度相同，范围由数据确定。
- axis image：与 axis equal 相同，设置等刻度坐标轴，同时绘制图像的区域与数据的范围相同。
- axis square：设置坐标系为等长坐标系，即各坐标轴的长度相同，各坐标轴的刻度根据数据范围自动选择。
- axis vis3d：锁定当前绘图区域的坐标轴比例，因此在三维旋转时忽略拉伸填充功能。
- axis normal：选择自动调整图像中坐标轴的范围和尺度，使得图像尽量的符合绘图区域。
- axis off：隐藏坐标轴及所有相关的标记。
- axis on：显示坐标轴及所有相关的标记。
- axis(axes_handles,...)：设置指定的坐标轴。
- [mode,visibility,direction] = axis('state')：返回坐标轴的状态，其中返回的三个参数返回值分别为：mode，auto 或 manual；visibility，on 或 off；direction，xy 或 ij。
- box on：显示当前坐标轴的边界线。
- box off：隐藏当前坐标轴的边界线。
- grid on：显示当前坐标轴下的网格线。
- grid off：隐藏当前坐标轴下的网格线。

9.3　特殊图形的绘制

除了常规的二维图形和三维图形外，为了满足一些特殊的要求，MATLAB 还提供了一些特殊图形的绘制功能，如条形图、饼状图、图像直方图等。本节将介绍这些特殊图形的绘制。

9.3.1 条形图和面积图(Bar and Area Graphs)

MATLAB 中主要有 4 个函数用于绘制条形图，如表 9-6 所示。

表 9-6 MATLAB 中绘制条形图的函数

函　　数	说　　明	函　　数	说　　明
bar	绘制纵向条形图	bar3	绘制三维纵向条形图
barh	绘制横向条形图	bar3h	绘制三维横向条形图

下面介绍这些函数的应用。

1. bar 和 barh

函数 bar 和 barh 用于绘制二维柱状图，分别绘制纵向和横向图形。这两个函数的用法相同，下面以 bar 函数为例介绍这两个函数的用法。

在默认情况下，bar 函数绘制的条形图将矩阵中的每个元素表示为"条形"，横坐标上的位置表示不同行，"条形"的高度表示元素的大小。在图形中，每一行的元素会集中在一起。

bar 函数的调用格式讲解如下。

- bar(Y)：对 Y 绘制条形图。如果 Y 为矩阵，Y 的每一行聚集在一起。横坐标表示矩阵的行数，纵坐标表示矩阵元素值的大小。
- bar(x,Y)：指定绘图的横坐标。x 的元素可以非单调，但是 x 中不能包含相同的值。
- bar(...,width)：指定每个条形的相对宽度。条形的默认宽度为 0.8。
- bar(...,'style')：指定条形的样式。style 的取值为"grouped"或者"stacked"，如果不指定，则默认为"grouped"。两个取值的意义分别为：
  ◊ grouped：绘制的图形共有 m 组，其中 m 为矩阵 Y 的行数，每一组有 n 个条形，n 为矩阵 Y 的列数，Y 的每个元素对应一个条形。
  ◊ stacked：绘制的图形有 m 个条形，每个条形为第 m 行的 n 个元素的和，每个条形由多个(n 个)色彩构成，每个色彩对应相应的元素。
- bar(...,'bar_color')：指定绘图的色彩，所有条形的色彩由"bar_color"确定，"bar_color"的取值与 plot 绘图的色彩相同。

下面以具体实例观察上述命令的效果。

例 9-13 bar 函数和 barh 函数的绘图效果。

创建 M 文件，命名为 plotbar，其内容为：

```
% bar and barh
A=ceil(rand(5,3)*10);
x=[1,3,6,7,5];
subplot(2,3,1),bar(A),title('bar');
```

```
subplot(2,3,2),bar(x,A),title('specify the x label');
subplot(2,3,3),bar(A,1.5),title('width=1.5');
subplot(2,3,4),bar(A,'stacked'),title('stacked');
subplot(2,3,5),barh(A),title('barh: default');
subplot(2,3,6),barh(A,'stacked'),title('barh: stacked');
```

在命令窗口中运行该文件，得到结果如图 9-23 所示。

2. bar3，bar3h

bar3 和 bar3h 用于绘制三维柱状图，分别绘制纵向图形和横向图形。这两个函数的用法相同，并且与函数 bar 和 barh 的用法类似，读者可以和 bar 函数和 barh 函数进行比较学习。下面以 bar3 函数为例介绍这两个函数的用法。bar3 函数的调用格式如下：

- bar3(Y)，绘制三维条形图，Y 的每个元素对应一个条形，如果 Y 为向量，则 x 轴的范围为[1:length(Y)]；如果 Y 为矩阵，则 x 轴的范围为 [1:size(Y,2)]，即为矩阵 Y 的列数，图形中，矩阵每一行的元素聚集在相对集中的位置。
- bar3(x,Y)，指定绘制图形的行坐标，规则与 bar 函数相同。
- bar3(...,width)，指定条形的相对宽度，规则与 bar 函数相同。
- bar3(...,'style')，指定图形的类型，"style" 的取值可以为 "detached"、"grouped" 或 "stacked"，其意义分别如下：
  ◇ detached，显示 Y 的每个元素，在 x 方向上，Y 的每一行为一个相对集中的块。
  ◇ grouped，显示 m 组图形，每组图形包含 n 个条形，m 和 n 分别对应矩阵 Y 的行和列。
- stacked，意义与 bar 中的参数相同，将 Y 的每一行显示为一个条形，每个条形包括不同的色彩，对应于该行的每个元素。
- bar3(...,LineSpec)，将所有的条形指定为相同的颜色，颜色的可选值与 plot 函数的可选值相同。

见下面的例子，查看上述命令绘制图形的效果。

例 9-14　bar3 函数和 bar3h 函数的图形效果。

绘制矩阵 $A=\begin{pmatrix} 2 & 6 & 9 \\ 7 & 5 & 7 \\ 4 & 9 & 4 \\ 9 & 9 & 3 \\ 9 & 7 & 4 \end{pmatrix}$ 的三维条形图。

新建脚本文件，命名为 eg_bar3，内容为：

```
A=[ 2    6    9
    7    5    7
    4    9    4
    9    9    3
    9    7    4];
```

```
subplot(2,2,1),bar3(A,'detached'),title('detached');
subplot(2,2,2),bar3(A,'grouped'),title('grouped');
subplot(2,2,3),bar3(A,'stacked'),title('stacked');
subplot(2,2,4),bar3h(A,'detached'),title('detached');
```

在命令窗口中执行该脚本，得到图形如图 9-24 所示。

上面介绍了二维条形图和三维条形图的绘制，下面介绍另一种图形：填充图。填充图绘制向量构成的曲线，或者当输入参数为矩阵时，绘制矩阵的每一列为一条曲线，并填充曲线间的区域。填充图可以直观显示向量的每个元素，或矩阵的每一列对总和的贡献大小。填充图由函数 area 绘制，下面介绍该函数的用法。该函数的调用格式如下：

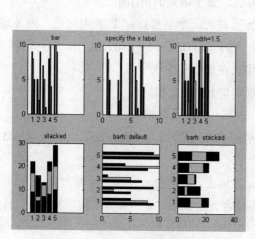

图 9-23　条形图绘制实例

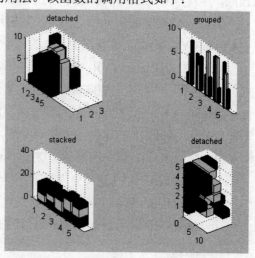

图 9-24　bar3 函数 和 bar3h 函数的图形效果

- area(Y)，绘制向量 Y 或矩阵 Y 各列的和。
- area(X,Y)，若 X 和 Y 是向量，则以 X 中的元素为横坐标，Y 中元素为纵坐标绘制图像，并且填充线条和 x 轴之间的空间；如果 Y 是矩阵，则绘制 Y 每一列的和。
- area(...,basevalue)，设置填充的底值，默认为 0。

下面以具体例子看图形绘制的效果。

例 9-15　area 函数的绘图效果。

仍以【例 9-14】中的矩阵 A 为例。在命令窗口中输入如下命令：

```
>> subplot(1,3,1),area(A),title('area plot of A');
>> subplot(1,3,2),area(A,3),title('basevalue = 3');
>> subplot(1,3,3),area([1 3 6 8 9],A),title('x=[1 3 6 8 9]');
```

得到图像如图 9-25 所示。

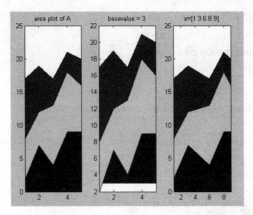

图 9-25　area 函数的绘图效果

9.3.2　饼状图(Pie Charts)

饼状图是一种统计图形，用于显示每个元素占总体的百分比，最常见的如磁盘容量统计图。在 MATLAB 中，函数 pie 和 pie3 分别用于绘制二维和三维饼状图。这两个函数的用法基本相同，下面以 pie 函数为例介绍饼状图的绘制。函数 pie 的调用格式如下：

- pie(X)，绘制 X 的饼状图，X 的每个元素占有一个扇形，其顺序为从饼状图上方正中开始，逆时针为序，分别为 X 的各个元素，如果 X 为矩阵，则按照各列的顺序排列。在绘制饼状图时，如果 X 的元素和大于 1，则按照每个元素所占有的百分比绘制图形；如果 X 的元素的和小于 1，则按照每个元素的值绘制图形，绘制的图形不是一个完整的圆形。
- pie(X,explode)，参数 explode 设置相应的扇形偏离整体图形，用于突出显示。explode 一个与 X 维数相同的向量或矩阵，其元素为 0 或者 1，非 0 元素对应的扇形从图形中偏离。
- pie(...,labels)，标注图形，labels 为元素为字符串的单元数组，元素个数必须与 X 的个数相同。

下面看饼状图的绘制效果。

例 9-16　磁盘的可用空间为 10.1G，已用空间为 14.9G，绘制磁盘空间的饼状图，并标记为"可用空间"和"已用空间"。

在命令窗口中输入下面代码：

```
x=[10.1 14.9];
pie(x,{'可用空间','已用空间'});
```

输出图形如图 9-26 所示。

pie3 函数用于绘制三维饼状图，其用法与 pie 函数完全相同。其效果见下面的实例。

例 9-17　A、B、C 三人在比赛中得票总数分别为 356、588 和 569，绘制三人得票情况的三维饼状图，并突出显示得票最多的人。

编写 M 文件，其内容为：

```
% the example of the function pie3
X=[356,588,569];
[m_v,m_i]=max(x);
explode=zeros(size(X));
explode(m_i)=1;
pie3(X,explode,{'A','B','C'});
```

在命令窗口中执行该文件，输出图形如图 9-27 所示。

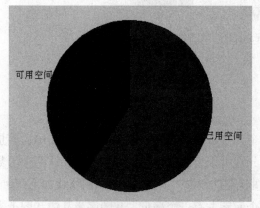　　　　　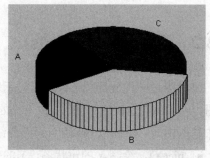

　　　图 9-26　磁盘使用空间的饼状图　　　　　　　　图 9-27　三维饼状图

9.3.3　直方图

直方图可以直观地显示数据的分布情况。本节介绍直方图的绘制。

MATLAB 中有两个函数可以绘制直方图：hist 和 rose，分别用于在直角坐标系和极坐标系中绘制直方图。hist 函数的应用更为广泛一些，因此，本节主要介绍 hist 函数的应用，关于 rose 函数，有兴趣的读者可以参阅 MATLAB 帮助文档。

● n = hist(Y)，绘制 Y 的直方图。

● n = hist(Y,x)，指定直方图的每个分格，其中 x 为向量，绘制直方图时，以 x 的每个元素为中心创建分格。

● n = hist(Y,nbins)，指定分格的数目。

下面以实例说明 hist 函数的绘图效果。

例 9-18　绘制随机生成的正态分布数据的直方图。

在命令窗口中输入如下代码：

```
>> x=randn(1000,1);
>> subplot(1,3,1),hist(x),title('default histogram');
>> subplot(1,3,2),hist(x,20),title('bin=20');
>> x_axis=[-3:0.5:-2,-2:0.25:-1,-1:0.1:1,1:0.25:2,2:0.5:3];
>> subplot(1,3,3),hist(x, x_axis),title(' x label ');
```

输出图形如图 9-28 所示。

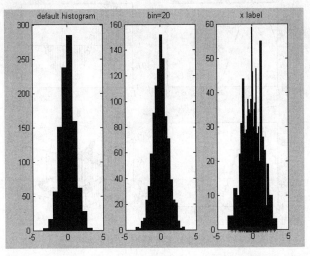

图 9-28　随机生成的正态分布数据的直方图

9.3.4　离散型数据图

MATLAB 中提供了一些函数用于绘制离散数据，如表 9-7 所示。

表 9-7　用于离散数据绘图的函数

函　　数	功　　能
stem	绘制二维离散图形
stem3	绘制三维离散图形
stairs	绘制二维阶跃图形

下面仅以实例显示各函数绘制图形的效果。

例 9-19　离散数据的绘制。

```
>> x=[0:10:360]*pi/180;
>> y=sin(x);
>> subplot(2,2,1),plot(x,y),title('a');
>> subplot(2,2,2),stem(x,y),title('b');
>> subplot(2,2,3),stairs(x,y),title('c');
>> t = 0:.1:10;
>> s = 0.1+i;
>> y = exp(-s*t);
>> subplot(2,2,4),stem3(real(y),imag(y),t),title('d');
```

得到图形如图 9-29 所示，其中 a、b 和 c 分别为正弦函数的曲线图、离散图和阶梯图；d 为螺旋曲线的离散图。

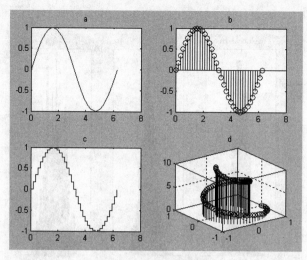

图 9-29　离散数据绘图示例

9.3.5　方向矢量图和速度矢量图

MATLAB 可以绘制方向矢量图和速度矢量图，本节介绍方向矢量图和速度矢量图的绘制。用于绘制方向矢量图和速度矢量图的函数如表 9-8 所示。

表 9-8　MATLAB 中绘制方向矢量图和速度矢量图的函数

函　　数	功　　能
compass	罗盘图，绘制极坐标图形中的向量
feather	羽状图，绘制向量，向量起点位于与 x 轴平行的直线上，长度相等
quiver	二维矢量图，绘制二维空间中指定点的方向矢量
quiver3	三维矢量图，绘制三维空间中指定点的方向矢量

在上述函数中，矢量由一个或两个参数指定，指定矢量相对于圆点的 x 分量和 y 分量。如果输入一个参数，则将输入视为复数，复数的实部为 x 分量，虚部为 y 分量；如果输入两个参数，则两个参数分别为向量的 x 分量和 y 分量。

下面对这些图形做详细介绍。

1. 罗盘图的绘制

MATLAB 中，罗盘图由函数 compass 绘制，该函数的调用格式如下：

- compass(U,V)，绘制罗盘图，数据的 x 分量和 y 分量分别由 U 和 V 指定。
- compass(Z)，绘制罗盘图，数据由 Z 指定。
- compass(...,LineSpec)，绘制罗盘图，指定线型。
- compass(axes_handle,...)，在 "axes_handle" 指定的坐标系中绘制罗盘图。
- h = compass(...)，绘制罗盘图，同时返回图形句柄。

下面以一个例子介绍罗盘图的绘制，绘制风向图。

例 9-20 风向图的绘制。

```
>> wdir = [45 90 90 45 360 335 360 270 335 270 335 335]; %初始化风向，用角度表示
>> knots = [6 6 8 6 3 9 6 8 9 10 14 12];                    %初始化风力
>> rdir = wdir * pi/180;                                     %将角度转化为弧度
>> [x,y] = pol2cart(rdir,knots);                             %将极坐标转化为笛卡尔坐标
>> compass(x,y)                                              %绘制罗盘图
```

得到的图形如图 9-30 所示。

2. 羽状图的绘制

羽状图由函数 feather 绘制，该函数的调用格式如下：

● feather(U,V)，绘制由 U 和 V 指定的向量。
● feather(Z)，绘制由 Z 指定的向量。
● feather(...,LineSpec)，指定线型。
● feather(axes_handle,...)，在指定的坐标系中绘制羽状图。
● h = feather(...)，绘制羽状图，同时返回图像句柄。

例 9-21 绘制羽状图，在图形中显示角 θ 的方向。

```
>> compass(A)
>> theta = (-90:10:90)*pi/180;
>> r = 2*ones(size(theta));
>> [u,v] = pol2cart(theta,r);
>> feather(u,v);
```

得到的图形如图 9-31 所示。

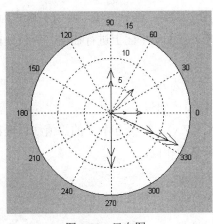

图 9-30 风向图

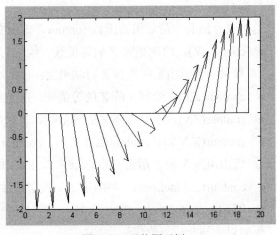

图 9-31 羽状图示例

3. 矢量图的绘制

MATLAB 中可以绘制二维矢量图和三维矢量图。矢量图在空间中指定点绘制矢量。

用于绘制二维矢量图和三维矢量图的函数分别为：quiver 和 quiver3，两个函数的调用格式基本相同，下面仅以二维矢量图为例，介绍矢量图的绘制。函数 quiver 的主要调用格式如下：

- quiver(x,y,u,v)，绘制矢量图，参数 x 和 y 用于指定矢量的位置，u 和 v 用于指定待绘制的矢量。
- quiver(u,v)，绘制矢量图，矢量的位置采用默认值。

矢量图通常绘制在其他图形中，显示数据的方向，如在梯度图中绘制矢量图用于显示梯度的方向。关于矢量图的具体实例我们将在等值线一节中进行介绍。

9.3.6　等值线的绘制(Contour Plots)

等值线在实际中常有应用，如地形图、气压图等。本节介绍等值线的绘制。MATLAB 中提供了一些函数用于绘制等值线，这些函数及其功能如表 9-9 所示。

表 9-9　MATLAB 中用于绘制等值线的函数

函　　数	功　　能
clabel	在二维等值线中添加高度值
contour	绘制指定数据的二维等值线
contour3	绘制指定数据的三维等值线
contourf	绘制二维等值线，并用颜色填充各等值线之间的区域
contourc	用于计算等值线矩阵，通常由其他函数调用
meshc	绘制二维等值线对应的网格图
surfc	绘制二维等值线对应的表面图

这里仅介绍其中最常用的函数 contour，该函数用于绘制二维等值线，其调用格式为：

- contour(Z)，绘制矩阵 Z 的等值线，绘制时将 Z 在 x-y 平面上进行插值，等值线的数量和数值由系统根据 Z 自动确定；
- contour(Z,n)，绘制矩阵 Z 的等值线，等值线数目为 n；
- contour(Z,v)，绘制矩阵 Z 的等值线，等值线的值由向量 v 确定；
- contour(X,Y,Z)、contour(X,Y,Z,n)、contour(X,Y,Z,v)，绘制矩阵 Z 的等值线，坐标值由矩阵 X 和 Y 指定，矩阵 X、Y、Z 的维数必须相同。
- contour(...,LineSpec)，利用指定的线型绘制等值线。
- [C,h] = contour(...)，绘制等值线，同时返回等值线矩阵和图形句柄。

下面以实例介绍等值线的绘制。

例 9-22　绘制 peaks 函数的等值线，并绘制梯度图。

在命令窗口中输入如下命令，首先绘制该函数的等值线图形：

```
>> n = -2.0:.2:2.0;
```

```
>> [X,Y,Z] = peaks(n);
>> contour(X,Y,Z,10)
```

得到图形如图 9-32 所示。

继续在该图形中添加梯度场图像，输入如下命令：

```
>> [U,V] = gradient(Z,.2);
>> hold on
>> quiver(X,Y,U,V)
```

得到的图形如图 9-33 所示。

上例中绘制了简单的等值线图形，并在其中添加了梯度场。关于等值线的更多绘制方法，有兴趣的读者可以参考 MATLAB 帮助文档。

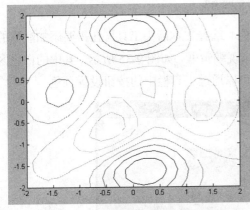
图 9-32　peaks 函数的等值线

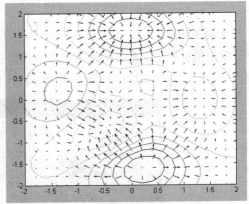
图 9-33　peaks 函数的等值线及梯度

9.4　图 形 注 释

为图形添加注释能够增加图形的可读性，增强图形传递信息的能力。本节介绍 MATLAB 的图形注释功能，包括以下几方面：

- 在图形中添加基本注释，包括文本框、线条、箭头、框图等。
- 为图形添加其他注释，如标题、坐标轴、颜色条、图例等。

9.4.1　添加基本注释

本节介绍基本注释的添加，包括线头、箭头、文本框和用矩形或椭圆圈画出重要区域。这些注释的添加可以通过图形注释工具栏直接完成。

例 9-23　在图 9-14 中添加注释，标注出其中工具按钮的功能。

首先将该图片读入，显示在图形窗口中。假设该图片已经存储于路径 "C:\MATLAB\R2007b\images" 下，文件名为 "toolbar. bmp"，在 MATLAB 命令窗口中输入如下命令：

>> I=imread('C:\MATLAB\R2007b\images\toolbar.bmp');
>> imshow(I);

显示图形如图 9-34 所示。

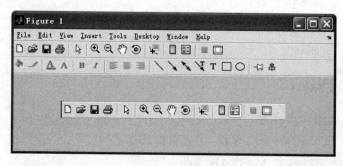

图 9-34　工具栏的图形

下面在图形中用文本箭头标志各工具的功能。选择文本箭头工具，在需要添加注释的位置单击鼠标左键，则在图形中出现箭头，并出现编辑框。如图 9-35 所示，其中的白色区域为编辑框，在编辑框中输入文本内容，并且可以通过工具栏中的按钮设置颜色。

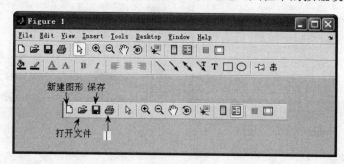

图 9-35　在图形中添加文本注释

全部标记后的结果如图 9-36 所示。

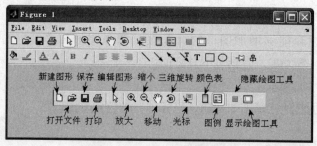

图 9-36　标记完成之后的图形

上图中用文本箭头对图形注释工具栏的图形进行了注释，并用椭圆形圈画了文本箭头。同样的功能也可以通过命令行语句完成，利用函数 annotation 也可以完成上述功能。该函数的调用格式为：

annotation(annotation_type,x,y) 或　annotation(annotation_type, [x y w h])，其中 annotation_type 用于指定注释的种类，第二个参数用于指定添加注释的位置和区域的大小。

如果用 x 和 y 指定，则 x 和 y 分别为起点和终点的 x 坐标和 y 坐标；如果用[x y w h] 指定，则 x 和 y 为位置坐标，w 和 h 为区域的大小。不同的注释类型应选择相应的参数。annotation_type 的可选值及对应的第二个参数如表 9-10 所示。

表 9-10　annotation_type 的可选值及对应的第二个参数

参　　数	功　　能	对应的第二个参数
line	插入直线	x,y
arrow	箭头	x,y
doublearrow	双箭头	x,y
textarrow	文本箭头	x,y
textbox	文本框	[x y w h]
ellipse	椭圆	[x y w h]
rectangle	矩形	[x y w h]

9.4.2　添加其他注释

上节介绍了基本注释的添加，本节介绍包括标题、坐标轴、颜色条和图的注释。

1. 添加标题

在 MATLAB 图形中，标题位于图形的顶部，是一个文本串。标题与文本注释不同，文本注释可以位于图形中的任何部分，而标题不随图形的改变而改变。

在 MATLAB 中，为图形添加标题的方式有三种，下面以正弦函数和余弦函数图像为例介绍这三种方法。

首先绘制正弦函数和余弦函数曲线，在命令窗口中输入如下命令：

```
>> x=[0:pi/10:2*pi];
>> figure,plot(x,sin(x));
>> hold on;
>> plot(x,cos(x),'-.');
```

得到图像如图 9-37 所示。

下面为该图像添加标题。

方法一：通过 Insert 菜单添加。选择 Insert 菜单中的 Title 命令，MATLAB 在坐标轴顶部创建一个文本框，在文本框中输入标题内容，输入完成后，单击文本框外的任何位置即完成标题的添加。

方法二：通过属性编辑器添加标题。

通过属性编辑器添加标题的步骤如下所示。

(1) 激活属性编辑器：单击工具栏中的“编辑图形”按钮，将图形设置为编辑模式，在图像空白处双击鼠标，激活属性编辑器，或者通过 View 菜单中的 Property Editor 激活，激活后如图 9-38 所示。

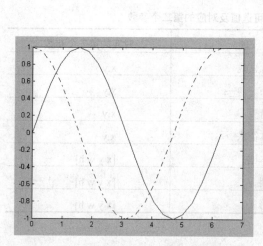

图 9-37　正弦函数和余弦函数曲线

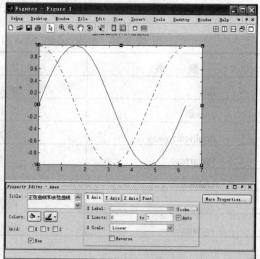

图 9-38　属性编辑器界面

在 Title 输入框中输入标题，输入后单击图像中的任意部位完成标题的添加，如图 9-39 所示。

方法三：通过命令语句添加。MATLAB 中通过 title 函数可以在图像中添加标题，在前面的绘图例子中已经涉及到过该函数的应用，该函数的基本用法为：title('string')，在图像的顶部正中添加标题，标题内容由字符串 string 指定。

在命令窗口中输入：

>> title('正弦曲线和余弦曲线');

得到和图 9-39 相同的效果。

利用函数方式添加标题的方法可用在编写程序中实现图像的自动完成，并且可以多次执行。

2. 添加坐标轴标注

添加坐标轴标注的方法与添加标题的方法基本相同。添加坐标轴也可以通过 Insert 菜单、属性编辑器和函数三种方式完成，这里只介绍函数方式。

用于添加坐标轴标注的函数有 xlabel、ylabel 和 zlabel，调用格式与 title 函数基本相同，下面向上节的图像中添加坐标轴标注，将 x 轴标注为 "$x(0-2\pi)$"，y 轴标注为 "$y:\sin(x)/\cos(x)$"。在命令窗口中输入如下命令：

>> xlabel('x(0-2\pi)');
>> ylabel('y:sin(x)/cos(x)');

输出图形如图 9-40 所示。

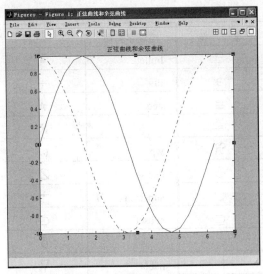

图 9-39　添加标题后的图像

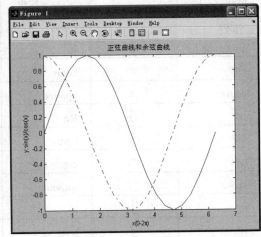

图 9-40　在图 9-39 中添加标注后的图像

在上面的例子中我们输入了特殊符号"π"，在命令中以"\pi"的方式输入，其中的"\"为转义符，可以将后面的字符串自动转化为特殊字符。MATLAB 中的常用特殊字符及其对应的控制字符串如表 9-11 所示。

表 9-11　MATLAB 中的常用特殊字符及其对应的控制字符串

控制字符串	字　符	控制字符串	字　符	控制字符串	字　符
\alpha	α	upsilon	υ	sim	~
\beta	β	phi	ϕ	leq	$\leq$
\gamma	γ	chi	χ	infty	∞
\delta	δ	psi	φ	clubsuit	♣
\epsilon	ε	omega	ω	diamondsuit	♦
\zeta	ζ	Gamma	Γ	heartsuit	♥
\eta	η	Delta	Δ	spadesuit	♠
\theta	θ	Theta	Θ	leftrightarrow	↔
\vartheta	ϑ	Lambda	Λ	leftarrow	←
\iota	ι	Xi	Ξ	uparrow	↑
\kappa	κ	Pi	Π	rightarrow	→
\lambda	λ	Sigma	Σ	downarrow	↓
\mu	μ	Upsilon	Υ	circ	°
\nu	ν	Phi	Φ	pm	±
\xi	ξ	Psi	Ψ	geq	$\geq$
\pi	π	Omega	Ω	propto	$\propto$
\rho	ρ	forall	$\forall$	partial	∂

(续表)

控制字符串	字　符	控制字符串	字　符	控制字符串	字　符
\sigma	σ	exists	$\exists$	bullet	$\bullet$
\varsigma	ς	ni	$\ni$	div	$\div$
\tau	τ	cong	$\cong$	neq	$\neq$
\equiv	$\equiv$	approx	$\approx$	aleph	$\aleph$
\Im	$\Im$	Re	$\Re$	wp	$\wp$
\otimes	$\otimes$	oplus	$\oplus$	oslash	$\oslash$
\cap	$\cap$	cup	$\cup$	supseteq	$\supseteq$
\supset	$\supset$	subseteq	$\subseteq$	subset	$\subset$
\int	$\int$	in	$\in$	o	o
\rfloor	$\rfloor$	lceil	$\lceil$	nabla	∇
\lfloor	$\lfloor$	cdot	$\cdot$	ldots	$\ldots$
\perp	$\perp$	neg	$\neg$	prime	$'$
\wedge	$\wedge$	times	$\times$	0	$\varnothing$
\rceil	$\rceil$	surd	$\surd$	mid	
\vee	$\vee$	varpi	ϖ	copyright	$\copyright$
\langle	$\langle$	rangle	$\rangle$		

3. 添加图例

图例可以对图像中的各种内容做出注释。每幅图像可以包含一个图例。添加图例可以通过界面方式和命令方式完成：

(1) 通过 Insert 菜单中的 Legend 选项添加或通过工具栏的 Insert Legend 添加图例；

(2) 可以通过函数 legend 添加图例。

下面分别介绍这两种方法。

● 通过界面添加

我们以上节中的正弦曲线和余弦曲线图为例，介绍图例的添加。

设置图像为编辑模式。单击工具栏中的图例按钮，或者选择 Insert 菜单中的 Legend 选项，则 MATLAB 自动在图像中生成图例，每条曲线对应图例的一项，图例中的标志为曲线对应的线型和颜色，注释默认为 data1、data2…等，如图 9-41 所示。

接下来对图例中的文字进行编辑，在需要编辑的文本上双击，出现光标提示输入，输入新的文本内容，如图 9-42 所示。

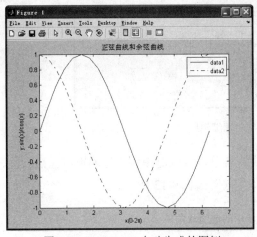

图 9-41 MATLAB 自动生成的图例

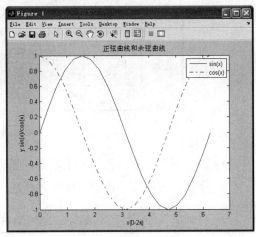

图 9-42 对图例文字编辑后

添加图例后可以对图例进行编辑，如改变图例的位置、改变图例的外观或删除图例。

◇ 改变图例位置：将图形设置为编辑模式，单击选中图例。接下来可以用下面三种
方式设置图例的位置：(1)按住鼠标左键将图例拖动到目标位置处，释放鼠标则完
成位置重置；(2)在图例上右击，弹出快捷菜单，如图 9-43 所示。将鼠标放置在
Location 处，选择适应的位置选项；(3)单击右键弹出快捷菜单，如图 9-43 所示。
打开属性编辑器，如图 9-44 所示，在属性编辑器中设置图例的位置。

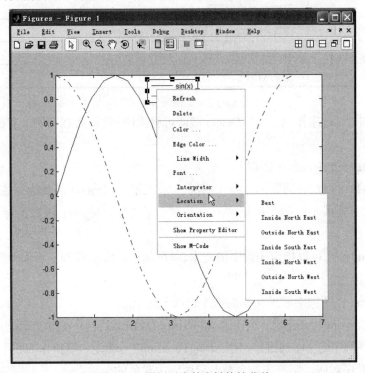

图 9-43 图例对应的右键快捷菜单

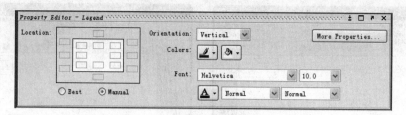

图 9-44　通过属性编辑器编辑图例

◊　改变图例外观：在图例上右击，弹出快捷菜单，可以对图例进行编辑，包括颜色、
字体、方向等，该菜单中的各个选项及其意义如表 9-12 所示。

表 9-12　图例右键菜单中的选项及意义

选　项	意　义
Delete	删除图例
Color	颜色，设置图例的背景颜色
EdgeColor	设置边框颜色
LineWidth	设置线条宽度
Font	设置字体
Interpreter	选择解析方式，tex 或者 latex 方式对特殊字符进行理解
Location	设置图例的位置
Orientation	设置图例的方向，可以为纵向或者横向
Show Property Editor	显示属性编辑器
Show M-code	显示 M 代码

◊　删除图例：选中图例，按下 Delete 键即可删除图例，或者在图例上右击，选择 Delete
命令。

● 通过 legend 函数添加图例

legend 函数可以在任何图形上添加图例。对于曲线，legend 函数为每条曲线生成一个
标志，该标志包括线型示例、标记和颜色；对于填充图，legend 函数的标记为该区域的
颜色。

通过 legend 函数可以指定图例中的文本、对图例进行显示控制或者编辑图例的属性等。
下面介绍这些应用。

利用 legend 在图例中添加文本的指令有以下几个。

◊　legend('string1','string2',...)、legend(h,'string1','string2',...)，在(h 指定的)图像中添加图
例，图例中的文本通过字符串 string1、string2 等指定，字符串的顺序与图形对象绘
制的顺序对应，字符串的个数对应图例中对象的个数。

◊　legend(string_matrix)、legend(h,string_matrix)，在(h 指定的)图像中添加图例，图例
中的文本由字符串矩阵 string_matrix 指定。

◊　legend(axes_handle,...)，在由坐标系句柄 axes_handle 指定的坐标系中添加图例。

例 9-24　在图 9-41 中添加图例。

在命令窗口中输入：

>> legend('sin(x)','cos(x)');

输出图像如图 9-45 所示。

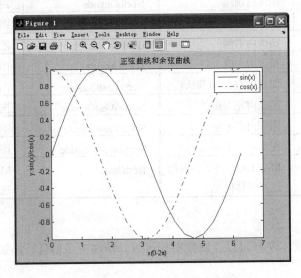

图 9-45　在图 9-41 中添加图例

添加图例后，可以对图例进行控制，对图例进行控制的格式为 legend('keyword')/legend(axes_handle,'keyword') 或者 legend keyword，其中 keyword 的值及对应的意义如表 9-13 所示。

表 9-13　Legend 函数 keyword 的值及对应的意义

参 数 值	意　　义
off	删除图例
toggle	改变图例的当前状态：如果出于"off"状态则添加图例，如果图例存在则将其删除
hide	隐藏图例
show	显示图例
boxoff	删除图例的边框，同时设置图例的背景为无色(透明)
boxon	为图例添加边框，并设置图例的背景为非透明

需要注意的是，如果输入的参数无具体意义，则 MATLAB 将其视为普通字符串，将该指令视为创建图例指令。MATLAB 将以该字符串为参数新建图例或替换已有的图例。

◇　设置图例的位置

语句 legend(...,'Location',location) 用于在指定位置创建图例，其中位置由参数 location 指定，location 的可选值如表 9-14 所示。

表 9-14　图例位置参数的可选值

参 数 值	意　义	参 数 值	意　义
数组：[left bottom width height]	位置向量，分别为图例区域的左下角 x 坐标、纵坐标和区域的宽度和高度		
North	图像内顶端	NorthOutside	图像外顶端
South	图像内底端	SouthOutside	图像外底端
East	图像内右侧	EastOutside	图像外右侧
West	图像内左侧	WestOutside	图像外左侧
NorthEast	图像内右上角(默认)	NorthEastOutside	图像外右上角
NorthWest	图像内左上角	NorthWestOutside	图像外左上角
SouthEast	图像内右下角	SouthEastOutside	图像外右下角
SouthWest	图像内左下角	SouthWestOutside	图像外左下角
Best	MATLAB 自动在内部选择最佳位置	BestOutside	MATLAB 自动在外部选择最佳位置

4. 添加文本

在图像中添加文本注释可以让图像更加可读，传递更多信息。添加文本可以通过文本工具完成。

在图像中添加文本可以通过工具栏中的文本框来实现，步骤如下：

(1) 显示注释工具栏。

(2) 使图像处于编辑状态，然后选择文本框工具。

(3) 在图像中需要添加文本的位置单击则可以激活输入框。

(4) 输入文本内容，如图 9-46 所示。

另外可以通过命令语句添加文本。MATLAB 中用于在图像中添加文本的函数有 gtext 和 text，gtext 函数执行时允许用户通过鼠标在图像中选择添加位置，text 函数在命令中指定添加位置。下面分别介绍这两个函数：

● gtext 函数

其调用格式如下：

◇ gtext('string')，在鼠标指定的位置添加文本，文本内容通过 string 指定。

◇ gtext({'string1','string2','string3',...})，通过鼠标一次指定添加位置，每个字符串为一行。

◇ h = gtext(...)，添加文本，同时返回图像句柄。

下面以简单的例子说明该函数的应用。

例 9-25　在"正弦曲线和余弦曲线"图中标注出正弦和余弦相等的点。

在绘制好曲线后，在命令窗口中输入如下命令：

```
>> gtext({'sin(x)=cos(x)';'sin(x)=cos(x)'});
```

按下 Enter 键后，活动窗口自动转换到当前图形窗口，如图 9-47 所示，通过鼠标定位要添加文本的位置，单击确定按钮，得到图形如图 9-48 所示。

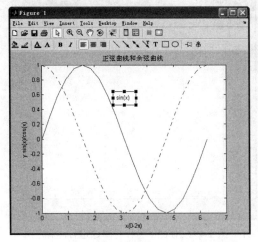

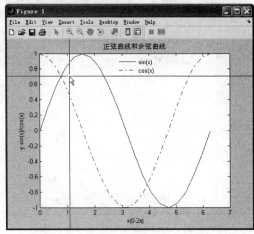

图 9-46 通过工具栏中的文本框向图像中添加文本　　图 9-47 利用 gtext 函数在图像中添加文本

● text 函数

text 函数是一个底层函数，用于创建文本图形对象，该函数可以在图形中的指定位置添加文本注释。该函数的调用格式如下：

◊ text(x,y,'string')，在二维图形中的指定位置添加文本，x 和 y 分别为指定位置的 x 坐标和 y 坐标，string 为待添加的文本内容。

◊ text(x,y,z,'string')，在三维图形中的指定位置添加文本。

◊ text(...'PropertyName',PropertyValue...)，添加文本，并指定属性。

◊ h = text(...)，添加文本，并返回句柄。

text 函数可以一次指定一个文本对象，也可以一次指定多个文本对象。当指定一个文本对象时，位置参数为标量，文本内容参数为一个字符串；当指定多个文本对象时，位置参数为长度相等的向量，string 可以是一个字符串矩阵，也可以是元素为字符串的单元数组，或者是以竖线 "|" 分隔的字符串。见下面的例子。

例 9-26 用 text 函数对图像进行注释。

在命令窗口中输入如下命令：

```
>> x=[-2:0.2:3];
>> y=exp(x);
>> plot(x,y);
>> text(2,exp(2),'\rightarrow y=e^x');
```

得到图形如图 9-49 所示。

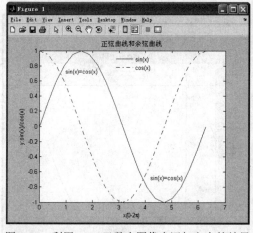

图 9-48　利用 gtext 函数在图像中添加文本的结果

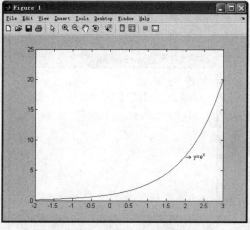

图 9-49　用 text 函数对图像进行注释

9.5　三维图形的高级控制

三维图形比二维图形包含更多的信息，因此在实际中得到广泛应用。对于三维图形，由于其复杂性，如果对其赋予更多的属性，则可以得到更多信息。如对于一幅三维图像，从不同的角度观看可以得到不同的信息，采用适宜的颜色可以得到更加直观的效果。本节介绍三维图形的高级控制，包括图形的查看方式、光照控制和图形中颜色的使用。

9.5.1　查看图形

对于三维图形，采用不同的查看方式可以得到不同的信息，因此有必要选择适宜的查看方式，以便充分利用三维图形中的丰富信息。对于三维图形，用户既可以在图形窗口中选择查看方式，也可以通过函数或命令设置查看方式。本节将介绍图形的查看方式。

1．设置方位角和俯仰角

在 MATLAB 中用户可以设置图形的显示方式，包括视点、查看对象、方向和图形显示的范围。这些性质由一组图像属性控制，用户可以直接指定这些属性，也可以通过 view 函数设置这些属性，或者采用 MATLAB 默认设置。

方位角和俯仰角是视点相对于坐标原点而言。方位角为 x-y 平面内的平面角，角度为正时表示逆时针方向。俯仰角为视点对于 x-y 平面的角度，当俯仰角为正时位于平面上部，俯仰角为负时位于平面下部。

方位角和俯仰角通过 view 函数指定，即可以通过视点的位置指定，也可以通过设置方位角和俯仰角的大小指定。view 函数用法如下所示。

- view(az,el)、view([az,el])：指定方位角和俯仰角的大小。
- view([x,y,z])：指定视点的位置。

- view(2)：选择二维默认值，即 az = 0、el = 90。
- view(3)：选择三维默认值，即 az = -37.5、el = 30。
- view(T)：通过变换矩阵 T 设置视图，T 是一个 4×4 的矩阵，如通过 viewmtx 生成的透视矩阵。
- [az,el] = view：返回当前的方位角和俯仰角。
- T = view：返回当前的变换矩阵。

例 9-27　利用 view 函数进行视点控制。

```
>> clear all
>> [X,Y] = meshgrid([-2:.25:2]) ;
>> Z = X.*exp(-X.^2 -Y.^2);
```

采用默认视点绘制图像：

```
>> surf(X,Y,Z),title('default 3-D view: azimuth = -37.5°,elevation = 30°');
```

得到图像如图 9-50 (a)所示。采用方位角 0 度和俯仰角 180 度显示图像：

```
>> view(0,180),title('azimuth = 0°,elevation = 180°');
```

得到图像如图 9-50(b)所示。采用方位角-37.5 度和俯仰角-30 度显示图像：

```
>> view(-37.5,-30),title('azimuth = -37.5°,elevation = -30°');
```

得到图像如图 9-50(c)所示。最后，在视点[3,3,1]处查看该图像：

```
>> view([3,3,1]),title('viewpoint=[3,3,1]');
```

得到图像如图 9-50(d)所示。

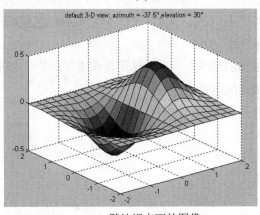

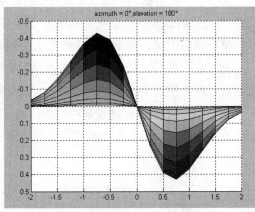

(a) 默认视点下的图像　　　　　　　(b) 方位角 0 度和俯仰角 180 度

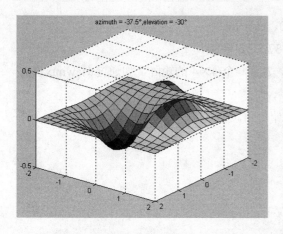 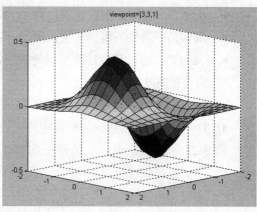

(c) 方位角-37.5 度和俯仰角-30 度　　　　　　(d) 在视点[3,3,1]处查看该图像

图 9-50　利用 view 函数进行视点控制

本例中实现了通过 view 函数选择图像的查看角度。

2. 坐标轴

在上面一节中已经介绍了坐标轴的控制，本节将对其加以补充。

坐标轴通过设置坐标轴的尺度和范围控制图像的形状。在默认情况下，MATLAB 通过数据的分布，自动计算坐标轴的范围和尺度，使得绘制的图像最大限度的符合绘图区域。用户也可以通过 axis 函数设置图像的坐标轴，关于 axis 函数的功能已经在前面的章节中介绍过了，本节只介绍坐标轴控制的其他属性和函数等。

- Stretch-to-Fill

在默认情况下，MATLAB 生成的坐标轴规范化为图形窗口的大小，并且稍小于图形窗口，以便于添加边框。当改变窗口大小时，坐标系的大小和区域的形状因子(宽度和高度的比值)与之同时改变，保证坐标系能够充满窗口中的可用区域。同时，MATLAB 会选择适宜的坐标轴范围保证各个方向上的最大分辨率。

但是在一些特定情况下，则需要设置坐标轴的范围和尺度以满足特殊需要。关于坐标轴设置已经介绍过了，这里再以一个实例介绍其应用效果。

例 9-28　不同坐标轴设置的结果比较。

在命令窗口中输入如下代码：

```
>> t = 0:pi/6:4*pi;
>> [x,y,z] = cylinder(4+cos(t),30);
>> surf(x,y,z),title('default axis');
```

得到图 9-51(a)。将该图形在等长坐标系中显示：

```
>> axis square,title('axis square');
```

得到图 9-51(b)。将该图形显示在等刻度坐标系中：

>> axis equal,title('axis equal');

得到的图形如图 9-51(c)所示。

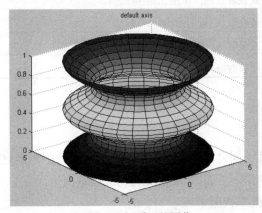

(a) 默认坐标系下的图像

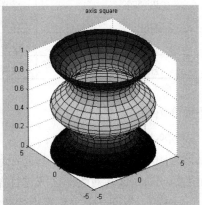

(b) 等长坐标系中图像

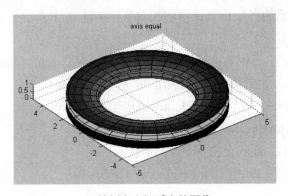

(c) 等刻度坐标系中的图像

图 9-51　设置坐标轴的结果比较

● 设置绘图区形状因子的其他命令

上面的例子中将图像分别在不同的坐标系中显示，坐标系通过 axis square、axis equal 设置。这里将介绍一些其他命令，用于设置绘图区域的形状。

绘图区域的形状可以通过三种方式设置：

(1) 通过设置绘图数据的比例；

(2) 通过指定坐标系的形状；

(3) 通过指定坐标轴的范围。

可用于设置绘图区域形状的函数如表 9-15 所示。

表 9-15　设置绘图区域形状的函数

命　令	功　能
daspect	设置或获取数据的范围比例因子
pbaspect	设置或获取绘图区域的比例因子
xlim	设置或获取 x 轴的范围
ylim	设置或获取 y 轴的范围
zlim	设置或获取 z 轴的范围

下面介绍这些函数的用法。

● daspect、pbaspect

这两个函数的调用格式基本相同，其不同之处在于函数 daspect 针对绘图数据进行操作，而函数 pbaspect 针对绘图区域进行操作。下面以 daspect 为例介绍这两个函数的用法。

◊ daspect：返回当前坐标系中的数据形状因子。

◊ daspect([aspect_ratio])：设置当前坐标系中的形状因子为指定值，形状因子由数组指定，其元素为各坐标轴比例的相对值，如[1　1　3]表示三个坐标轴的刻度比为 1:1:3。

◊ daspect('mode')：返回数据形状因子的当前值，包括 auto、manual 等。

◊ daspect('auto')：设置当前坐标系中的形状因子为 auto。

◊ daspect('manual')：设置当前坐标系中的形状因子为 manual。

◊ daspect(axes_handle,....)：设置指定的坐标系。

例 9-29　通过函数 daspect 控制图像的形状。

首先采用默认设置绘制函数 $z = x \exp(-x^2 - y^2)$ 的图像：

```
>> [x,y] = meshgrid([-2:.2:2]);
>> z = x.*exp(-x.^2 - y.^2);
>> surf(x,y,z)
```

得到图形如图 9-52(a)所示。接下来查看其当前数据比例：

```
>> daspect
ans =
     4     4     1
```

设置比例为 [2,2,1]：

```
>> daspect([2 2 1])
```

得到图形如图 9-52(b)所示。

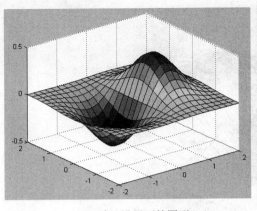
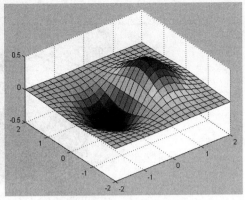

(a) 默认设置下的图形　　　　　　　　　(b) 比例 [2,2,1] 下的图形

图 9-52　控制图像的形状示例

- xlim、ylim、zlim

这三个函数的用法相同，用于设置或获取相应坐标轴的范围。下面以 xlim 为例介绍这三个函数的应用。

◇　xlim：获取当前 x 轴的范围。

◇　xlim([xmin xmax])：设置 x 轴的范围为[xmin xmax]。

◇　xlim('mode')：返回当前 x 轴范围的属性，包括 auto 和 manual 等。

◇　xlim('auto')：设置 x 轴的范围为 auto。

◇　xlim('manual')：设置 x 轴的范围为 manual。

◇　xlim(axes_handle,...)：设置指定坐标系中 x 轴的范围。

例 9-30　显示上图中的[-1,1:-1,1]之间的部分。

继续在命令窗口中输入：

```
>> xlim([-1 1])
>> ylim([-1 1])
```

得到图形如图 9-53 所示。

4. 通过摄像机工具栏设置查看方式

通过摄像机工具栏可以实现交互式视图控制。在图形窗口的 View 菜单中选中 Camera Toolbar，调出摄像机工具栏，如图 9-54 所示。该工具栏包括五组工具，分别为摄像机控制工具、坐标轴控制工具、光照变换、透视类型和重置、停止工具。用户可以通过这些工具改变图像的查看方式等。

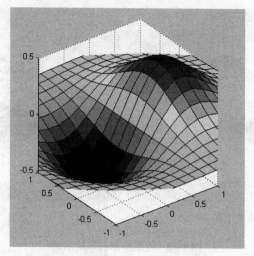

图 9-53   上图 [-1,1:-1,1]之间的部分

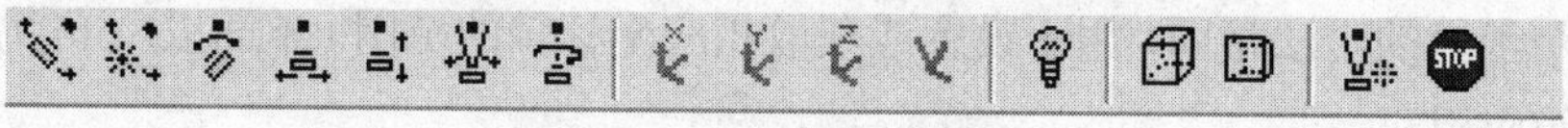

图 9-54   摄像机工具栏

9.5.2   图形的色彩控制

图形的颜色是图形的一个重要因素，丰富的颜色变化可以使图形更具有表现力。MATLAB 中图形的颜色控制主要由函数 colormap 完成。

MATLAB 是采用颜色映射表来处理图形颜色的，即 RGB 色系。计算机中的各个颜色都是通过三原色按照不同比例调制出来的。每一种颜色的值表达为一个 1×3 的向量[R G B]，其中 R、G、B 分别代表三种颜色的值，其取值范围位于[0, 1]区间内。MATLAB 中的典型的颜色配比方案如表 9-16 所示。

表 9-16   MATLAB R2007b 中典型的颜色配比方案

R(红色)分量	G(绿色)分量	B(蓝色)分量	最终色
0	0	0	黑色
1	1	1	白色
1	0	0	红色
0	1	0	绿色
0	0	1	蓝色
1	1	0	黄色
1	0	1	紫红色
0	1	1	青色
0.5	0.5	0.5	灰色
0.5	0	0	深红色

（续表）

R(红色)分量	G(绿色)分量	B(蓝色)分量	最终色
1	0.62	0.40	古铜色
0.49	1	0.83	碧绿色

调好颜色表后，可以用它作为绘图用色。一般的曲线绘制函数，如 plot、plot3 等，不需要颜色表控制色彩显示，而对于曲面绘制函数，如 mesh、surf 等，则需要颜色表。颜色表的设定命令为：colormap([R，G，B])，其中输入变量[R，G，B]为一个三列矩阵，行数不限，该矩阵称为颜色表。

另外，MATLAB 预定义了几种典型颜色表。用户可以通过属性编辑器查看和选择这些颜色表。选择 Edit 菜单项中的 Figure Properties…项，激活属性编辑器。用户可以通过属性编辑器中的 Colormap 下拉菜单选择适宜的颜色表，如图 9-55 所示。

图 9-55 中显示了系统预定义的颜色表，这些颜色表的意义如表 9-17 所示。

表 9-17　系统预定义的颜色表及对应的意义

颜 色 表	意　　　　义
autumn	秋天风格的颜色表，由红色到黄色渐变
bone	带有淡蓝色的灰度颜色表
contrast	灰度颜色表，用于增强图像对比度
cool	由青色到紫红色渐变的颜色表
copper	由黑色到亮铜色渐变的颜色表
flag	由红、白、蓝、黑 4 种颜色组成
gray	线性灰度颜色表
hot	由黑色、红色、橙色、黄色、白色的渐变
hsv	HSV 颜色模型中 H(色调)分量的渐变，颜色变换顺序为：红、黄、绿、青、蓝、紫红色，最后回到红色
jet	HSV 颜色表的变形，颜色变换顺序为：蓝、青、黄、橙、红
lines	由坐标系的 ColorOrder 属性指定的颜色及深灰色组成
prism	重复六种颜色：红、橙、黄、绿、蓝、紫
spring	紫红色到黄色的渐变
summer	绿色到黄色的渐变
winter	蓝色到绿色的渐变

例 9-31　颜色表的使用。

```
>> load flujet
>> image(X)
>> colormap(jet)
```

得到图形如图 9-56 所示。

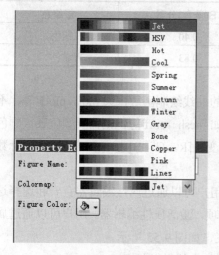 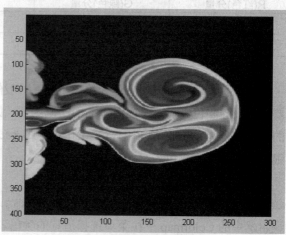

图 9-55　MATLAB 预定义的几种典型颜色表　　　　　图 9-56　颜色表使用示例

9.5.3　光照控制

光照通过模拟自然光照条件(如阳光)下的光亮和阴影向场景中添加真实性。MATLAB 中用于控制光照的函数如表 9-18 所示。

表 9-18　MATLAB 中的光照控制函数

函　　数	说　　明
camlight	创建或移动光源，位置为与摄像机之间的相对位置
lightangle	在球面坐标系中创建或放置光源
light	创建光照对象
lighting	选择照明方案
material	设置反射系数属性

下面通过具体实例说明光照控制的应用。

例 9-32　向图像中添加光照。

本例首先生成膜面图，之后向其中添加光照，光源位置通过位置向量确定。在命令创建中输入如下命令：

```
>> membrane
```

该语句用于生成膜面图，得到图形如图 9-57 所示。

继续输入命令，在该图中加入光源：

```
>> light('Position',[0 -2 1])
```

得到图形如图 9-58 所示。

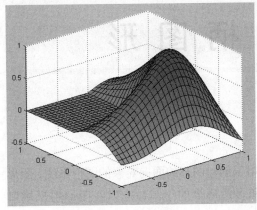

图 9-57　膜面图

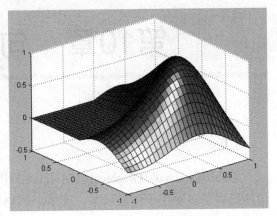

图 9-58　在膜面图中添加光源

9.6 习　题

1. 打开"图形窗口"，熟悉其中各个菜单和工具的功能和用法。

2. 编写程序，该程序在同一窗口中绘制函数在 $[0, 2\pi]$ 之间的正弦曲线和余弦曲线，步长为 $\pi/10$，线宽为 4 个像素，正弦曲线设置为蓝色实线，余弦曲线颜色设置为红色虚线，两条曲线交点处，用红色星号标记。

3. 绘制下列图像。

(1) $y = x\sin x$，$0 < x < 10\pi$

(2) 三维曲线：$z = x^2 + 6xy + y^2 + 6x + 2y - 1$，$-10 < x < 10$，$-10 < y < 10$

(3) 双曲抛物面：$z = \dfrac{x^2}{16} - \dfrac{y^2}{4}$，$-16 < x < 16$，$-4 < y < 4$

(4) $y = \begin{cases} 0 & 0 < x < a \\ \dfrac{x-a}{b-a} & a \le x \le b \\ 0 & b < x < 1 \end{cases}$，其中 a 和 b 满足 $0 < a < b < 1$，可以任取

3. 绘制下列图像。

(1) 绘制电脑磁盘使用情况的饼状图。

(2) 生成 100 个从 0 到 10 之间的随机整数，绘制其直方图。

(3) 生成 10 个从 0 到 10 之间的随机整数，绘制其阶跃图。

4. 通过界面交互方式在第 2 题生成的图形中添加注释，至少应包括：标题，文本注释，图例。

5. 通过函数方式在第 2 题生成的图形中添加注释，至少应包括：标题，文本注释，图例；对第 3 题中绘制的双曲抛物面尝试进行视点控制和颜色控制。

第10章 句柄图形

句柄图形(Handle Graphics)是 MATLAB 中用于创建图形的面向对象的图形系统。图形句柄提供了多种用于创建线条、文本、网格和多边形等的绘图命令以及图形用户接口(GUI)等。

通过图形句柄，MATLAB 可以对图形元素进行操作，而这些图形元素正是产生各种类型图形的基础。利用图形句柄，可以在 MATLAB 中修改图形的显示效果，创建绘图函数等。

本章学习目标

☑ 了解 MATLAB 图形对象及属性
☑ 掌握 MATLAB 图形对象属性的设置及查询
☑ 掌握 MATLAB 图形对象句柄的访问及操作

10.1 MATLAB 的图形对象

图形对象是 MATLAB 显示数据的基本绘图元素，每个对象拥有一个唯一的标志，即句柄。通过句柄可以对已有的图形对象进行操作，控制其属性。

MATLAB 中这些对象的组织形式为层次结构，如图 10-1 所示。

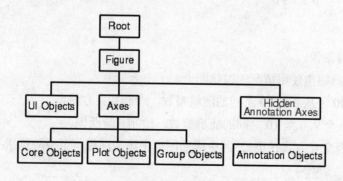

图 10-1 MATLAB 中图形对象的组织形式

本节将介绍 MATLAB 的这些图形对象。

MATLAB 中的图形对象主要有核心图形对象和复合图形对象两种类型。核心图形对象用于创建绘图对象，可以通过高级绘图函数和复合图形对象调用实现。复合图形对象由核心对象组成，用于向用户提供更方便的接口。复合图形对象构成一些子类的基础，如 Plot 对象、Annotation 对象、Group 对象和 GUI(用户接口)对象等。图形对象互相关联、互相依赖，共同构成 MATLAB 图形。

10.1.1　Root 对象

Root 对象即根对象。根对象位于 MATLAB 层次结构的最上层，因此在 MATLAB 中创建图形对象时，只能创建唯一的一个 Root 对象，而其他的所有对象都从属于该对象。根对象是由系统在启动 MATLAB 时自动创建的，用户可以对根对象的属性进行设置，从而改变图形的显示效果。

10.1.2　Figure 对象

Figure 是 MATLAB 显示图形的窗口，其中包含菜单栏、工具栏、用户接口对象、右键菜单、坐标系及坐标系的子对象等。MATLAB 允许用户同时创建多个图形窗口。

如果当前尚未创建图形对象(即 Figure 窗口)，则调用任意一个绘图函数或图像显示函数(如 plot 函数和 imshow 函数等)均可以自动创建一个图形窗口。如果当前根对象已经包含了一个或多个图形窗口，则总有一个窗口为"当前"窗口，且该窗口为所有当前绘图函数的输出窗口。

关于 Figure 对象的生成、其属性的查看与设置已经在第 9 章中介绍过了，本节再介绍关于 Figure 对象的常用属性和属性值，如表 10-1 所示。

表 10-1　Figure 对象的常用属性和属性值

属 性 名	含　　义
Color	图形的背景颜色，可设置为三元素的 RGB 向量或者是 MATLAB 自定义的颜色，如'r'、'g'、'b'、'k'分别表示红色、绿色、蓝色和黑色(与绘制图形时的标志相同)，RGB 的取值范围为[0 1]
CurrentAxes	当前坐标轴的句柄
CurrentMenu	最近被选择的菜单项的句柄
CurrentObject	图形中最近被选择的对象的句柄。可由 gco 函数获得
MenuBar	设置图形窗口的菜单条的形式，'figure'显示默认的 MATLAB 菜单，'none'为不显示菜单。在选择'figure'后，可以通过 uimenu 函数添加新菜单；在选择'none '后，可以通过 uimenu 函数设置自定义菜单
Name	设置图形窗口的标题栏的内容，其属性值为一个字符串，在创建窗口时，字符串显示在标题栏中

(续表)

属 性 名	含 义
PaperOrientation	设置打印时的纸张方向。portrait 表示纵向，为 MATLAB 的默认设置；landscape 表示横向
PaperPosition	设置打印页面上的图形位置，位置向量用[left, bottom, width, height]表示，其中 left 和 bottom 分别为打印位置左下角的坐标，width 和 height 分别表示打印页面图形的宽度和高度
PaperSize	设置打印纸张的大小，向量[width height]表示打印纸张的宽度和高度
PaperType	设置打印纸张的类型，可以用'a3'和'a4'等表示
PaperUnits	设置纸张属性的度量单位，包括'inches'、'centimeters'、'normalized'等，分别表示英尺、厘米和归一化坐标
Pointer	设置窗口下指示鼠标光标的显示形式，'crosshair'表示十字形，'arrow'表示箭头形状，为 MATLAB 的默认设置，'watch'表示沙漏等
Position	设置图形窗口的位置及大小，通过向量[left, bottom, width, height]指定，其中 left 和 bottom 分别为窗口左下角的横坐标和纵坐标，width 和 height 分别为窗口的宽度和高度
Resize	设置是否可以通过鼠标调整窗口的大小，'on'表示可以调节，'off'表示不可以调节
Units	设置尺寸单位，包括'inches'、'centimeters'、'normalized'等，分别表示英尺、厘米和归一化坐标
Visible	设置窗口初始时刻是否可见，选项包括'on' 和'off'，其中'on'为默认值。在编程中，如果不需要看见中间过程，可以首先设置为'off '，在完成编程后，再设置为'on'来显示窗口

10.1.3　Core 对象

Core 对象包括基本的绘图单元，包括线条、文本、多边形及一些特殊对象，如表面图，表面图中包括矩形方格、图像和光照对象，光照对象不可视，但是会影响一些对象的色彩方案。MATLAB 中的核心对象(Core)如表 10-2 所示。

表 10-2　MATLAB 中的 Core 对象

对 象	功 能
axes	Axes 对象定义显示图形的坐标系，Axes 对象包含于图形中
image	图形对象为一个数据矩阵，矩阵数据对应于颜色。当矩阵为二维时表示灰度图像，三维时表示彩色图像
light	坐标系中的光源。Light 对象影响图像的色彩，但是本身不可视
line	通过连接定义曲线的点生成

(续表)

对　　象	功　　能
patch	填充的多边形，其各边属性相互独立。每个 Patch 对象可以包含多个部分，每个部分由单一色或插值色彩组成
rectangle	二维图像对象，其边界和颜色可以设置，可绘制变化曲率的图像，如椭圆
surface	表面图形
text	图形中的文本

例 10-1　创建核心(Core)图形对象。

在窗口中输入如下命令：

```
>> [x,y] = meshgrid([-2:.4:2]);
>> Z = x.*exp(-x.^2-y.^2);
>> fh = figure('Position',[350 275 400 300],'Color','w');
>> ah = axes('Color',[.8 .8 .8],'XTick',[-2 -1 0 1 2],...
           'YTick',[-2 -1 0 1 2]);
>> sh = surface('XData',x,'YData',y,'ZData',Z,...
           'FaceColor',get(ah,'Color')+.1,...
           'EdgeColor','k','Marker','o',...
           'MarkerFaceColor',[.5 1 .85]);
```

得到图形如图 10-2(a)所示。

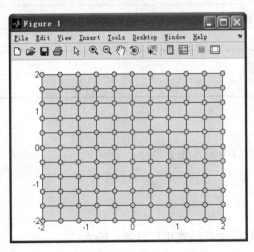
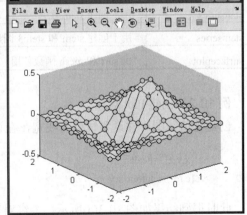

(a) 创建核心(Core)图形对象结果　　　　　　　　(b) 改变视角后的结果

图 10-2　创建核心(Core)图形对象

通过 view 函数改变该图形的视角：

```
>> view(3)
```

得到图形如图 10-2(b)所示。

该例中创建了 3 个图形对象，分别为 Figure 对象、Core 对象和 Surface 对象，而对其他对象采用默认设置。

10.1.4　Plot 对象

MATLAB 的一些高级绘图函数可以创建 Plot 对象。通过 Plot 对象的属性可以快速访问其包含的核心(Core)对象的重要属性。

Plot 对象的上级对象可以为坐标系(Axes)对象或者组(Group)对象。

MATLAB 中能够生成 Plot 对象的函数及其功能如表 10-3 所示。

表 10-3　MATLAB 中能够生成 Plot 对象的函数及其功能

函　　数	功　　能
areaseries	用于创建 area 对象
barseries	用于创建 bar 对象
contourgroup	用于创建 contour 对象
errorbarseries	用于创建 errorbar 对象
lineseries	供曲线绘制函数(plot 和 plot3 等)使用
quivergroup	用于创建 quiver 和 quiver3 图形
scattergroup	用于创建 scatter 和 scatter3 图形
stairseries	用于创建 stair 图形
stemseries	用于创建 stem 和 stem3 图形
surfaceplot	供 surf 和 mesh 函数使用

例 10-2　创建 Plot 对象。

创建等值线图形并设置线型与线宽，在窗口中输入如下命令：

```
>> [x,y,z] = peaks;
>> [c,h] = contour(x,y,z);
```

此时得到结果如图 10-3(a)所示，继续对其线型及线宽进行设置，输入：

```
>> set(h,'LineWidth',3,'LineStyle',':')
```

得到图形如图 10-3(b)所示。

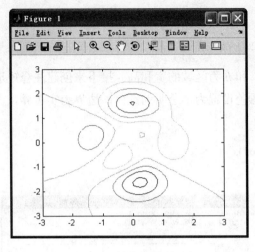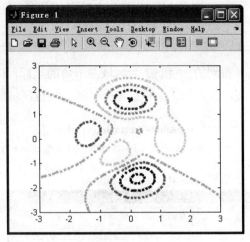

(a) 等值线图形   (b) 设置线型与线宽后

图 10-3　创建 Plot 对象

10.1.5　Annotation 对象

Annotation 对象是 MATLAB 中的注释内容，存在于坐标系中，该坐标系的范围为整个图形窗口。用户可以通过规范化坐标将注释对象放置于图形窗口中的任何位置。规范化坐标的范围为 0~1，窗口左下角为[0,0]，右上角为 [1,1]。

例 10-3　通过注释矩形区域包含子图。

首先创建一系列子图像：

```
>> x = -2*pi:pi/12:2*pi;
>> y = x.^2;
>> subplot(2,2,1:2)
>> plot(x,y)
>> h1=subplot(223);
>> y = x.^4;
>> plot(x,y)
>> h2=subplot(224);
>> y = x.^5;
>> plot(x,y)
```

得到图形如图 10-4 所示。

接下来确定注释矩形区域的位置及大小，在命令窗口中继续输入：

```
>> p1 = get(h1,'Position');
>> t1 = get(h1,'TightInset');
>> p2 = get(h2,'Position');
>> t2 = get(h2,'TightInset');
```

```
>> x1 = p1(1)-t1(1); y1 = p1(2)-t1(2);
>> x2 = p2(1)-t2(1); y2 = p2(2)-t2(2);
>> w = x2-x1+t1(1)+p2(3)+t2(3); h = p2(4)+t2(2)+t2(4);
```

得到的 *x1* 和 *y1* 为区域左下角的坐标，*w* 和 *h* 为区域的宽和高。接下来创建注释矩形区域，包含第 3 个和第 4 个子图，将该区域颜色设置为半透明的红色，边界为实边界。

```
>> annotation('rectangle',[x1,y1,w,h],...
   'FaceAlpha',.2,'FaceColor','red','EdgeColor','red');
```

结果如图 10-5 所示。

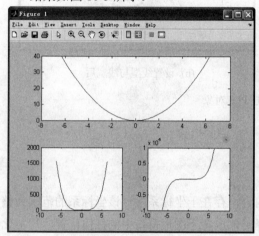

图 10-4   例 10-3 创建的子图像

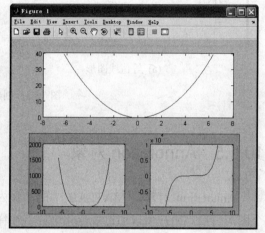

图 10-5   注释结果

10.1.6   Group 对象

Group 对象允许用户将多个坐标系子对象作为一个整体进行操作。如可以设置整个组为可视或者不可视，或者通过改变组对象的属性重新设置其中所有对象的位置等。MATLAB 中有两种类型的组。

- hggroup：如果需要创建一组对象，并且通过对该组中的任何一个对象进行操作而控制整个组的可视性或选中该组，则使用 hggroup。hggroup 通过 hggroup 函数创建。
- hgtransform：当需要对一组对象进行变换时创建 hgtransform，其中变换包括选中、平移、尺寸变化等。

hggroup 组和 hgtransform 组之间的差别在于 hgtransform 可以通过变换矩阵对其中的所有子对象进行操作。

10.2   图形对象的属性

图形对象的属性控制图形的外观和显示特点。图形对象的属性包含公共属性和特有属性。MATLAB 中图形对象的公共属性如表 10-4 所示。

表 10-4 图形对象的公共属性

属　性	描　述
BeingDeleted	当对象的 DeleteFcn 函数调用后，该属性的值为 on
BusyAction	控制 MATLAB 图形对象句柄响应函数点中断方式
ButtonDownFcn	当单击按钮时执行响应函数
Children	该对象所有子对象的句柄
Clipping	打开或关闭剪切功能(只对坐标轴子对象有效)
CreateFcn	当对应类型的对象创建时执行
DeleteFcn	删除对象时执行该函数
HandleVisibility	用于控制句柄是否可以通过命令行或者响应函数访问
HitTest	设置当鼠标单击时是否可以使选中对象成为当前对象
Interruptible	确定当前的响应函数是否可以被后继的响应函数中断
Parent	该对象的上级(父)对象
Selected	表明该对象是否被选中
SelectionHighlight	指定是否显示对象的选中状态
Tag	用户指定的对象标签
Type	该对象的类型
UserData	用户想与该对象关联的任意数据
Visible	设置该对象是否可见

　　MATLAB 将图形信息组织在一个有序的金字塔式的阶梯图表中，并将其存储在对象属性中。例如，根对象的属性包含当前图形窗口对象(Figure 对象)的句柄和鼠标指针的当前位置；而图形窗口对象属性则包含其子对象的列表，同时跟踪发生在当前图形窗口中的某些 Windows 事件；坐标轴对象属性则包含其每个子对象(图形对象)使用图形颜色映射表的信息和每个绘图函数对颜色的分配信息。

　　通常情况下，用户可以随时查询和修改绝大多数属性的当前值，而有一部分属性对用户来说是只读的，只能由 MATLAB 修改。需要注意的是，任何属性只对某个对象的某个具体实例才有意义，所以修改同一种对象的不同实例的相同属性时，彼此互不干涉。

　　用户可以为对象属性设置默认值，此后创建的所有该对象的实例所对应的这个属性的值均为该默认值。

10.3　图形对象属性值的设置和查询

　　在创建 MATLAB 的图形对象时，通过向构造函数传递"属性名/ 属性值"参数对，用户可以为对象的任何属性(只读属性除外)设置特定的值。首先通过构造函数返回其创建的对象句柄，然后利用该句柄，用户可以在对象创建完成后对其属性值进行查询和修改。

在 MATLAB 中，set 函数用于设置现有图形对象的属性值；get 函数用于返回现有图形对象的属性值。利用这两个函数，还可以列出具有固定设置的属性的所有值。这两个函数的使用在第 9 章中已有介绍，本节再对其进行更多应用介绍。

10.3.1　属性值的设置

MATLAB 中，set 函数可以用于设置对象的各项属性。

例 10-4　设置坐标轴的属性。

在命令窗口中输入如下代码：

```
>> t=0:pi/20:2*pi;
>> z=sin(t);
>> plot(t,z)
>> set(gca,'YAxisLocation','right')
>> xlabel('t')
>> ylabel('z')
```

该段代码通过 set 函数将 y 轴置于坐标系的右侧，其图形如图 10-6 所示。

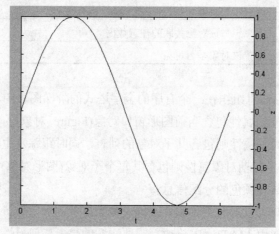

图 10-6　设置坐标轴的属性示例

例 10-5　通过 set 函数查看可设置的线形。

在命令窗口中输入：

```
>> set(line,'LineStyle')
[ {-} | -- | : | -. | none ]
```

其中花括号内为系统默认值。

10.3.2　对象的默认属性值

在 MATLAB 中，所有的对象属性均有系统默认的属性值，即出厂设置。同时，用户也可以自己定义任何一个 MATLAB 对象的默认属性值。

1. 默认属性值的搜索

MATLAB 对默认属性值的搜索从当前对象开始，沿着对象的从属关系图向更高的层次搜索，直到发现系统的默认值或用户自己定义的值。

定义对象的默认值时，在对象从属关系图中，该对象越靠近 Root(根)对象，其作用的范围就越广。例如，如果我们在根对象的层次上为 Line 对象定义了一个默认值，由于根对象位于对象从属关系图的最上层，因此该值将会作用于所有的 Line 对象。

如果用户在对象从属关系图的不同层次上定义同一个属性的默认值，则 MATLAB 将会自动选择最下层的属性值作为最终的属性值。需要注意的是，用户自定义的属性值只能影响到该属性设置后创建的对象，之前的对象都不受到影响。

2. 默认属性值的设置

指定 MATLAB 对象的默认值，需要首先创建一个以 Default 开头的字符串，该字符串的中间部分为对象类型，末尾部分为属性的名称。

例 10-6　设置多个层次对象的属性。

编写 M 文件，其内容为：

```
t = 0:pi/20:2*pi;
s = sin(t);
c = cos(t);
% Set default value for axes Color property
figh = figure('Position',[30 100 800 350],...
                    'DefaultAxesColor', [.8 .8 .8]);

axh1 = subplot(1,2,1); grid on
% Set default value for line LineStyle property in first axes
set(axh1,'DefaultLineLineStyle','-.')
line('XData',t,'YData',s)
line('XData',t,'YData',c)
text('Position',[3 .4],'String','Sine')
text('Position',[2 -.3],'String','Cosine',...
     'HorizontalAlignment','right')

axh2 = subplot(1,2,2); grid on
% Set default value for text Rotation property in second axes
set(axh2,'DefaultTextRotation',90)
line('XData',t,'YData',s)
line('XData',t,'YData',c)
text('Position',[3 .4],'String','Sine')
text('Position',[2 -.3],'String','Cosine',...
     'HorizontalAlignment','right')
```

这段代码中，在一个图形窗口中创建了两个坐标系。设置整个图形窗口的默认坐标系背景色为灰色，设置第一个坐标系的默认线型为点划线('-.')，设置第二个坐标系的默认文本方向为旋转 90 度。运行该脚本，得到结果如图 10-7 所示。

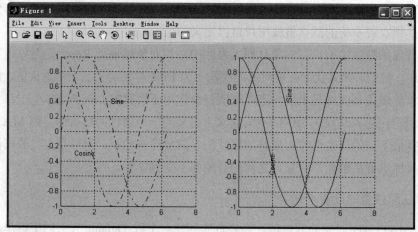

图 10-7　设置多个层次对象的属性示例

10.3.3　属性值的查询

MATLAB 中，利用 get 函数可以查询对象属性的当前值。

例 10-7　查询当前图形窗口对象的颜色映射表的属性。

在命令窗口中输入：

```
>> get(gcf,'colormap')
ans =
```

0	0	0.5625
0	0	0.6250
0	0	0.6875
0	0	0.7500
0	0	0.8125
0	0	0.8750
0	0	0.9375
......		
0.9375	0	0
0.8750	0	0
0.8125	0	0
0.7500	0	0
0.6875	0	0
0.6250	0	0
0.5625	0	0
0.5000	0	0

例 10-8 查询图形窗口中鼠标形状的系统设定值。

```
>> get(0,'factoryFigurePointer')
ans =
arrow
```

10.4 习　　题

1. 简述句柄图形的意义以及句柄图形之间的父子关系。

2. 新建图形窗口，设置其标题为"对数函数的图像"，在该窗口中绘制对数函数 $f = \ln x$ 在 $0 < x < 10$ 的图像。

3. 编写程序，实现功能为：创建图形窗口，并且设置其默认背景为黄色，默认线宽为 4 个像素，在该窗口中绘制椭圆 $\dfrac{x^2}{a^2} + \dfrac{y^2}{b^2} = 1$ 的图像，其中的 a 和 b 任选。

4. 编写 MATLAB 程序，绘制下面的函数：

$$\begin{cases} x(t) = \cos\left(\dfrac{t}{\pi}\right) \\ y(t) = 2\sin\left(\dfrac{t}{2\pi}\right) \end{cases}, \quad \text{其中} -2 \le t \le 2$$

该程序在绘制图形之后等待用户的鼠标输入，每单击其中一条曲线，就随机修改该曲线的颜色，包括红色、绿色、蓝色、黑色和黄色。

提示：使用 waitforbuttonpress 命令等待用户的鼠标单击，并在每次单击之后刷新图形，使用 gco 函数来确定是哪个对象被选中，使用该对象的 Type 属性确定单击是否发生在曲线上。

第11章　GUI(图形用户接口)设计

图形用户接口(GUI)是用户与计算机程序之间的交互方式,是用户与计算机进行信息交流的方式。通过图形用户接口,用户不需要输入脚本或命令,不需要了解任务的内部运行方式。计算机在屏幕显示图形和文本,若有扬声器还可产生声音。用户通过输入设备,如:键盘、鼠标、绘制板或麦克风,与计算机通信。用户界面设定了如何观看和如何感知计算机、操作系统或应用程序。通常,多是根据用户界面功能的有效性来选择计算机或程序。图形用户界面或 GUI 中包含多个图形对象,如:窗口、图标、菜单和文本的用户界面。以某种方式选择或激活这些对象,通常引起动作或发生变化。最常见的激活方法是用鼠标或其他单击设备去控制屏幕上的鼠标指针的运动。单击鼠标,标志着对象的选择或其他动作。

本章学习目标

☑ 了解 GUI 的基本控件

☑ 掌握通过 GUIDE 创建 GUI 的方法

☑ 掌握通过程序创建 GUI 的方法

11.1　GUI 简 介

11.1.1　GUI 简介

MATLAB 中的 GUI 程序为事件驱动的程序。事件包括按下按钮,鼠标单击等。GUI 中的每个控件与用户定义的语句相关。当在界面上执行某项操作时,则开始执行相关的语句。

MATLAB 提供了两种创建图形用户接口的方法:通过 GUI 向导创建和编程创建 GUI。用户可以通过需要,选择适当的方法创建图形用户接口。通常可以参考下面的建议。

- 如果创建对话框,可以选择编程创建 GUI 的方法。MATLAB 中提供了一系列标准对话框,可以通过一个函数简单创建对话框。

- 只包含少量控件的 GUI,可以采用程序方法创建,每个控件可以由一个函数调用实现。

- 复杂的 GUI 通过向导创建比通过程序创建更简单一些，但是对于大型的 GUI，或者由不同的 GUI 之间相互调用的大型程序，用程序创建更容易一些。

本章将分别介绍通过向导创建 GUI 的方法和程序创建 GUI 的方法。

11.1.2　GUI 的可选控件

- 📺：Push Button，按钮，当按下按钮时则产生操作，如按下 OK 按钮时进行相应操作并关闭对话框。
- 🔘：Toggle Button，开关按钮，该按钮包含两个状态，第一次按下按钮时按钮状态为"开"，再次按下时将其状态改变为"关"。状态为"开"时进行相应的操作。
- ⦿：Radio Button，单选按钮，用于在一组选项中选择一个并且每次只能选择一个。用鼠标单击选项即可选中相应的选项，选择新的选项时原来的选项自动取消。
- ☑：Check Box，复选框，用于同时选中多个选项。当需要向用户提供多个互相独立的选项时，可以使用复选框。
- ✏️：Edit Text，文本编辑框，用户可以在其中输入或修改文本字符串。程序以文本为输入时使用该工具。
- 🆃：Static Text，静态文本。静态文本控制文本行的显示，用于向用户显示程序使用说明、显示滑动条的相关数据等。用户不能修改静态文本的内容。
- ▭：Slider，滑动条，通过滑动条的方式指定参数。指定数据的方式可以有拖动滑动条、单击滑动槽的空白处，或者单击按钮。滑动条的位置显示的为指定数据范围的百分比。
- 📋：List Box，列表框，列表框显示选项列表，用户可以选择一个或多个。
- 🔽：Pop-Up Menu，弹出式菜单，当用户单击箭头时弹出选项列表。
- 📈：Axes，坐标系，用于在 GUI 中添加图形或图像。
- 🖼️：Panel，面板，用于将 GUI 中的控件分组管理和显示。使用面板将相关控件分组显示可以使软件更易于理解。面板可以包含各种控件，包括按钮、坐标系及其他面板等。面板包含标题和边框等用户显示面板的属性和边界。面板中的控件与面板之间的位置为相对位置，当移动面板时，这些控件在面板中的位置不改变。
- 🔲：Button Group，按钮组，按钮组类似于面板，但是按钮组的控件只包括单选按钮或者开关按钮。按钮中的所有控件，其控制代码必须写在按钮组的 SelectionChangeFcn 响应函数中，而不是用户接口控制响应函数中。按钮组会忽略其中控件的原有属性。
- 🅧：ActiveX Component，ActiveX 控件，用于在 GUI 中显示控件，该功能只有在 Windows 操作系统下可用。

11.1.3　创建简单的 GUI

本节通过 GUI 向导创建一个简单的 GUI。GUI 向导即 GUIDE(Graphical User Interface development environment)，包含了大量创建 GUI 的工具，这些工具简化了创建 GUI 的过程。通过向导创建 GUI 直观、简单，便于初级用户快速开始 GUI 创建。

本节逐步创建一个 GUI，该 GUI 实现三维图形的绘制。预创建界面中应包含一个绘图区域；一个面板，其中包含三个绘图按钮，分别实现表面图、网格图和等值线的绘制；一个弹出菜单，用以选择数据类型，并且用静态文本进行说明。其草图如图 11-1 所示。

下面介绍该 GUI 的创建步骤。

1. 新建 GUI

单击工具栏中的 GUIDE 图标，启动 GUIDE，系统打开界面如图 11-2 所示。

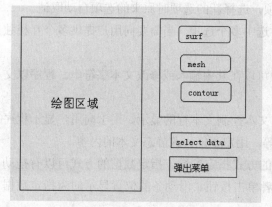
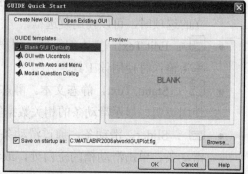

图 11-1　待创建 GUI 的草图   图 11-2　新建 GUI 界面

选择新建 GUI 标签，并选择新建空的 GUI，选中下面的保存选项，输入文件名，得到结果如图 11-3 所示。

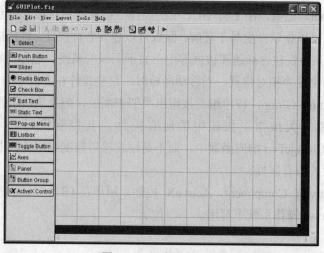

图 11-3　新建的空 GUI

该窗口中包括菜单栏、控制工具栏、GUI 控件面板、GUI 编辑区域等，在 GUI 编辑区域右下角，可以通过鼠标拖曳的方式改变 GUI 界面的大小。需要注意的是，在默认情况下，该窗口中显示的 GUI 控件面板只显示控件图标，不显示名称，用户可以通过 File 菜单中的 Preference 命令进行设置。

2. 向界面中添加控件

首先向界面中添加按钮。用鼠标单击 Push Button，并拖曳至 GUI 编辑区，如图 11-4 所示。

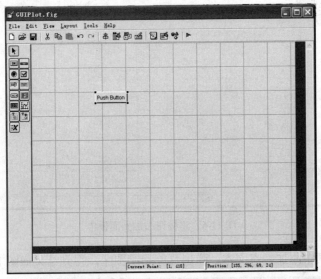

图 11-4　向界面中添加按钮

在该按钮上单击右键，选择 Duplicate，将该按钮复制两次，并移动到合适的位置，得到结果如图 11-5 所示。

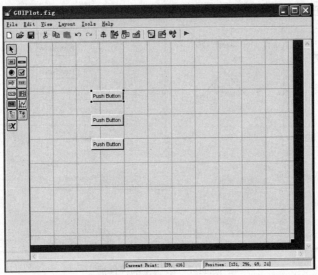

图 11-5　复制并移动按钮

然后将这三个按钮添加到面板中。在编辑区的右侧添加面板，并将三个按钮移动到面板中，得到结果如图 11-6 所示。

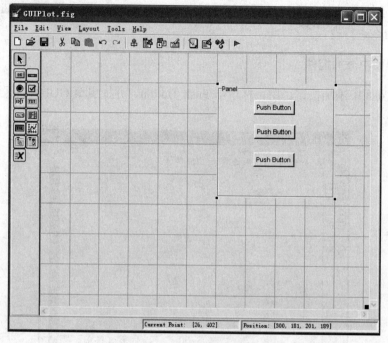

图 11-6　将按钮添加到面板中

下面继续向其中添加静态文本、弹出菜单和绘图区，得到结果如图 11-7 所示。

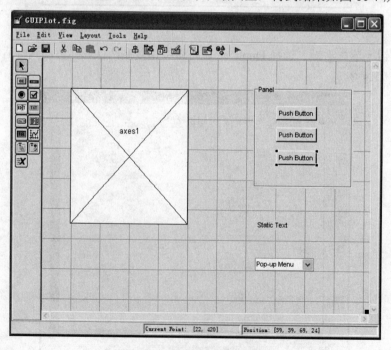

图 11-7　添加全部控件后

3. 设置控件属性

单击工具栏中 Property Inspector，打开属性编辑器。设置各个控件的属性，如设置按钮的属性，如图 11-8 所示，设置第一个按钮的显示文字为 Surf，标签名为 surf_pushbutton。

图 11-8　设置按钮的属性

设置其他控件的属性，得到的结果如图 11-9 所示。

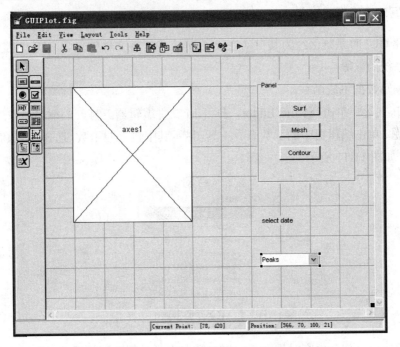

图 11-9　设置全部属性后的结果

单击工具栏中的绿色箭头，运行该 GUI，结果如图 11-10 所示。

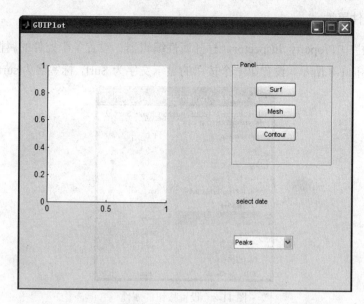

图 11-10　GUI 的运行界面

4. 编写响应函数

在创建 GUI 时系统已经为其自动生成了 M 文件，该文件中包含 GUI 中控件对应的响应函数、系统函数等。

首先编写数据生成函数。

在 GUI 向导中单击 M-file Editor，打开 M 文件编辑器。打开的编辑器中为该 GUI 对应的 M 文件。单击编辑器中的函数查看工具，显示其中包含的函数，选择 GUIPlot_Opening Fcn 函数，如图 11-11 所示。

图 11-11　在 M 文件编辑器中选择函数

该函数中已有部分内容，现在其中添加数据生成函数。添加后该函数的内容为：

```
% --- Executes just before GUIPlot is made visible.
function GUIPlot_OpeningFcn(hObject, eventdata, handles, varargin)
% This function has no output args, see OutputFcn.
% hObject        handle to figure
% eventdata    reserved - to be defined in a future version of MATLAB
% handles       structure with handles and user data (see GUIDATA)
% varargin      command line arguments to GUIPlot (see VARARGIN)
```

```
% Create the data to plot.
handles.peaks=peaks(35);
handles.membrane=membrane;
[x,y] = meshgrid(-8:.5:8);
r = sqrt(x.^2+y.^2) + eps;
sinc = sin(r)./r;
handles.sinc = sinc;
% Set the current data value.
handles.current_data = handles.peaks;
contour(handles.current_data)
% Choose default command line output for GUIPlot
handles.output = hObject;
% Update handles structure
guidata(hObject, handles);
% UIWAIT makes GUIPlot wait for user response (see UIRESUME)
% uiwait(handles.figure1);
```

该函数首先生成三组数据，并设置初始数据为 peaks 数据，且初始图形为等值线。修改该函数后再次运行 GUI，得到结果如图 11-12 所示。

继续修改按钮及弹出菜单的响应函数。用户可以通过 M 文件编辑器中的函数查看工具查找相应函数，或者在 GUI 编辑器中右键单击相应控件，选择 View Callbacks 中的 Callback，系统自动打开 M 文件编辑器，并且光标位于相应的函数处，如图 11-13 所示。

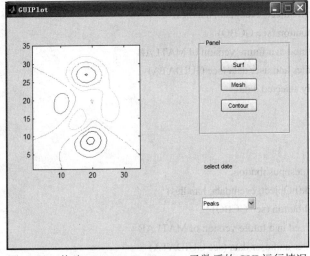

图 11-12　修改 GUIplot_OpeningFcn 函数后的 GUI 运行情况

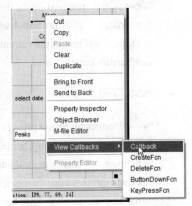

图 11-13　修改按钮的响应函数

修改后的响应函数分别如下。

弹出菜单的响应函数：

```
% --- Executes on selection change in data_pop_up.
function data_pop_up_Callback(hObject, eventdata, handles)
% hObject       handle to data_pop_up (see GCBO)
% eventdata     reserved - to be defined in a future version of MATLAB
```

```
% handles        structure with handles and user data (see GUIDATA)
% Determine the selected data set.
str = get(hObject, 'String');
val = get(hObject,'Value');
% Set current data to the selected data set.
switch str{val};
case 'Peaks' % User selects peaks
    handles.current_data = handles.peaks;
case 'Membrane' % User selects membrane
    handles.current_data = handles.membrane;
case 'Sinc' % User selects sinc
    handles.current_data = handles.sinc;
end
% Save the handles structure.
guidata(hObject,handles)
% Hints: contents = get(hObject,'String') returns data_pop_up contents as cell array
%            contents{get(hObject,'Value')} returns selected item from data_pop_up
```

该函数首先取得弹出菜单的 String 属性和 Value 属性，后通过分支语句选择数据。
三个按钮的响应函数分别为：

- surf 按钮

```
% --- Executes on button press in surfpushbutton.
function surfpushbutton_Callback(hObject, eventdata, handles)
% hObject        handle to surfpushbutton (see GCBO)
% eventdata    reserved - to be defined in a future version of MATLAB
% handles        structure with handles and user data (see GUIDATA)
% Display surf plot of the currently selected data.
surf(handles.current_data);
```

- mesh 按钮

```
% --- Executes on button press in meshpushbutton.
function meshpushbutton_Callback(hObject, eventdata, handles)
% hObject        handle to meshpushbutton (see GCBO)
% eventdata    reserved - to be defined in a future version of MATLAB
% handles        structure with handles and user data (see GUIDATA)
% Display mesh plot of the currently selected data.
mesh(handles.current_data);
```

- contour 按钮

```
% --- Executes on button press in contourpushbutton.
function contourpushbutton_Callback(hObject, eventdata, handles)
% hObject        handle to contourpushbutton (see GCBO)
% eventdata    reserved - to be defined in a future version of MATLAB
```

% handles 　　　structure with handles and user data (see GUIDATA)

% Display contour plot of the currently selected data.

contour(handles.current_data);

再次运行该 GUI，得到最后的结果。运行结果如图 11-14 所示。

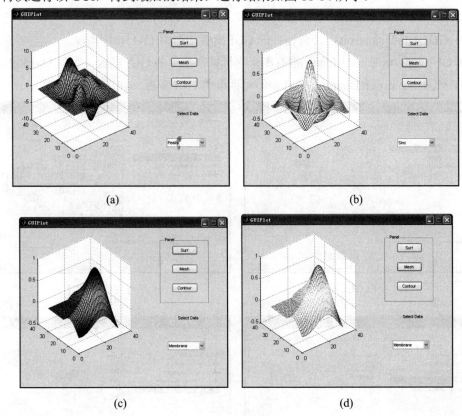

图 11-14　最后运行结果

本节通过实例介绍了图形用户接口(GUI)，GUI 创建向导，及简单 GUI 的创建过程。下面将会详细介绍 GUI 的两种创建方法：通过向导创建 GUI 及通过程序创建 GUI。

11.2　通过向导创建 GUI 界面

11.2.1　启动 GUIDE

GUIDE 可以通过四种方法启动：

(1) 可以在命令行中键入 GUIDE 命令启动 GUIDE。

(2) 在开始菜单中选择 MATLAB->GUIDE(GUI Builder)。

(3) 在 File 菜单中选择 New -> GUI。

(4) 单击工具栏中的 GUIDE 图标。

打开的界面包含两个标签，新建 GUI 标签和打开已有 GUI 的标签，用户可以根据需要进行选择。选择新建 GUI 标签时，在左侧包含四个选项，当鼠标选中选项时，右侧显示该选项的预览，默认为空 GUI。4 个选项的界面如图 11-15 所示。

(1) Blank GUI(Default)：空白 GUI 模板，如图 11-15(a)所示。

(2) GUI with Uicontrols：带有控件的 GUI 模板，如图 11-15(b)所示。

(3) GUI with Axes and Menu：带有图形坐标轴和菜单的 GUI 模板，如图 11-15(c)所示。

(4) Modal Question Dialog：带有询问对话框的 GUI 模板，如图 11-15(d)所示。

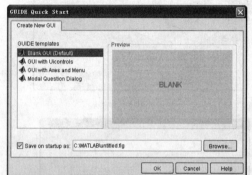
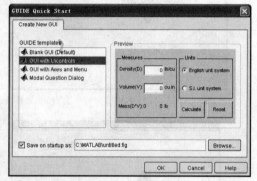

(a) 空白 GUI 模板　　　　　　　　　　　　　(b) 带有控件的 GUI

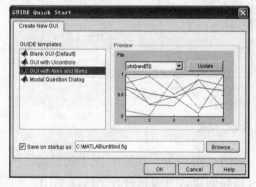
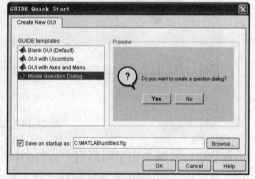

(c) 带有图形坐标轴和菜单的 GUI　　　　　　(d) 带有询问对话框的模板

图 11-15　新建 GUI 时的四个选项

用户可以保存该 GUI 模板，选中左下角的复选框，并键入保存位置及名称。如果不保存，则在第一次运行该 GUI 时系统提示保存。设置完成后，确定进入 GUI 编辑。此时系统打开两个窗口，界面编辑窗口和程序编辑窗口(注意：如果不保存该 GUI，则只有界面窗口)。

11.2.2　向 GUI 中添加控件

向 GUI 中添加控件包括添加、设置控件属性、设置控件显示文本等。

1. 添加

选择适当的控件，将其放置在 GUI 中。可以通过下面步骤完成：

(1) 单击左侧控件面板中的对象，并将其拖动到编辑区的目标位置。

(2) 选择左侧面板中的一个对象，之后鼠标会变成"十"字形状。在右侧的编辑区选择放置位置：通过单击选择放置区域的左上角，或者通过鼠标拖放选择放置区域，即在区域左上角按下鼠标，至区域右下角释放鼠标。

2. 设置控件标志

通过设置控件的标签，为每个控件指定一个标志。控件创建时系统会为其指定一个标志，在保存前修改该标志为具有实际意义的字符串，该字符串应能反应该控件的基本信息。控件标志用于 M 文件中识别控件。另外，同一个 GUI 中控件的标志应互不相同。

通过 View 菜单打开属性管理器(Property Inspector)，或者在控件上单击右键，选择 Property Inspector。在 GUI 编辑器中选择需要修改的控件，在属性管理器中修改其标签，如图 11-16 所示。

3. 设置控件显示文本

多数控件具有标签、列表或显示文本用以和其他控件区分。设置控件的显示文本可以通过设置该控件的属性完成。打开属性编辑器，选择需要编辑的控件，或者双击激活属性编辑器，编辑该控件的属性。下面介绍不同类型控件的显示文本。

- Push Button、Toggle Button、Radio Button、Check Box，这些控件具有标签，可以通过其 String 属性修改其显示文本，如图 11-17 所示。

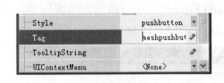
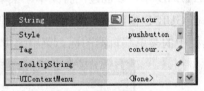

图 11-16　通过属性管理器修改空间的属性　　　图 11-17　修改空间的 String 属性

- Pop-Up Menu，弹出菜单具有多个显示文本，在设置时，单击 String 后面的按钮，弹出编辑器。在编辑器中输入需要显示的字符串，每行一个。完成后单击 OK 按钮，如图 11-18 所示。

图 11-18　设置弹出式菜单的显示文本

- Edit Text，文本编辑框用于向用户提供输入和修改文本的界面。程序设计时可以选择初始文本。文本编辑框中文本设置与弹出菜单基本相同。需要注意的是，文本编辑框通常只接受一行文本，如果需要显示或接受多行文本，则需要设置属性中的 Max 和 Min，使其差值大于 1。

- Static Text，当静态文本只有一行时，可以通过 String 后面的输入框直接输入，当文本有多行时，激活编辑器进行设置。

- List Box，列表框用于向用户显示一个或多个项目。在 String 编辑框中输入要显示的列表，单击 OK 按钮。当列表框不足以显示其中的项目时，可以通过 ListBoxTop 属性设置优先显示的项。

- Panel、Button Group，面板和按钮组用于将其他控件分组。面板和按钮组可以有标题。在其属性 String 中输入目标文本即可。另外，标题可以显示在面板的任何位置，可以通过 TitlePosition 的值设置标题的位置。默认情况下，标题位于顶部。

- Slider、Axes、ActiveX Control，MATLAB 中没有为这些控件提供文本显示，不过用户可以通过静态文本为这些控件设置标题或说明。对于图形坐标系(Axes)，用户还可以通过图形标注函数进行设置，如 xlable、ylable 等。

添加控件后，用户可以通过鼠标拖曳、属性编辑器等改变控件的位置，或者通过工具栏中的对齐工具对控件进行统一规划。

12.2.3 创建菜单

MATLAB 中可以创建两种菜单：菜单栏和右键菜单。两种菜单都可以通过菜单编辑器创建。在 GUIDE 窗口中，选择 Tools 菜单中 Menu Editor… 选项激活菜单编辑器，或者选择工具栏中的菜单编辑器图标。菜单编辑器的界面如图 11-19 所示。

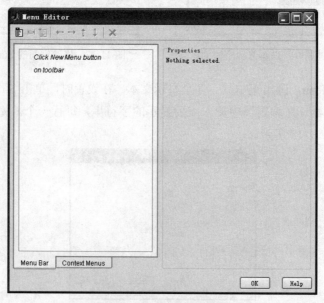

图 11-19　菜单编辑器的界面

该界面中包含两个标签，为 Menu Bar 和 Context Menus，分别用于创建菜单栏和右键菜单。工具栏中包含三组工具，分别为新建工具、编辑工具及删除。编辑菜单项目时，右侧显示该项目的属性。

1. 创建菜单栏

选择菜单栏标签，此时工具栏中的新建菜单栏选项为激活状态，而新建右键菜单选项为灰色。单击 New Menu 按钮，新建菜单。新建后单击菜单名，窗口右侧显示该菜单的属性，可以对其进行编辑，如图 11-20 所示。

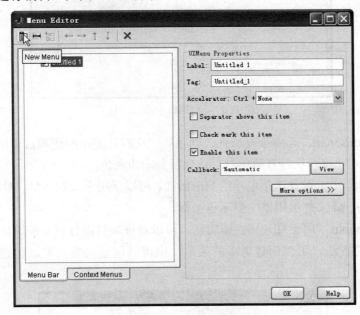

图 11-20　新建菜单

在右侧属性编辑器中设置菜单项的属性。其中 Label 为该菜单项的显示文本，Tag 为该项的标签，必须是唯一的，用于在代码中识别该项。

创建菜单栏后向其中添加项目的菜单。单击工具栏中的 New Menu Item 图标新建项目，如图 11-21 所示。

新建后通过属性编辑器编辑该项目。在属性编辑器中，还有一些其他的选项，如图 11-21，这些选项的意义如下：

- Accelerator，设置键盘快捷键。键盘快捷键用于快速访问不包含子菜单的菜单项。在 Ctrl+后面的输入框中选择字母，当同时按下 Ctrl 和该字母时，则访问该菜单项。需要注意的是，如果该快捷键和系统其他快捷键冲突，则该快捷键可能失效。
- Separator above this item，在该项目上画以横线，与其他项目分开。
- Check mark this item，选中该选项后，在第一次访问该项目后会在该项目后进行标记。

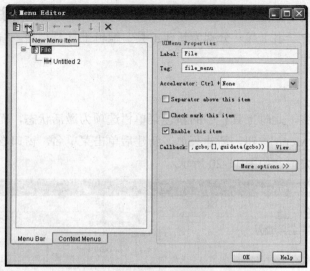

图 11-21　向菜单中添加项目

- Enable this item，选中该复选框，则在第一次打开菜单时该项目可用。如果取消该选项，则在第一次打开菜单时，该项目显示为灰色。
- Callback，用于设置该菜单项的响应函数，可以采用系统默认值。单击右面的 View 按钮则在 M 文件编辑器中显示该函数。
- More options，用于打开属性编辑器，可以对该项目进行更多编辑。

通过上面的方法，可以创建更多的菜单，也可以创建层叠菜单。创建后的结果如图 11-22 所示。

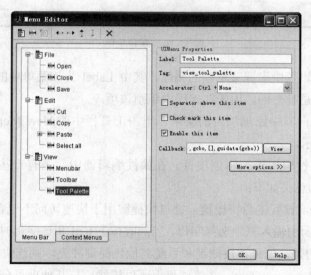

图 11-22　创建菜单的结果

其中 Paste 为层叠菜单项。再次运行该 GUI，得到结果如图 11-23 所示。

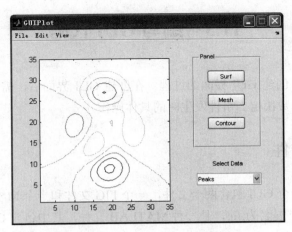

图 11-23　创建菜单后的 GUI 运行结果

其中已经添加了菜单栏。

2. 创建右键菜单

下面介绍右键菜单的创建方法。

选择编辑器中的 Context Menus 标签。此时 New Context Menu 菜单处于激活状态，其他标签为灰色。新建右键菜单，并设置其属性。

之后为右键菜单添加项目，方法与向菜单栏中添加项目相同。

最后，需要将右键菜单与相应的对象关联。在 GUI 编辑窗口中，选择需要关联的对象，打开属性编辑器，编辑其属性。将其 UIContextMenu 属性设置为待关联的右键菜单名，如图 11-24 所示。

设置后，再次运行该 GUI，在图形中右击，得到结果如图 11-25 所示。

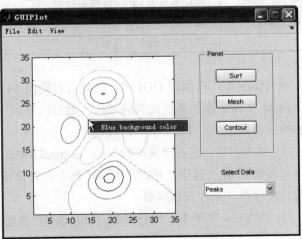

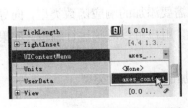

图 11-24　关联右键菜单及相应对象　　　　　　图 11-25　添加右键菜单后的 GUI

11.3　编写 GUI 代码

前面几节介绍了创建 GUI 界面的过程。在创建 GUI 界面后，需要为界面中的控件编写响应函数，这些函数决定当事件发生时的具体操作。

11.3.1　GUI 文件

通常情况下，一个 GUI 包含两个文件，一个 FIG 文件和一个 M 文件。

- FIG 文件的扩展名为.fig，是一种 MATLAB 文件，其中包含 GUI 的布局及 GUI 中包含的所有控件的相关信息。FIG 文件为二进制文件，只能通过 GUI 向导进行修改。
- M 文件扩展名为.m，其中包含 GUI 的初始代码及相关响应函数的模板。用户需要在该文件中添加响应函数的具体内容。

M 文件通常包含一个与文件同名的主函数，各个控件对应的响应函数，这些响应函数为主函数的子函数。其内容如表 11-1 所示。

表 11-1　GUI 对应 M 文件应包含的内容

内　　容	描　　述
注释	程序注释。当在命令行调用 help 时显示
初始化代码	GUI 向导的初始任务
Opening 函数	在用户访问 GUI 之前进行初始化任务
Output 函数	在控制权由 Opening 函数向命令行转移过程中向命令行返回输出结果
响应函数	这些函数决定控件操作的结果。GUI 为事件驱动的程序，当事件发生时，系统调用相应的函数进行执行

通常情况下，在保存 GUI 时，向导会自动向 M 文件中添加响应函数。另外，用户也可以向 M 文件中添加其他的响应函数。通过向导，用户可以用下面两种方式向 M 文件中添加响应函数。

(1) 单击右键，在右键菜单的 View callbacks 中选择需要添加的响应函数类型，向导自动将其添加到 M 文件中，并在文本编辑器中打开该函数，用户可以对其进行编辑。如果该函数已经存在，则打开该函数。

(2) 在 View 菜单中，选择 View callbacks 中需要添加的响应函数类型。

11.3.2　响应函数

1. 响应函数的定义及类型

响应函数与特定的 GUI 对象关联，或与 GUI 图形关联。当事件发生时，MATLAB 调用该事件所激发的响应函数。

GUI 图形及各种类型的控件有不同的响应函数类型。每个控件可以拥有的响应函数定义为该控件的属性，例如，一个按钮可以拥有 5 种响应函数属性：ButtonDownFcn、Callback、CreateFcn、DeleteFcn 和 KeyPressFcn。用户可以同时为每个属性创建响应函数。GUI 图形本身也可以拥有特定类型的响应函数。

每一种类型的响应函数都有其触发机制或者事件，MATLAB 中的响应函数属性、对应的触发事件及可以应用的控件如表 11-2 所示。

表 11-2　MATLAB 中的响应函数属性、对应的触发事件及可以应用的控件

响应函数属性	触发事件	可用控件
ButtonDownFcn	用户在其对应控件 5 个象素范围内按下鼠标	坐标系、图形、按钮组、面板、用户接口控件
Callback	控制操作，用户按下按钮或选中一个菜单项	右键菜单、菜单、用户接口控件
CloseRequestFcn	关闭图形时执行	图形
CreateFcn	创建控件时初始化控件，初始化后显示该控件	坐标系、图形、按钮组、右键菜单、菜单、面板、用户接口控件
DeleteFcn	在控件图形关闭前清除该对象	坐标系、图形、按钮组、右键菜单、菜单、面板、用户接口控件
KeyPressFcn	用户按下控件或图形对应的键盘	图形、用户接口控件
ResizeFcn	用户改变面板、按钮组或图形的大小，这些控件的 Resize 属性需处于 On 状态	按钮组、面板、图形
SelectionChangeFcn	用户在一个按钮组内部选择不同的按钮，或改变开关按钮的状态	按钮组
WindowButtonDownFcn	在图形窗口内部按下鼠标	图形
WindowButtonMotionFcn	在图形窗口内部移动鼠标	图形
WindowButtonUpFcn	松开鼠标按钮	图形

2. 将响应函数与控件关联

一个 GUI 中包含多个控件，GUIDE 中提供了一种方法，用于指定每个控件所对应的响应函数。

　　GUIDE 通过每个控件的响应属性将控件与对应的响应函数相关联。在默认情况下，GUIDE 将每个控件的最常用的响应属性设置为 %automatic，如图 11-26 所示。如每个按钮有五个响应属性，ButtonDownFcn、Callback、CreateFcn、DeleteFcn 和 KeyPressFcn，GUIDE 将其 Callback 属性设置为%automatic。用户可以通过属性编辑器将其他响应属性设置为 %automatic。

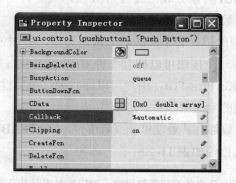

图 11-26　每个控件的最常用的响应属性设置为 %automatic

　　当再次保存 GUI 时，GUIDE 将%automatic 替换为响应函数的名称，该函数的名称由该控件 Tag 属性及响应函数的名称组成，如图 11-27 所示。

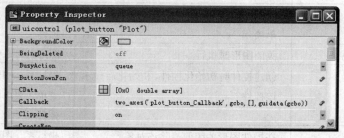

图 11-27　自动生成的响应函数的名称

　　其中 two_axes 是该 GUI 的名称，同时是该 GUI 主调函数的名称。其他参数为 plotpushbutton_Callback 函数的输入参数，其意义分别如下所示。

- gcbo：用于返回响应对象的句柄。
- []：用于存放事件数据。
- guidata(gcbo)：返回该 GUI 的句柄结构体。

3. 响应函数的语法与参数

　　MATLAB 中对响应函数的语法和参数有一些约定，在 GUI 向导创建响应函数并写入 M 文件时便遵守这些约定。如下面为按钮的响应函数模板：

```
% --- Executes on button press in pushbutton1.
function pushbutton1_Callback(hObject, eventdata, handles) %#ok
% hObject      handle to pushbutton1 (see GCBO)
% eventdata    reserved - to be defined in a future version of MATLAB
```

```
% handles       structure with handles and user data (see GUIDATA)
```

该模板中第一行注释说明该函数的触发事件，第二行为函数定义行，接下来的注释用于对输入参数进行说明。用户可以在下面输入函数的其他内容。

GUI 向导创建函数模板时，函数的名称为：控件标签(Tag 属性)＋下划线＋函数属性。如上面的模板中，控件标签为 pushbutton1，响应函数的属性为 Callback，因此函数名为 pushbutton1_Callback。

在添加控件后第一次保存 GUI 时，向导向 M 文件中添加相应的响应函数，函数名由当前 Tag 属性的当前值确定。因此，如果需要改变 Tag 属性的默认值，请在保存 GUI 前进行。

响应函数包含以下几个参数。

- hObject，对象句柄，如触发该函数的控件的句柄。
- eventdata，保留参数。
- handles，为一个结构体，包含图形中所有对象的句柄，如：

```
handles =
            figure1: 160.0011
              edit1: 9.0020
           uipanel1: 8.0017
         popupmenu1: 7.0018
        pushbutton1: 161.0011
             output: 160.0011
```

其中包含了文本编辑框、面板、弹出菜单和按钮。

GUI 向导创建 handles 结构体，并且在整个程序运行中保持其值不变。所有的响应函数使用该结构体作为输入参数，

4. 初始化响应函数

GUI 的初始化函数包括 Opening 函数和 Output 函数。

在每个 GUI 的 M 文件中 opening 函数是第一个调用的函数。该函数在所有控件创建完成后，GUI 显示之前运行。用户可以通过 opening 函数设置程序的初始任务，如创建数据、读入数据等。

通常 opening 函数的名称为"M 文件名＋_OpeningFcn"，如下面的初始模板：

```
% --- Executes just before mygui is made visible.
function mygui_OpeningFcn(hObject, eventdata, handles, varargin)
% This function has no output args, see OutputFcn.
% hObject       handle to figure
% eventdata     reserved - to be defined in a future version of MATLAB
% handles       structure with handles and user data (see GUIDATA)
% varargin      command line arguments to mygui (see VARARGIN)
```

```
% Choose default command line output for mygui
handles.output = hObject;

% Update handles structure
guidata(hObject, handles);

% UIWAIT makes mygui wait for user response (see UIRESUME)
% uiwait(handles.mygui);
```

其中文件名为 mygui，函数名为 mygui_OpeningFcn。该函数包含四个参数，第四个参数 varargin 允许用户通过命令行向 opening 函数传递参数。opening 函数将这些参数添加到结构体 handles 中，供响应函数调用。

该函数中包含三行语句，如下所示。

- handles.output = hObject，向结构体 handles 中添加新元素 output，并将其值赋为输入参数 hObject，即 GUI 的句柄。该句柄供 output 函数调用。
- guidata(hObject,handles)，保存 handles。用户必须通过 guidata 保存结构体 handles 的任何改变。
- uiwait(handles.mygui)，在初始情况下，该语句并不执行。该语句用于中断 GUI 执行等待用户反应或 GUI 被删除。如果需要该语句运行，删除前面的 "%" 即可。

output 函数用于向命令行返回 GUI 运行过程中产生的输出结果。该函数在 opening 函数返回控制权和控制权返回至命令行之间运行。因此，输出参数必须在 opening 函数中生成，或者在 opening 函数中调用 uiwait 函数中断 output 的执行，等待其他响应函数生成输出参数。

output 函数的函数名为 "M 文件名＋_OutputFcn"，如下面的初始模板：

```
% --- Outputs from this function are returned to the command line.
function varargout = mygui_OutputFcn(hObject, eventdata,...handles)
% varargout    cell array for returning output args (see VARARGOUT);
% hObject       handle to figure
% eventdata    reserved - to be defined in a future version of MATLAB
% handles       structure with handles and user data (see GUIDATA)

% Get default command line output from handles structure
varargout{1} = handles.output;
```

该函数的函数名为 mygui_OutputFcn。output 函数有一个输出参数 varargout。在默认情况下，output 函数将 handles.output 的值赋予 varargout，因此 output 的默认输出为 GUI 的句柄。用户可以通过改变 handles.output 的值改变函数输出结果。

11.3.3　控件编程

本节通过实例介绍控件编程的基本方法。

例 11-1　按钮编程。

本例中的按钮实现关闭该图形窗口的功能，在关闭的同时显示"Goodbye"。该函数的代码为：

```
function pushbutton1_Callback(hObject, eventdata, handles)
display Goodbye
delete(handles.figure1);
```

例 11-2　开关按钮。

在调用开关按钮时需要获取该开关的状态，当该按钮按下时其 Value 属性为 Max，处于松开状态时其 Value 的值为 Min。开关按钮的响应函数通常具有下面的格式：

```
function togglebutton1_Callback(hObject, eventdata, handles)
button_state = get(hObject,'Value');
if button_state == get(hObject,'Max')
    %  当按下按钮时执行的操作
    ...
elseif button_state == get(hObject,'Min')
    %  当松开按钮时执行的操作
    ...
end
```

11.3.4　通过 GUIDE 创建 GUI 实例

在本章的开始已经介绍了一个简单的 GUI 的例子，本节再介绍通过 GUIDE 创建 GUI 的另外一个例子。

本例 GUI 的功能为在一个界面中绘制两个图形，$x = \sin(2\pi f_1 t) + \sin(2\pi f_2 t)$ 的图像及其快速傅立叶(FFT)的图像。其中参数 f_1、f_2 和 t 的值由界面输入。

该 GUI 的界面图形如图 11-28 所示。

该 GUI 中需要解决的问题有：

(1) 控制绘图命令的目标坐标系。

(2) 通过文本编辑器输入 MATLAB 表达式的参数。

下面开始创建该 GUI。

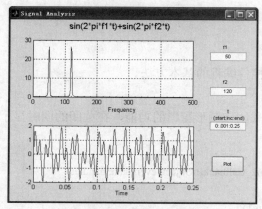

图 11-28   待创建 GUI 的界面

1. 创建 GUI 界面

打开 GUIDE，新建 GUI，保存为 two_axes。向其中添加控件并设置这些控件的属性。

设置 f_1 的 Tag 属性为 f1_input，初始值为 50；f_2 的 Tag 属性为 f2_input，初始值为 120；t 的 Tag 属性为 t_input，初始值为 0:.001:0.25。这些初始值为打开该 GUI 时的默认值。

由于该 GUI 中包含两个图形，在绘制图形时必须指定坐标系。为实现这一功能，可以使用 handles 结构体，该结构体中包含 GUI 中所有控件的句柄。该结构体中的域名为控件的 Tag 属性值。在本 GUI 中，我们设置绘制函数时域的坐标系的句柄为 time_axes，绘制频域图形的坐标系为 frequency_axes，如图 11-29 所示。

设置后，在响应函数中，可以通过 handles.frequency_axes 实现对该坐标系的调用。

设置控件完成后，设置 GUI 的属性。在 Tools 菜单中选择 GUIoptions…，弹出窗口如图 11-30 所示。在其中设置 Resize behavior 为 Proportional，Command-line accessibility 为 Callback。设置 Resize behavior 为 Proportional，允许用户改变该 GUI 的大小，并且改变窗口大小时，GUI 中的控件大小按照比例同时改变。设置 Command-line accessibility 为 Callback，允许响应函数调用句柄，因此可以在响应函数中向坐标系中绘制图形。

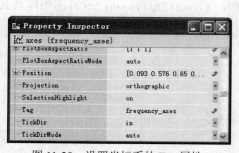

图 11-29   设置坐标系的 Tag 属性

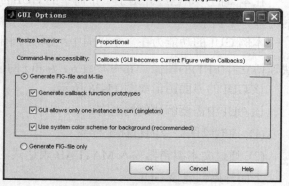

图 11-30   设置 GUI 属性

2. 编写响应函数代码

该 GUI 需要从界面中读入参数，利用读入的参数计算函数的快速傅立叶变换，之后绘制图形。需要的响应函数只有一个，即按钮的响应函数。该函数的内容为：

```
function plot_button_Callback(hObject, eventdata, handles)
% hObject       handle to plot_button (see GCBO)
% eventdata     reserved - to be defined in a future version of MATLAB
% handles       structure with handles and user data (see GUIDATA)

% Get user input from GUI
f1 = str2double(get(handles.f1_input,'String'));
f2 = str2double(get(handles.f2_input,'String'));
t = eval(get(handles.t_input,'String'));

% Calculate data
x = sin(2*pi*f1*t) + sin(2*pi*f2*t);
y = fft(x,512);
m = y.*conj(y)/512;
f = 1000*(0:256)/512;

% Create frequency plot
axes(handles.frequency_axes) % Select the proper axes
plot(f,m(1:257))

set(handles.frequency_axes,'XMinorTick','on')
grid on

% Create time plot
axes(handles.time_axes) % Select the proper axes
plot(t,x)
set(handles.time_axes,'XMinorTick','on')
grid on
```

代码完成后保存，运行该 GUI，得到结果如图 11-31 所示。

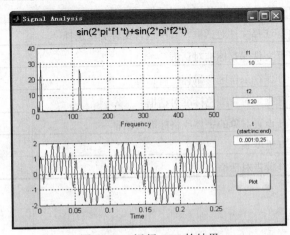

图 11-31　运行 GUI 的结果

11.4　通过程序创建 GUI

除通过 GUI 向导创建 GUI 外，还可以通过程序创建 GUI，MATLAB 提供了一些函数用于创建 GUI，这些函数可以辅助用户创建 GUI。

11.4.1　用于创建 GUI 的函数

1. 预定义对话框

MATLAB 中提供了一系列函数用于预定义对话框，用于预定义对话框的函数如表 11-3 所示。

表 11-3　MATLAB 中用于预定义对话框的函数

函　　数	功　　能
dialog	创建并打开对话框
errordlg	创建并打开错误提示对话框
helpdlg	创建并打开帮助对话框
inputdlg	创建并打开输入对话框
listdlg	创建并打开列表选择对话框
msgbox	创建并打开消息对话框
pagesetupdlg	打开页面设置对话框
printdlg	打开打印对话框
questdlg	打开问询对话框
uigetdir	打开查找目录标准对话框
uigetfile	打开查找文件标准对话框
uigetpref	打开支持优先级的提问对话框
uiopen	打开选择文件对话框，其中包含文件类型选择
uiputfile	打开文件保存标准对话框
uisave	打开保存工作区变量标准对话框
uisetcolor	打开指定对象颜色标准对话框
uisetfont	打开设置对象的字体风格标准对话框
waitbar	打开进度条
warndlg	打开警告对话框

2. 创建对象

MATLAB 中用于创建对象的函数如表 11-4 所示。

表 11-4　MATLAB 中用于创建对象的函数

函　数	功　能
axes	创建坐标系
uibuttongroup	创建按钮组，用于管理单选按钮和开关按钮
uicontextmenu	创建右键菜单
uicontrol	创建用户接口控制对象
uimenu	创建图形窗口中的菜单
uipanel	创建面板
uipushtool	创建工具栏按钮
uitoggletool	创建工具栏开关按钮
uitoolbar	创建工具栏

3. ActiveX 控件

MATLAB 中用于创建 ActiveX 控件的函数如表 11-5 所示。

表 11-5　MATLAB 中用于创建 ActiveX 控件的函数

函　数	功　能
actxcontrol	图形窗口中的 ActiveX 控件
actxcontrollist	显示当前窗口中已经安装的所有 ActiveX 控件
actxcontrolselect	显示创建 ActiveX 控件的图形界面
actxserver	创建 COM 自动服务器

4. 使用应用程序的数据

MATLAB 中用于获取应用程序数据的函数如表 11-6 所示。

表 11-6　MATLAB 中获取应用程序数据的函数

函　数	功　能
getappdata	获取应用程序定义的数据的值
guidata	存储或获取 GUI 数据
isappdata	判断是否为应用程序定义的数据
rmappdata	删除应用程序定义的数据
setappdata	设置应用程序定义的数据

5. 用户接口输入

MATLAB 中的用户接口输入函数如表 11-7 所示。

表 11-7　　MATLAB 中用户接口输入函数

函　　数	功　　能
waitfor	停止运行，直到条件满足时继续执行程序
waitforbuttonpress	停止运行，直到按下键盘或单击鼠标时继续运行
ginput	获取鼠标或者光标输入

6. 优先权控制函数

MATLAB 中的优先权控制函数如表 11-8 所示。

表 11-8　　MATLAB 优先权控制函数

函　　数	功　　能
addpref	添加优先权(preference)
getpref	获取优先权
ispref	判断优先权是否存在
rmpref	删除优先权
setpref	设置优先权
uigetpref	打开对话框，查找优先权
uisetpref	管理用于 uigetpref 的优先权

7. 应用函数

MATLAB 中的应用函数如表 11-9 所示。

表 11-9　　应用函数

函　　数	功　　能
align	排列 UI 控件和轴
findall	搜索所有的对象
findfigs	搜索图形超出屏幕的部分
findobj	定位满足指定属性的图形对象
gcbf	返回当前运行的响应函数所对应对象所在图形的句柄
gcbo	返回当前运行的响应函数所对应对象的句柄
guihandles	创建句柄结构体
inspect	打开属性监测器
movegui	将 GUI 移动到屏幕上的指定位置
openfig	打开 GUI，若已经打开则令其处于活动状态
selectmoveresize	选中、移动、重置大小或者复制坐标系或图形控件
textwrap	返回对指定控件的字符串矩阵
uiresume	重新开始执行通过 uiwait 暂停的程序
uistack	重新堆栈对象
uiwait	中断程序执行，通过 uiresume 恢复执行

11.4.2　程序创建 GUI 示例

本节通过程序创建 GUI 的实例，帮助读者进一步掌握程序创建 GUI 的过程及方法。

1. 需要实现的功能及需要包含的控件

本节要创建的 GUI 其功能为在坐标系内绘制用户选定的数据，包含的控件包括以下几种。

- 坐标系。
- 弹出菜单，其中包含五个绘图选项。
- 按钮，更新坐标系中的内容。
- 菜单栏，其中包含 File 菜单，菜单中包含三个选项，为 Open、Print 和 Close。
- 工具栏，包含两个按钮，为 Open 和 Print。

打开该 GUI 时，在坐标系中显示五组随机数。用户可以通过弹出菜单选择绘制其他图形，选择后单击 Update 按钮更新图形。

该 GUI 的最终界面如图 11-32 所示。

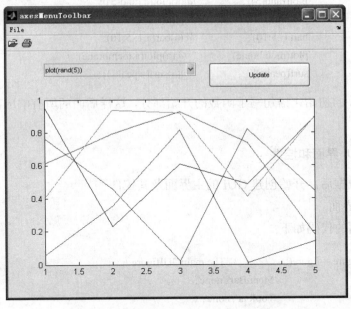

图 11-32　待创建 GUI 的最终界面

2. 需要使用的技术

在该 GUI 创建的过程中，需要应用的技术包括以下几种。

- 当打开 GUI 时，向其传递输入参数。
- GUI 返回时，得到其输出参数。
- 处理异常变化。

- 跨平台运行该 GUI。
- 创建菜单。
- 创建工具栏。
- 大小改变功能。

3. 创建 GUI

定义两个变量：mOutputArgs 和 mPlotTypes。

mOutputArgs 为单元数组，其内容为输出值。在后面的程序将为其定义默认值。mOutputArgs 的定义语句为：

```
mOutputArgs = {};    % Variable for storing output whenGUIreturns
```

mPlotTypes 是一个 5×2 单元数组，其元素为将要在坐标系中绘制的数据。第一列为字符串，显示在弹出菜单中，第二列为匿名函数句柄，是待绘制的函数。

其定义语句为：

```
mPlotTypes = {...          % Example plot types shown by this GUI
                'plot(rand(5))',            @(a)plot(a,rand(5));
                'plot(sin(1:0.01:25))', @(a)plot(a,sin(1:0.01:25));
                'bar(1:.5:10)',              @(a)bar(a,1:.5:10);
                'plot(membrane)',           @(a)plot(a,membrane);
                'surf(peaks)',               @(a)surf(a,peaks)};
```

mPlotTypes 的初始化语句写于函数的开始部分，这样后面的所有响应函数都可以使用该变量的值。

4. 创建 GUI 界面和控件

在初始化数据后，开始创建 GUI 的主界面及其控件。

- 创建主界面

创建主界面的代码如下：

```
hMainFigure = figure(...          % The mainGUIfigure
                'MenuBar','none', ...
                'Toolbar','none', ...
                'HandleVisibility','callback', ...
                'Color', get(0,...
                            'defaultuicontrolbackgroundcolor'));
```

这段函数中的代码的意义分别如下所示。

　　◇　Figure：创建 GUI 图形窗口。

　　◇　'MenuBar','none', ...：隐藏该图形原有的菜单栏。

　　◇　Toolbar','none', ..：隐藏该图形原有的工具栏。

　　◇　'HandleVisibility','callback', ..：设置该图形只能通过响应函数调用，并且阻止通过命令行向该窗口中写入内容或者删除该窗口。

◇ 'Color', get(0,'defaultuicontrolbackgroundcolor'))：定义图形的背景色，该语句定义图形的背景与 GUI 控件的默认颜色相同，如按钮的颜色。由于不同的系统会有不同的默认设置，因此，该语句保证 GUI 的背景色与控件的颜色匹配。

● 创建坐标系

创建坐标系的代码为：

```
hPlotAxes = axes(...        % Axes for plotting the selected plot
                'Parent', hMainFigure, ...
                'Units', 'normalized', ...
                'HandleVisibility','callback', ...
                'Position',[0.11 0.13 0.80 0.67]);
```

其中代码的功能如下所示。

◇ axes：创建坐标系。

◇ 'Parent', hMainFigure：设置该坐标系为 hMainFigure 所指图形(主界面)的子图形。

◇ 'Units', 'normalized'：该属性保证当改变 GUI 的尺寸时，坐标系同时变化。

◇ 'Position',[0.11 0.13 0.80 0.67]：定义坐标系的位置及大小。

● 创建弹出菜单

创建弹出菜单的代码为：

```
hPlotsPopupmenu = uicontrol(... % List of available types of plot
                'Parent', hMainFigure, ...
                'Units','normalized',...
                'Position',[0.11 0.85 0.45 0.1],...
                'HandleVisibility','callback', ...
                'String',mPlotTypes(:,1),...
                'Style','popupmenu');
```

代码中语句的含义如下所示。

◇ uicontrol：创建弹出菜单。uicontrol 可以用于创建各种菜单，属性'Style'的值设置为 'popupmenu' 用于创建弹出菜单。

◇ 'String',mPlotTypes(:,1)： 'String' 用于设置菜单中显示的内容，这里显示变量 mPlotTypes 中的内容。

● Update 按钮

创建 Update 按钮的代码为：

```
hUpdateButton = uicontrol(... % Button for updating selected plot
                'Parent', hMainFigure, ...
                'Units','normalized',...
                'HandleVisibility','callback', ...
                'Position',[0.6 0.85 0.3 0.1],...
```

```
                        'String','Update',...
                        'Callback', @hUpdateButtonCallback);
```

代码中语句的含义如下所示。

◇ uicontrol，该函数用于创建各种 GUI 控件，创建控件的类型通过属性 'Style' 确定，其默认值为创建按钮，因此这里不需要再次设置。

◇ 'String','Update'，设置按钮的显示文字为 Update。

◇ 'Callback', @hUpdateButtonCallback)，设置该按钮的响应函数为 hUpdateButton Callback。

● File 菜单

创建 File 菜单需要首先创建菜单，再依次创建菜单中的项目，代码如下：

```
hFileMenu     =    uimenu(...         % File menu
                        'Parent',hMainFigure,...
                        'HandleVisibility','callback', ...
                        'Label','File');
hOpenMenuitem  =   uimenu(...         % Open menu item
                        'Parent',hFileMenu,...
                        'Label','Open',...
                        'HandleVisibility','callback', ...
                        'Callback', @hOpenMenuitemCallback);
hPrintMenuitem =   uimenu(...         % Print menu item
                        'Parent',hFileMenu,...
                        'Label','Print',...
                        'HandleVisibility','callback', ...
                        'Callback', @hPrintMenuitemCallback);
hCloseMenuitem =   uimenu(...         % Close menu item
                        'Parent',hFileMenu,...
                        'Label','Close',...
                        'Separator','on',...
                        'HandleVisibility','callback', ...
                        'Callback', @hCloseMenuitemCallback');
```

代码中语句的含义如下所示。

◇ Uimenu，该函数用于创建菜单。创建主菜单时设置其属性'Parent'为 GUI 主窗口 hMainFigure，创建菜单项时该属性设置为 hFileMenu。

◇ 'Label' 用于设置菜单的标题。

● 工具栏

创建工具栏与创建菜单相同，需要首先创建工具栏，然后依次创建其中的工具代码如下：

```
hToolbar = uitoolbar(...       % Toolbar for Open and Print buttons
                        'Parent',hMainFigure, ...
```

```
hOpenPushtool  =  uipushtool(...        % Open toolbar button
                      'Parent',hToolbar,...
                      'TooltipString','Open File',...
                      'CData',iconRead(fullfile(matlabroot,...
                          'toolbox\matlab\icons\opendoc.mat')),...
                      'HandleVisibility','callback', ...
                      'ClickedCallback', @hOpenMenuitemCallback);
hPrintPushtool = uipushtool(...        % Print toolbar button
                      'Parent',hToolbar,...
                      'TooltipString','Print Figure',...
                      'CData',iconRead(fullfile(matlabroot,...
                          'toolbox\matlab\icons\printdoc.mat')),...
                      'HandleVisibility','callback', ...
                      'ClickedCallback', @hPrintMenuitemCallback);
```

代码中的函数及参数的意义分别如下所示。

◇　Uitoolbar，在主窗口中创建工具栏。

◇　Uipushtool，创建工具栏中项目。

◇　TooltipString，该属性用于设置当鼠标移动到该图标时显示的提示文本。

◇　CData，用于指定显示于该按钮的图像。

◇　ClickedCallback，用于指定当用于单击该工具时执行的操作。

5. 初始化 GUI

创建打开该 GUI 时显示的图形，并且定义输出参数值。代码如下：

```
% Update the plot with the initial plot type
localUpdatePlot();
% Define default output and return it if it is requested by users
mOutputArgs{1} = hMainFigure;
if nargout>0
    [varargout{1:nargout}] = mOutputArgs{:};
End
```

localUpdatePlot()函数用于在坐标系中绘制选定的数据。后面的语句设置默认输出为该 GUI 的句柄。

6. 定义响应函数

该 GUI 中共有六个控件由响应函数控制，但是由于工具栏 Open 工具和 File 菜单中的 Open 选项共用一个响应函数，工具 Print 和菜单项 Print 共用一个响应函数，因此，共需要定义四个响应函数。

● Update 按钮的响应函数

Update 按钮的响应函数为 hUpdateButtonCallback，该函数的定义如下：

```
function hUpdateButtonCallback(hObject, eventdata)
    % Callback function run when the Update button is pressed
        localUpdatePlot();
    end
```

其中 localUpdatePlot 为一个辅助函数，稍后介绍。

- Open 项的响应函数

Open 菜单项和工具栏 Open 的响应函数为 hOpenMenuitemCallback，该函数的定义为：

```
function hOpenMenuitemCallback(hObject, eventdata)
    % Callback function run when the Open menu item is selected
        file = uigetfile('*.m');
        if ~isequal(file, 0)
            open(file);
        end
    end
```

该函数首先调用 uigetfile 打开文件查找标准对话框，如果 uigetfile 返回值为有效文件名则调用 open 函数打开。

- Print 菜单项的响应函数

Print 菜单项的响应函数为 hPrintMenuitemCallback，该函数的定义为：

```
function hPrintMenuitemCallback(hObject, eventdata)
    % Callback function run when the Print menu item is selected
        printdlg(hMainFigure);
    end
```

该函数调用 printdlg 打开打印对话框。

- Close 菜单项的响应函数

Close 菜单项用于关闭该 GUI 窗口，其响应函数为 hCloseMenuitemCallback，该函数的定义如下：

```
function hCloseMenuitemCallback(hObject, eventdata)
    % Callback function run when the Close menu item is selected
        selection = ...
            questdlg(['Close ' get(hMainFigure,'Name') '?'],...
                    ['Close ' get(hMainFigure,'Name') '...'],...
                    'Yes','No','Yes');
        if strcmp(selection,'No')
            return;
        end

        delete(hMainFigure);
    end
```

该函数首先调用 questdlg 函数打开询问对话框，如果用户选择 No，则取消操作；如果用户选择 Yes，则关闭该窗口。

除上述响应函数外，还用到了一个辅助函数 localUpdatePlot，该函数的定义为：

```
function localUpdatePlot
% Helper function for plotting the selected plot type
    mPlotTypes{get(hPlotsPopupmenu, 'Value'), 2}(hPlotAxes);
end
```

该函数用于利用选中的绘图类型进行绘图。

7. 该 GUI 的完整 M 文件

```
function varargout = axesMenuToolbar(varargin)
% AXESMENUTOOLBAR Example for creating GUIs with menus, toolbar, and plots
%        AXESMENUTOOLBAR is an exampleGUIfor demonstrating how to creating
%        GUIs using nested functions. It shows how to generate different
%        plots and how to add menus and toolbar to the GUIs.

%     Copyright 1984-2007 The MathWorks, Inc.

% Declare non-UI data so that they can be used in any functions in this GUI
% file, including functions triggered by creating theGUIlayout below
mOutputArgs      = {};              % Variable for storing output whenGUIreturns
mPlotTypes       = {...             % Example plot types shown by this GUI
                    'plot(rand(5))',            @(a)plot(a, rand(5));
                    'plot(sin(1:0.01:25))',     @(a)plot(a, sin(1:0.01:25));
                    'bar(1:.5:10)',             @(a)bar(a,1:.5:10);
                    'plot(membrane)',           @(a)plot(a, membrane);
                    'surf(peaks)',              @(a)surf(a, peaks)};

% Declare and create all the UI objects in thisGUIhere so that they can
% be used in any functions
hMainFigure      =     figure(...            % the mainGUIfigure
                        'MenuBar','none', ...
                        'Toolbar','none', ...
                        'HandleVisibility','callback', ...
                        'Name', mfilename, ...
                        'NumberTitle','off', ...
                        'Color', get(0, 'defaultuicontrolbackgroundcolor'));
hPlotAxes        =     axes(...              % the axes for plotting the selected plot
                        'Parent', hMainFigure, ...
                        'Units', 'normalized', ...
                        'HandleVisibility','callback', ...
                        'Position',[0.11 0.13 0.80 0.67]);
```

```
hPlotsPopupmenu=    uicontrol(...         % list of available types of plot
                        'Parent', hMainFigure, ...
                        'Units','normalized',...
                        'Position',[0.11 0.85 0.45 0.1],...
                        'HandleVisibility','callback', ...
                        'String',mPlotTypes(:,1),...
                        'Style','popupmenu');
    hUpdateButton   =   uicontrol(...       % Button for updating selected plot
                        'Parent', hMainFigure, ...
                        'Units','normalized',...
                        'HandleVisibility','callback', ...
                        'Position',[0.6 0.85 0.3 0.1],...
                        'String','Update',...
                        'Callback', @hUpdateButtonCallback);
    hFileMenu       =   uimenu(...            % File menu
                        'Parent',hMainFigure,...
                        'HandleVisibility','callback', ...
                        'Label','File');
    hOpenMenuitem   =   uimenu(...          % Open menu item
                        'Parent',hFileMenu,...
                        'Label','Open',...
                        'HandleVisibility','callback', ...
                        'Callback', @hOpenMenuitemCallback);
    hPrintMenuitem  =   uimenu(...            % Print menu item
                        'Parent',hFileMenu,...
                        'Label','Print',...
                        'HandleVisibility','callback', ...
                        'Callback', @hPrintMenuitemCallback);
    hCloseMenuitem  =   uimenu(...            % Close menu item
                        'Parent',hFileMenu,...
                        'Label','Close',...
                        'Separator','on',...
                        'HandleVisibility','callback', ...
                        'Callback', @hCloseMenuitemCallback');
    hToolbar        =   uitoolbar(...        % Toolbar for Open and Print buttons
                        'Parent',hMainFigure, ...
                        'HandleVisibility','callback');
    hOpenPushtool   =   uipushtool(...       % Open toolbar button
                        'Parent',hToolbar,...
                        'TooltipString','Open File',...
                        'CData',iconRead(fullfile(matlabroot,
'/toolbox/matlab/icons/opendoc.mat')),...
                        'HandleVisibility','callback', ...
                        'ClickedCallback', @hOpenMenuitemCallback);
```

```
hPrintPushtool =      uipushtool(...        % Print toolbar button
                             'Parent',hToolbar,...
                             'TooltipString','Print Figure',...
                             'CData',iconRead(fullfile(matlabroot,
'/toolbox/matlab/icons/printdoc.mat')),...
                             'HandleVisibility','callback', ...
                             'ClickedCallback', @hPrintMenuitemCallback);


    % Update the plot with the initial plot type
    localUpdatePlot();

    % Define default output and return it if it is requested by users
    mOutputArgs{1} = hMainFigure;
    if nargout>0
        [varargout{1:nargout}] = mOutputArgs{:};
    end


    %-----------------------------------------------------------------
    function hUpdateButtonCallback(hObject, eventdata)
    % Callback function run when the update button is pressed
        localUpdatePlot();
    end


    %-----------------------------------------------------------------
    function hOpenMenuitemCallback(hObject, eventdata)
    % Callback function run when the Open menu item is selected
        file = uigetfile('*.fig');
        if ~isequal(file, 0)
            open(file);
        end
    end


    %-----------------------------------------------------------------
    function hPrintMenuitemCallback(hObject, eventdata)
    % Callback function run when the Print menu item is selected
        printdlg(hMainFigure);
    end


    %-----------------------------------------------------------------
    function hCloseMenuitemCallback(hObject, eventdata)
    % Callback function run when the Close menu item is selected
        selection = questdlg(['Close ' get(hMainFigure,'Name') '?'],...
                             ['Close ' get(hMainFigure,'Name') '...'],...
                             'Yes','No','Yes');
```

```
        if strcmp(selection,'No')
            return;
        end

        delete(hMainFigure);
    end


%-------------------------------------------------------------------
function localUpdatePlot
% Helper function for ploting the selected plot type
        mPlotTypes{get(hPlotsPopupmenu, 'Value'), 2}(hPlotAxes);
    end

    end % end of axesMenuToolbar
```

11.5 习　　题

1. 简述在 MATLAB 中创建图形用户接口(GUI)的步骤。

2. 简述 GUI 控件的种类及各自的功能。

3. 什么是 callbackfunction？其作用是什么？

4. 创建一个 GUI，使用一个弹出式控件选择 GUI 的背景颜色。

5. 创建一个 GUI，绘制抛物线 $y = ax^2 + bx + c$ 的图像，其中参数 a、b、c 及绘图范围等由界面文本编辑框输入。

第12章　Simulink的建模与仿真

Simulink 是 The Mathworks 公司于 1990 年推出的产品，是用于 MATLAB 下建立系统框图和仿真的环境。该环境刚推出时的名字叫做 Simulab，由于其名字很类似于当时一个很著名的语言——Simula 语言，所以次年更名为 Simulink。从名字上看，立即就能看出该程序的两层含义，首先，"simu"一词表明它是用于计算机仿真，而"Link"一词表示它能进行系统连接，即把一系列的功能模块连接起来，构成复杂的系统模型。也正是因为这两方面的功能和特色，使它成为仿真领域首选的计算机环境。

早在 Simulink 出现之前，仿真一个给定的连续系统是很复杂的事情，当时的 MATLAB 虽然支持一些较为简单的常微分方程求解，但是只用语句的方式建立起一个完整系统的状态方程是很困难的，所以需要借助像 ACSL 等仿真语言工具。当时采用这样的语言建立模型需要很多的手工编程，很不直观，对复杂的问题来说出错是在所难免，而且由于过多的手工编程，浪费的时间较多，很不经济。所以 Simulink 一出现，即成为主要的仿真工具。

本章内容重点是向读者初步介绍 Simulink 中的建模方法和基本功能模块，首先是介绍 Simulink 建模的基本操作和基本流程，然后介绍 Simulink 的各功能模块，最后介绍 S 函数，并通过实例建模以使读者对 Simulink 有进一步的认识。

本章学习目标

- ☑ 掌握 Simulink 模型的建立方法
- ☑ 熟悉 Simulink 模块库
- ☑ 了解 S 函数的设计和调用

12.1　Simulink 模型的建立

12.1.1　Simulink 的启动

Simulnk 的启动有三种方式：

第一种方式是在启动 MATLAB 后，单击 MATLAB 主窗口的快捷按钮，打开 Simulink Library Browser 窗口，如图 12-1 所示。

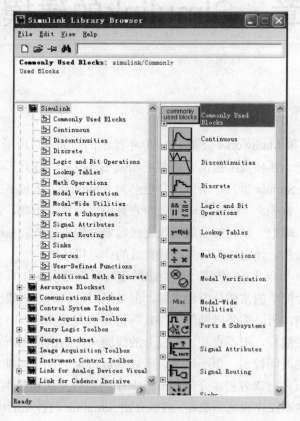

图 12-1　Simulink 模块库界面

第二种方式是在 MATLAB 的命令窗口中输入 simulink,结果是在桌面上出现一个 Simulink Library Browser 的窗口，如图 12-1，在这个窗口中列出了按功能分类的各种模块的名称。

第三种是在 MATLAB 菜单中选择 File | New | Model 菜单命令。

12.1.2　Simulink 模型窗口的建立

在 Simulink 环境下，编辑模型的一般过程是：首先打开一个空白的编辑窗口，然后将模块库中模块拖放到编辑窗口中，并依照给定的框图修改编辑窗口中模块的参数，再将各个模块按照给定的框图连接起来，这样就可以对整个模型进行仿真了。

在 Simulink 中打开一个空白的模型窗口有以下三种方法：

(1) 选中 Simulink 菜单系统中的 File | New | Model 菜单项后，会生成一个 Simulink 窗口；

(2) 单击 Simulink 工具栏中的"新建模型"图标；

(3) 在 MATLAB 的命令窗口中选择 File | New | New Model 菜单项。

Simulink 启动后，便可打开如图 12-2 所示的 Simulink 的仿真编辑窗口，用户可以开始编辑自己的仿真程序了。

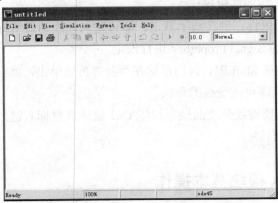

图 12-2　Simulink 仿真编辑窗口

12.1.3　Simulink 模块间连线处理

在 Simulink 的空白模型窗口中，搭建 Simulink 的模型主要是通过用线将各种功能模块连接构成的。在 Simulink 中，将两个模块相接非常简单，在每个允许输出的模块口都有一个输出的 > 符号表示离开该模块，而输入端也有一个表示输入的 > 符号表示进入该模块。假如想将一个输入模块和一个输出模块连接起来，那么只需要在前一个模块的输出口处鼠标左键单击，然后拖动鼠标至另外一个模块的输入口，松开鼠标左键，Simulink 会自动将两个模块用线连接起来。另外如果要快速连接两个模块，可以左键单击输入模块，然后按下键盘上的 Ctrl 键，然后用鼠标单击所要连接的输入模块，Simulink 会自动完成两个模块的连接。图 12-3 所示就是输入模块和输出模块连接后的图形示例。

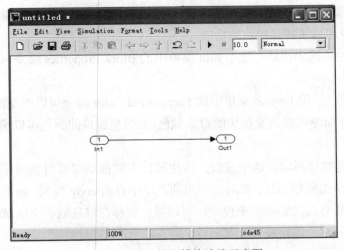

图 12-3　输入输出模块连线示意图

注释:

在正确连接之后, 连线带有实心的箭头, 而倘若未成功连接, 连续将是虚线。

Simulink 模块间连线的常用操作:

(1) 设定标签: 用鼠标左键在线上双击, 即可输入该线的说明标签, 也可以选中线, 然后打开 Edit 菜单下的 Signal Properties 进行设定。

(2) 线的弯折: 按住 Shift 键, 再用鼠标在所要弯折处单击, 就会出现圆圈, 表示该处即为弯折点, 拖动该点即可改变线的形状。

(3) 分支线: 在需要将线分支的地方按住 Ctrl 键或者鼠标右键, 并在需要建立分支线的地方用鼠标拉出即可。

12.1.4　Simulink 模块基本操作

模块库中的模块可以直接用鼠标进行拖拽(用鼠标左键选中模块, 并按住左键不放), 然后放到模型窗口中处理。在模型窗口中, 选中该模块, 此时模块四个角都有黑色标记, 这时可以对该模块进行以下操作:

(1) 模块移动: 选中所要移动的模块, 按住鼠标左键即可将其拖动。倘若该模块已经连线, 那么按住 shift 键再将其拖动, 则该模块可以脱离线而移动。

(2) 改变模块大小: 选中模块, 对模块四个角进行拖动, 即可改变模块大小。

(3) 模块命名: 在需要更改名字的模块上单击, 即可直接更改。而使用 Format 菜单中的 Hide Name 命令则可以隐藏模块名称。

(4) 模块转向: 有时候模块需要转向, 以方便连接。所以在 Format 菜单中, 选择 Flip Block 命令可以将选中的模块旋转 180 度, 而选择 Rotate Block 命令则可以将模块顺时针旋转 90 度。

(5) 模块参数: 用鼠标双击模块, 即可进入模块的参数设定窗口, 从而对模块进行参数设定。如果需要了解该模块的功能, 则可以通过对该模块单击鼠标右键, 在打开的菜单中选择 Help 命令即可了解该模块的功能。

(6) 模块属性: 选中模块, 使用 Edit 菜单中的 Block Properties 命令可以对模块进行属性设定。

(7) 模块颜色: 使用 Format 菜单中的 Foreground Color 命令可以改变模块的前景颜色, Background Color 命令可以改变模块的背景颜色; 而模型窗口的颜色可以通过 Screeen Color 命令来改变。

(8) 模块的复制与删除: 选中模块, 按住鼠标右键拖动即可得到同样的一个模块, 也可以通过对模块单击鼠标右键, 然后在弹出的菜单中点击 copy 得到。而删除模块可以使用 Delete 键, 如果想要同时删除多个模块, 可以按住鼠标左键选取一个区域, 然后按 Delete 键就可以把这个区域的模块及连线都删除。

12.1.5 Simulink 仿真设置

在建立完 Simulink 的模型后，接着就应当设置仿真参数。Simulink 的仿真参数在菜单栏的 Simulation 选项中的 Configuration Parameters 项中进行设置，也可以用"Ctrl+E"进行设置，弹出如图 12-4 的界面。

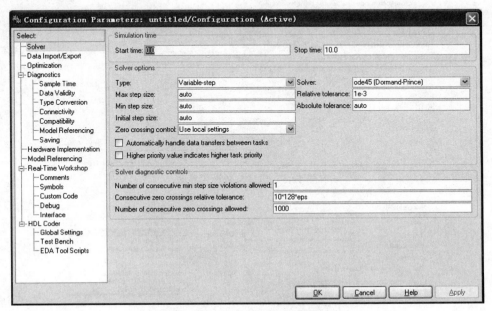

图 12-4 Simulink 仿真参数设置界面

界面左边一栏主要包括：仿真参数设置(Solver)、数据输入/输出设置(Data Import/Export)、仿真优化设置(Optimization)、诊断参数设置(Diagnostics)、硬件实现设置(Hardware Implementation)、模型调用设置(Model Referencing)、实时工具设置(Real-Time Workshop)和 HDL 语言编码器设置(HDL Coder)。

1. 仿真参数设置(Solver)

仿真参数设置界面如图 12-5 所示，主要包括了两个选项组 Simulation time(仿真时间)和 Solver options(仿真参数选项)。

在 Simulation time 选项组中：

● Start time：仿真起始时间，默认值为 0。

● Stop time：仿真结束时间，默认值为 10。

在 Solver options 选项组中：

当 Type 选项中选择 Variable-step(变步长)时，出现的对话框如图 12-6 所示。

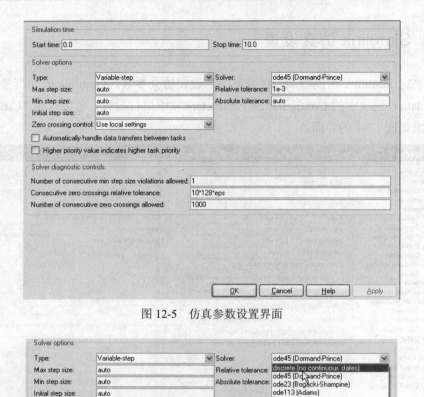

图 12-5　仿真参数设置界面

图 12-6　Type 为 Variable-step 时解法器参数设置窗口

- Solver：表示仿真求解方法，包括 ode45、ode23、ode113、ode15s、ode23s、ode23t、ode23tb 和 discrete。

- Max step size：仿真求解时的最大步长。

- Min step size：仿真求解时的最小步长。

- Relative tolerance：仿真求解时的相对误差。

- Absolute tolerance：仿真求解时的绝对误差。

- Initial step size：仿真求解时的初始步长。

- Zero crossing control：在变步长仿真中打开零交叉检测功能。

当 Type 选项中选择 Fixed-step(固定步长)时，出现的对话框如图 12-7 所示。

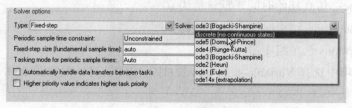

图 12-7　Type 为 Fixed-step 时解法器参数设置窗口

- Solver：表示仿真求解方法，包括 ode1、ode2、ode3、ode4、ode5 和 discrete。
- Periodic sample time constraint：允许制定模型样本周期限制，分别为 Unconstrained (无限制)、Ensure sample time independent(从参考模型中继承样本时间)、Specified(模型运行在一系列划分的样本时间范围内)。
- Fixed-step Size：固定步长设定。
- Tasking mode for periodic sample times：Multitasking(多任务仿真中，检测到两个模块之间出现不合法的样本速率时发出错误信号)，Single Tasking(当模型是单任务模型时，所有信号传输同步，不做检测)，Auto(自动选择不同的运行模式)。

而在 Solver diagnostic controls 选项中，界面如图 12-8 所示。

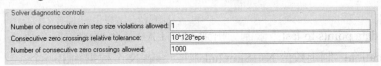

图 12-8　仿真诊断控制界面

在仿真诊断控制界面中，主要是针对连续过零点进行相关设置。

2. 数据输入/输出(Data Import/Export)

数据输入输出设置的界面如图 12-9 所示，主要用于 Simulink 和 MATLAB 工作区空间交换数据时的相关选项设置。从图 12-9 中可以看到 Load from workspace，Save to workspace 以及 Save options 这 3 个选项。

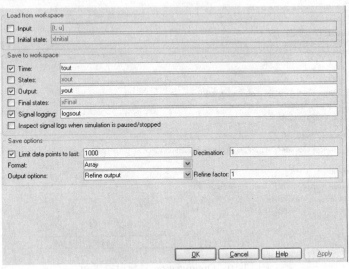

图 12-9　数据输入/输出界面

在 Load from workspace 选项组中，主要是设置如何从 MATLAB 工作区调入数据：

- Input：格式为 MATLAB 表达式，确定从 MATLAB 空间输入的数据。
- Initial state：格式为 MATLAB 表达式，确定模型的初始状态。

在 Save to worksapce 选项组中，主要设置如何将数据保存到 MATLAB 工作区：

- Time：设置将模型仿真中的时间导出到 MATLAB 工作区时所使用的变量名。
- States：设置将模型仿真中的状态导出到 MATLAB 工作区时所使用的变量名。
- Output：设置将模型仿真中的输出导出到 MATLAB 工作区时所使用的变量名。
- Final states：设置将模型仿真节结束时的状态导出到 MATLAB 工作区时所使用的变量名。
- Signal logging：记录信号日志。
- Inspect Signal logs when simulation is puased/stopped：选择在仿真暂停/停止时核查信号日志。

在 Save options 选项组中，主要是设置保存到 MATLAB 工作区或者从工作区加载数据的各种选项：

- Limit data points to last：限制导出到 MATLAB 工作区的数据个数。
- Decimation：制定数值 N，Simulink 则会每隔 N 个数据输出一个。
- Format：设置保存到 MATLAB 工作区或者从 MATLAB 工作区载入数据的格式。
- Output options：设置输出选项。

3. Optimization 优化选项

单击 Configuration parameters 对话框左侧目录中的 Optimization 项，右侧如图 12-10 所示，这个优化选项可以选择不同的选项来提高仿真性能以及代码的性能。

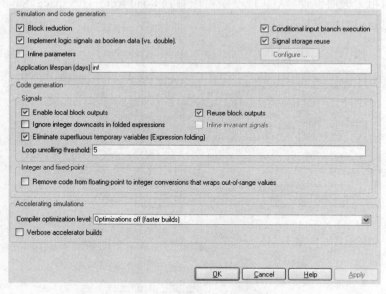

图 12-10　Optimization 参数设置界面

在 Simulation and code generation 选项组中：

- Block reduction：用一个合成模块代替一组模块，以提高代码执行效率。
- Conditional input brach execution：该选项在模型含有 Switch 模块或者 Multiport 时使用。当被选中时，该选项只执行模型中那些需要计算控制输入的，以及每一个时间步长内控制输入所选择的输入数据的 Switch 或者 Mutiport 模块。

- Signal storage reuse：促使 Simulink 重新使用分配的内存来保存模块的输入与输出数据。
- Inline parameters：默认在仿真过程中可以修改许多可调模块参数，选中此框，则所有模块都成为不可调模块。
- Application lifespan：设置模型所代表系统的活动周期。
- Implement logic signals as boolean data(vs.double)：允许仿真中使用逻辑信号。

在 Code Generation 选项组中，其设置只对代码生成的时候有效，故不予以详细说明。

在 Accelerating simulations 选项组中，主要是对编译器进行选择性的优化。

4. 诊断参数(Diagnostics)

诊断参数的设置如图 12-11 所示，包括采样时间(Sample Time)、数据完整性(Data Validity)、转换(Type Conversion)、连接(Connectivity)、兼容性(Compatibility)和模型引用(Model Referencing)这几个子项的诊断。用户可以设置对应各子项应作的处理，主要是包括是否进行一致性检验、是否禁用过零检测、是否禁止复用缓存等。还有硬件设置(Hardware Implementation)，允许设置用来执行模型所表示系统的硬件参数，可以使模型仿真中检测到目标硬件存在的错误条件。而参考模型(Model referencing)允许用户设置模型中的其他模型，或者包含在其他模型中的此模型，以便仿真调试和目标代码生成。

5. 实时工作(Real-time Workshop)

实时工作仿真设置窗口如图 12-12 所示，主要是用于与 C 语言编辑器的交换，通过它可以直接从 Simulink 模型生成代码,并自动建立可以在不同环境(包括实时系统和单机仿真)下运行的程序。

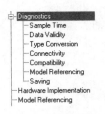

图 12-11　诊断参数子项　　　　　　　图 12-12　实时工作设置窗口

6. HDL 语言编码设置(HDL Coder)

HDL 语言编码设置窗口如图 12-13 所示，主要是针对生成 HDL 语言时进行相关参数的设置，包括全局参数设定(Global Settings)，HDL 语言仿真时用到的 Test bech 设定(Test Bench)，和 EDA 仿真工具脚本的设定。

图 12-13　HDL 语言编码设置窗口

12.2　Simulink 模块库简介

熟悉 Simulink 的仿真模块库是熟练建立模型的基础, 只有充分熟悉这些模块库才能正确和快速的建立系统仿真模型。Simulink 模块库包含大部分常用的建立系统框图的模块, 如图 12-1 所示, 下面简要介绍模块库的各部分。

12.2.1　连续模块(Continuous)

在 Simulink 基本模块中选择 Continuous 后, 点击便可看到如图 12-14 所示的连续模块, 它包括以下子模块:

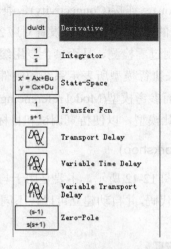

图 12-14　连续模块界面

(1) Derivative: 输入信号微分;

(2) Integrator: 输入信号积分;

(3) State-Space: 状态空间系统模型;

(4) Transfer-Fcn: 传递函数模型;

(5) Transport Delay: 输入信号固定延时模块;

(6) Variable Time Delay: 输入信号可变延时模块;

(7) Variable Transport Delay: 输入信号可变延时;

(8) Zero-Pole: 零极点模型。

12.2.2　非连续模块(Discontinuous)

非连续模块组包含的模块如图 12-15 所示, 该模块组主要包括以下子模块:

(1) Backlash: 间隙非线性模块;

(2) Coulomb&Viscous Friction：库仑和黏度摩擦非线性模块；

(3) Dead Zone：死区非线性模块；

(4) Dead Zone Dynamic：动态死区非线性模块；

(5) Hit Crossing：冲击非线性模块；

(6) Quantizer：量化非线性模块；

(7) Rate Limiter：信号变化率限制模块；

(8) Rate Limiter Dynamic：信号变化率动态限制模块；

(9) Relay：滞环比较器模块；

(10) Saturation：饱和输出模块；

(11) Saturation Dynamic：动态饱和输出模块；

(12) Warp To Zero：阈值过限清零。

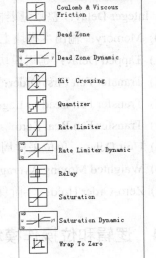

图 12-15　非连续模块

12.2.3　离散模块(Discrete)

离散模块组包含的模块如图 12-16 所示，该模块路组主要包括以下子模块：

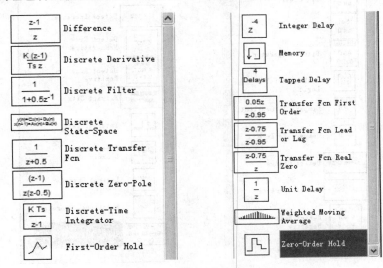

图 12-16　离散模块

(1) Difference：差分环节模块；

(2) Discrete Derivative：离散为分环节模块；

(3) Discrete Filter：离散滤波器模块；

(4) Discrete State-Space：离散状态空间模块；

(5) Discrete TransferFcn：离散传递函数模块；

(6) Discrete Zero-Pole：零极点形式的离散传递函数模块；

(7) Discrete-time Integrator：离散时间积分器；

(8) First-Order Hold：一阶保持器；

(9) Integer Delay：整数延迟模块；

(10) Memory：输出本模块上一步的输入值；

(11) Tapped Delay：延迟模块；

(12) Transfer Fcn First Order：离散一阶传递函数；

(13) Transfer Fcn Lead or Lag：离散传递函数；

(14) Transfer Fcn Real Zero：离散零点传递函数；

(15) Unit Delay：单位采样周期的延时模块；

(16) Weighted Moving Average：权重移动平均模块；

(17) Zero-Order Hold：零阶保持器。

12.2.4　逻辑和位操作模块(Logic and Bit Operations)

在 simulink 基本模块中选择 Logic and Bit Operations 后，单击便看到如图 12-17 所示的各种子模块：

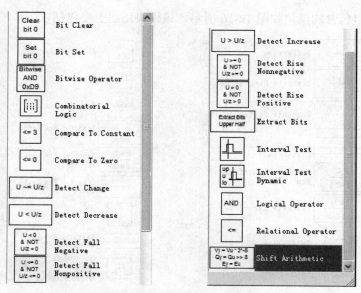

图 12-17　逻辑和位操作模块

(1) Bit clear：位清零；

(2) Bit Set：置位；

(3) Bitwise Operator：逐位操作；

(4) Combinatorial Logic：组合逻辑；

(5) Compare To Constant：与常量比较；

(6) Compare：To Zero 与零比较；

(7) Detect Change：检测突变；

(8) Detect Decrease：检测递减；

(9) Detect Fall Negative：检测负下降沿；

(10) Detect Fall Nonpositive：检测非负下降沿；

(11) Detect Increase：检测递增；

(12) Detect Rise Positive：检测正上升沿；

(13) Detect Rise Nonnegative：检测非负上升沿；

(14) Extract Bits：提取位；

(15) Interval Test：检测开区间；

(16) Interval Test Dynamic：动态检测开区间；

(17) Logical Operator：逻辑操作符；

(18) Relational operator：关系操作符；

(19) Shift Arithmetic：移位运算。

12.2.5　查表模块(Lookup Table)

在 simulink 基本模块中选择 Lookup Table 后，单击便
看到如图 12-18 所示的各种子模块：

(1) Cosine：余弦函数查询；

(2) Direct Lookup Table(n-D)：n 个输入信号的查询表；

(3) Interpolation using PreLookup：n 个输入信号的预
插值；

(4) Lookup Table：信号查询表；

(5) Lookup Table(2-D)：2 维信号输入查询表；

(6) Lookup Table(n-D)：n 维信号输入查询表；

(7) Lookup Table Dynamic：动态查询表；

(8) PreLookup：预查询所以搜索；

(9) Sine：正弦函数查询表。

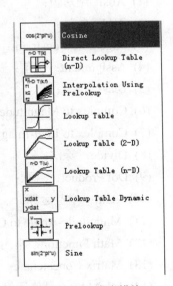

图 12-18　查表模块

12.2.6　数学模块(Math Operations)

在 simulink 基本模块中选择 Math Operations 后，单击便看到如图 12-19 所示的各种子
模块：

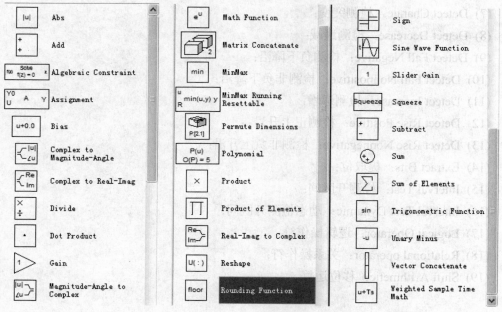

图 12-19　数学模块

(1) Abs：绝对值；

(2) Add：加法；

(3) Algebraic Constraint：代数约束；

(4) Assignment：赋值；

(5) Bias：偏重；

(6) Complex to Magnitude-Angle：复数转化为幅值和相角形式；

(7) Complex to Real-Imag：复数转化为实部和虚部形式；

(8) Divide：除法；

(9) Dot Product：点乘；

(10) Gain：增益运算；

(11) Magnitude-Angle to Complex：输入幅值和相角形式合成复数；

(12) Math Function：常用数学函数；

(13) Matrix Concatenate：矩阵级联；

(14) MinMAx：最值运算；

(15) MinMax Running Resettable：最大最小值运算；

(16) Permute Dimensions：按照指定顺序改变数组维数

(17) Polynomial：多项式；

(18) Product：乘法运算；

(19) Product of Elements：元素乘法运算；

(20) Real-Imag to Complex：输入实部和虚部形式合成复数；

(21) Reshape：取整运算；

(22) Rounding Function：舍入函数；

(23) Sign：符号函数；

(24) Sine Wave Function：正弦波函数；

(25) Slider Gain：滑动增益；

(26) Squeeze：若多维数组中某一维元素只有一，则移出该维；

(27) Subtract：减法；

(28) Sum：求和运算；

(29) Sum of Elements：元素的求和运算；

(30) Trigonometric Function：三角函数；

(31) Unary Minus：一元减法运算；

(32) Vector Concatenate：矩阵连接；

(33) Weighted Sample Time Math：权值采样时间计算。

12.2.7　模型检测模块(Model Verification)

在 simulink 基本模块中选择 Model Verification
后，单击便看到如图 12-20 所示的各种子模块：

(1) Assertion：确定操作；

(2) Check Discrete Gradient：检查离散梯度；

(3) Check Dynamic Gap：检查动态偏差；

(4) Check Dynamic Lower Bound：检查动态下限；

(5) Check Dynamic Range：检查动态范围；

(6) Check Dynamic Upper Bound：检查动态上限；

(7) Check Input Resolution：检查输入精度；

(8) Check Static Gap：检查静态偏差；

(9) Check Static Lower Bound：检查静态下限；

(10) Check Static Range：检查静态范围；

(11) Check Static Upper Bound：检查静态上限。

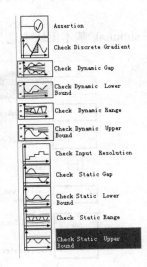

图 12-20　模型检测模块

12.2.8　模型扩充模块(Model-Wide Utilities)

在 simulink 基本模块中选择 Model-Wide Utilities 后，单击便看到如图 12-21 所示的各
种子模块：

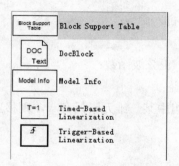

图 12-21　模型扩充模块

(1) Block Support Table：模块支持表；

(2) DocBolck：文档模块；

(3) Model Info：模型信息；

(4) Timed-Based Linearization：基于时间的线形分析；

(5) Trigger-Based Linearization：触发线形分析。

12.2.9　端口和子系统模块(Port & Subsystems)

在 simulink 基本模块中选择 Port & Subsystems 后，单击便看到如图 12-22 所示的各种子模块：

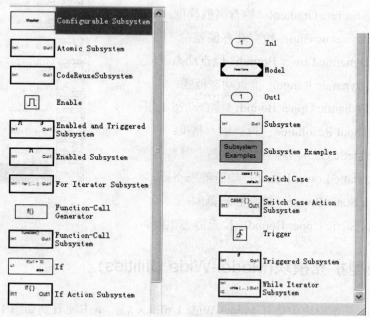

图 12-22　端口和子系统模块

(1) Configurable Subsystem：结构子系统；

(2) Atomic Subsystem：单元子系统；

(3) CodeReuseSubsystem：代码重用子系统；

(4) Enable：使能；

(5) Enabled and Triggered Subsystem：使能和触发子系统；

(6) Enabled Subsystem：使能子系统；

(7) For Iterator Subsystem：重复操作子系统；

(8) Function-call Generator：函数响应生成；

(9) Function-call Subsystem：函数响应子系统；

(10) If：条件操作；

(11) If Action Subsystem：条件操作系统；

(12) In1：输入端口；

(13) Model：模型；

(14) Out1：输出端口；

(15) Subsystem：子系统；

(16) Subsystem Examples：子系统样例；

(17) Switch Case：事件转换；

(18) Switch Case Action Subsystem：事件转换操作子系统；

(19) Trigger：触发操作；

(20) Triggered Subsystem：触发子系统；

(21) While Iterator Subsystem：重复子系统。

12.2.10　信号属性模块(Signal Attributes)

在 simulink 基本模块中选择 Signal Attributes 后，单击便
看到如图 12-23 所示的各种子模块：

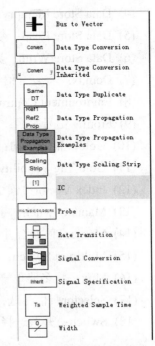

(1) Bus to Vector：多路信号转化向量；

(2) Data Type Conversion：数据类型转换；

(3) Data Type Conversion Inherited：继承数据类型转换；

(4) Data Type Duplicate：数据类型复制；

(5) Data Type Propagation：数据类型继承；

(6) Data Type Propagation Examples：数据类型继承样例；

(7) Data Type Scaling Strip：数据类型缩放；

(8) IC：信号输入属性；

(9) Probe：信号探针；

(10) Rate Transition：比率变换；

(11) Signal Conversion：信号转换；

(12) Signal Specification：信号说明；

(13) Weighted Sample Time：权重采样时间；

(14) Width：信号宽度。

图 12-23　信号属性模块

12.2.11　信号线路模块(Signal Routing)

在 simulink 基本模块中选择 Signal Routing 后，单击便看到如图 12-24 所示的各种子模块：

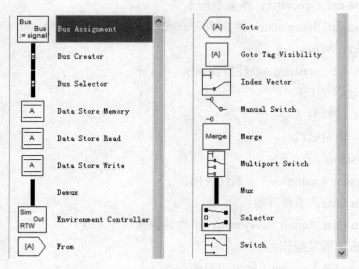

图 12-24　信号路线模块

(1) Bus Assignment：总线分配；

(2) Bus Creator：总线生成；

(3) Bus Selector：总线选择；

(4) Data Store Memory：数据存储；

(5) Data Store Read：数据存储读取；

(6) Data Store Write：数据存储写入；

(7) Demux：将复合信号分解多路单一信号；

(8) Environment Controller：环境控制器；

(9) From：信号来源；

(10) Goto：信号去向；

(11) Goto Tag Visibility：标签可视化；

(12) Index Vector：索引向量；

(13) Manual Switch：手动选择开关；

(14) Merge：信号合并；

(15) Multiport Switch：多端口开关；

(16) Mux：将多路单一信号合并为复合信号；

(17) Selector：信号选择；

(18) Switch：开关选择。

12.2.12　接收模块(Sinks)

在 simulink 基本模块中选择 Sinks 后，单击便看
到如图 12-25 所示的各种子模块：

(1) Display：数字显示；

(2) Floating Scope：浮动观察器；

(3) Out1：输出端口；

(4) Scope：示波器；

(5) Stop Simulation：仿真停止；

(6) Terminator：信号终结端；

(7) To File：将数据写入文件保存；

(8) To Workspace：将数据写入工作区；

(9) XY Graph：显示二维图形。

图 12-25　接收模块

12.2.13　输入模块(Sources)

在 simulink 基本模块中选择 Sources 后，单击便看到如图 12-26 所示的各种子模块：

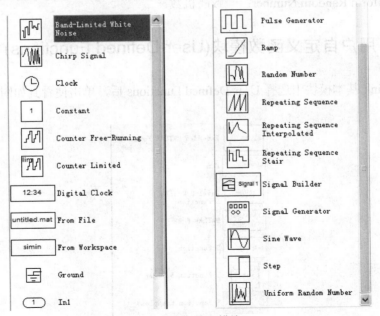

图 12-26　输入模块

(1) Band-Limited White Noise：限带白噪声；

(2) Chirp Signal：频率递增正弦波；

(3) Clock：仿真时间；

(4) Constant：常数；

(5) Counter Free-Running：无限计数器；

(6) Counter Limited：有限计数器；

(7) Digital Clock：在规定的采样间隔产生仿真时间；

(8) From File：来源为数据文件；

(9) From Workspace：来源为 MATLAB 的工作区；

(10) Ground：接地端；

(11) In1：输入信号；

(12) Pulse Generator：脉冲发生器；

(13) Ramp：斜坡信号；

(14) Random Number：产生正态分布的随机数；

(15) Repeating Sequence：产生规律性重复信号；

(16) Repeating Sequence Interpolated：重复序列内插值；

(17) Repeating Sequence Stair：重复阶梯序列；

(18) Signal Builder：创建信号；

(19) Signal Generator：信号发生器；

(20) Sine Wave：正弦信号；

(21) Step：阶跃信号；

(22) Uniform Random Number：一致随机数。

12.2.14　用户自定义函数模块(User-Defined Functions)

在 simulink 基本模块中选择 User-Defined Functions 后，单击便看到如图 12-27 所示的各种子模块：

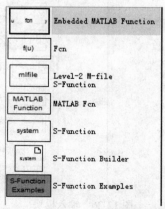

图 12-27　用户自定义函数模块

(1) Embedded MATLAB Function：嵌入 MATLAB 函数；

(2) Fcn：用户自定义函数；

(3) Level-2 M-File S-Function：M 文件的 S 函数；

(4) MATLAB Fcn：现有函数；

(5) S-Function：调用 S 函数；

(6) S-Function Builder：建立 S 函数；

(7) S-Function Examples：S 函数例子。

12.3　S 函数设计与应用

从前面的介绍我们可以看到，Simulink 为用户提供了很多内置的基本库模块，通过这些模块的连接可以构成系统的模型。由于这些内置的基本库模块是有限的，所以很多情况下，尤其在特殊的应用中，需要用到一些特殊的模块，这些模块可以用基本模块构建，它们由基本模块扩展而来。

12.3.1　S 函数的介绍

S 函数就是 S-Functions，是 system-Functions 的缩写。当 MATLAB 所提供的模型不能完全满足用户要求时，就可以通过 S 函数提供给用户自己编写程序来满足自己要求模型的接口。S 函数可以用 MATLAB，C，C++，Ada 和 Fortran 编写。C，C++，Ada 和 Fortran 的 S-Functions 需要编译为 Mex 文件，就和其他 MEX 文件一样，Simulink 可以随时动态的调用这些文件。

S 函数使用的是一种比较特殊的调用格式，可以和 Simulink 求解器交互式操作，这种交互式就是与 Simulink 求解器和内置固有模块交互式操作相同。S-Functions 功能非常全面，适用于连续、离散以及混合系统。

S 函数允许用户向模型中添加自己编写的模块，只要按照一些简单的规则，就可以在 S-Functions 中添加设计算法。在编写好 S-Functions 之后就可以在 S-Functions 模块中添加相应的函数名，也可以通过封装技术来订制自己的交互界面。

12.3.2　S 函数的调用

在 Simulink 中使用 S-Functions 的方法就是从 Simulink 中的 User-Defined Functions 模块库中向 Simulink 模型文件窗口中拖放 S-Function 模块。然后在 S-Functions 模块的对话框中的 S-Functions Name 框中输入 S 函数的文件名，在 S-Functions Parameters 框中输入 S 函数的参数值。

在点击 edit 选项后可以编辑 S 函数的代码部分，利用 S 函数实现需要的功能，主要是代码部分的修改。

12.3.3　S 函数设计

对于代码部分的修改，可以使用 MATLAB 语言按照 S-Functions 的格式来编写代码。MATLAB 提供了一个模板文件，方便 S-Function 的编写，该模板文件位于 MATLAB 根目录 toolbox/Simulink/blocks 下：

```
function [sys,x0,str,ts] = sfuntmpl(t,x,u,flag)
switch flag,
    case 0,
        [sys,x0,str,ts]=mdlInitializeSizes;
    case 1,
        sys=mdlDerivatives(t,x,u);
    case 2,
        sys=mdlUpdate(t,x,u);
    case 3,
        sys=mdlOutputs(t,x,u);
    case 4,
        sys=mdlGetTimeOfNextVarHit(t,x,u);
    case 9,
        sys=mdlTerminate(t,x,u);
    otherwise
        error(['Unhandled flag = ',num2str(flag)]);
end
function [sys,x0,str,ts]=mdlInitializeSizes
sizes = simsizes;
sizes.NumContStates  = 0;
sizes.NumDiscStates  = 0;
sizes.NumOutputs      = 0;
sizes.NumInputs       = 0;
sizes.DirFeedthrough = 1;
sizes.NumSampleTimes = 1;
sys = simsizes(sizes);
x0  = [];
str = [];
ts  = [0 0];
function sys=mdlDerivatives(t,x,u)

sys = [];

function sys=mdlUpdate(t,x,u)

sys = [];
function sys=mdlOutputs(t,x,u)
```

```
sys = [];
function sys=mdlGetTimeOfNextVarHit(t,x,u)

sampleTime = 1;
sys = t + sampleTime;

function sys=mdlTerminate(t,x,u)

sys = [];
```

图中模板文件中，当 flag 等于不同值时，使用 switch 语句进行判别。其基本结构就是，当 flag 为不同值时，调用不同的 M 文件子函数。比如 Flag 的值为 2 时，调用的子函数为 sys=mdlUpdate(t,x,u)。模板文件也只是 Simulink 为方便用户而提供的一种参考格式，并非严格编写 S-Functions 的语法要求，在实际应用时，并不是只有模板文件这一种结构，也可以使用其它比如 if 语句来完成同样的功能，也可以根据需要去掉一些值，改变子函数的名称，以及直接把代码写在主函数中。

使用模板编写 S-Function，用户把函数名换成自己需要的函数名即可。如果需要更多的输入量，那么应该在输入参数的列表里增加所需要的参数。模板文件中的 t，x，u 和 flag 是 Simulink 在调用 S-functions 时自动传入的。而对于现有的输出参数，最好不作修改。用户所要做的工作就是用相应的代码去代替模板里各个子函数的代码，以实现实际需求。

M 文件 S-Functions 可用的子函数说明如下所示。

(1) mdlInitializeSizes：定义 S-Function 模块的基本特性，包括采样时间、连续或者离散状态的初始条件和 sizes 数组。

(2) mdlDerivatives：计算连续状态变量的微分方程。

(3) mdlUpdate：更新离散状态、采样时间和主时间同步的要求。

(4) mdlOutputs：计算 S-Function 的输出。

(5) mdlGetTimeOfNextVarHit：计算下一个采样时间点的绝对时间。

(6) mdlTerminate：结束仿真任务。

为了让 Simulink 识别一个 m 文件 S-Function，用户必须在 S 函数里提供有关 S 函数的说明信息，包括采样时间、连续或者离散状态个数的初始条件。这一部分主要是在 mdlInitializeSize 子函数里设置完成。

模板文件的子函数如下所示：

```
function [sys,x0,str,ts]=mdlInitializeSizes
sizes = simsizes;
sizes.NumContStates    = 0;
sizes.NumDiscStates    = 0;
sizes.NumOutputs       = 0;
sizes.NumInputs        = 0;
```

```
        sizes.DirFeedthrough = 1;
        sizes.NumSampleTimes = 1;
        sys = simsizes(sizes);
        x0  = [];
        str = [];
        ts  = [0 0];

        function sys=mdlDerivatives(t,x,u)
        sys = [];

        function sys=mdlUpdate(t,x,u)
        sys = [];

        function sys=mdlOutputs(t,x,u)
        sys = [];

        function sys=mdlGetTimeOfNextVarHit(t,x,u)
        sampleTime = 1;
        sys = t + sampleTime;

        function sys=mdlTerminate(t,x,u)
        sys = [];
```

Sizes 数组是 S-function 函数信息的载体，它内部字段的意义如下：

(1) NumContStates：连续状态的个数(状态向量连续部分的宽度)。

(2) NumDiscStates：离散状态的个数(状态向量离散部分的宽度)。

(3) NumOutputs：输出变量的个数(输出向量的宽度)。

(4) NumInputs：输入变量的个数(输入向量的宽度)。

(5) DirFeedthrough：有无直接馈入。

(6) NumSampleTimes：采样时间个数。

S-function 默认的 4 个输入参数 t、x、u 和 flag，他们的次序不能变动，各自代表的意义是：

- t：表示当前仿真时刻，是采用绝对计量的时间值，是从仿真开始模型运行时间的计量值。
- x：模块的状态向量，包括连续状态向量和离散状态向量。
- u：模块的输入向量。
- flag：执行不同操作的标记变量。

同时 S-Function 默认的 4 个返回参数为 sys、x0、str 和 ts，他们的次序也不能改变，代表的意义为：

- sys：通用返回函数；
- x0：初始状态值，当 flag 的值为 0 时才有效；

- str：没有明确定义，是 Math Works 为将来应用所作的保留。
- ts：一个 m×2 矩阵，它的两列分别表示采样时间间隔和偏移。

12.4　Simulink 仿真应用实例

现有如下微分-代数混合方程：

$$\begin{cases} \dot{x}_1 = 3x_1x_2 + x_2^2 + x_3 \\ \dot{x}_2 = x_1 + x_2x_3 + 3 \\ \dot{x}_3 = x_1x_2 + x_2x_3 \end{cases}$$

初始条件为 $x_1 = -20$，$x_2 = 3$，$x_3 = 0.5$，根据以上方程构造出 Simulink 模型，其中积分器 Integrator、Integrator1、Integrator2 的初始值设定分别是 2、3、0.5。

对于这种微分方程最重要的是要得出 x_1、x_2、x_3。而因为方程里有这三个未知数的微分，所以需要用 Integrator 模块来将 $\dot{x}_1$ 转化为 x_1，然后将 x_1x_2 通过 product 模块相乘，然后再通过 Gain 模块乘以 3，加上 x_2^2、x_3，就得到了 $\dot{x}_1$。因此方程 $\dot{x}_1 = 3x_1x_2 + x_2^2 + x_3$ 在 simulink 中可以通过图 12-28 所示来进行搭建：

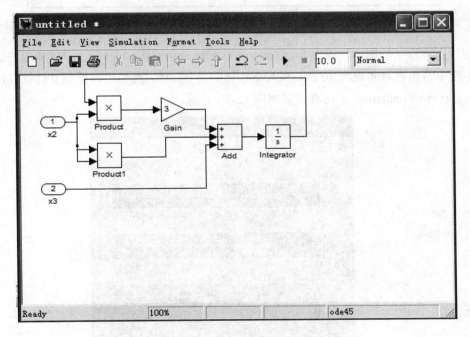

图 12-28　$\dot{x}_1 = 3x_1x_2 + x_2^2 + x_3$ 的结构图

图 12-28 中 x_2、x_3 都是通过简单的输入模块来代替的。完整的方程结构图如图 12-29 所示。

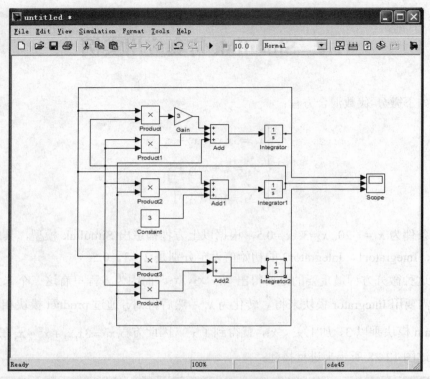

图 12-29　仿真模型图

构建完方程结构图后，点击 Simulation | Configuration Parameters，设置相应的仿真参数，本例中将仿真时间设为 10 秒，Solver 选择的是 ode45。然后将该模型文件保存，接着点击运行(Start Simulation)。仿真结果如图 12-30 所示。

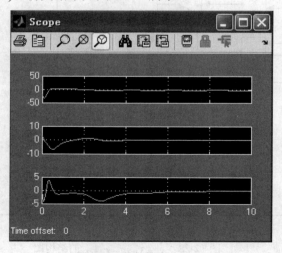

图 12-30　仿真结果

图 12-30 中得到的三条曲线分别是 x_1，x_2，x_3 的解。

12.5　习　　题

1. 熟悉 Simulink 的模块库，掌握常用模块(Commonly used Blocks)。

2. 求解微分方程 $\begin{cases} \dot{x}_1 = 4x_1 + x_2^2 + x_2 x_3 \\ \dot{x}_2 = 2x_1 + x_3^2 + 10 \\ x_1 + x_2 + x_3 = 8 \end{cases}$，初始条件 $x_1 = x_2 = x_3 = 0$。

3. 使用 S 函数实现 $y=5*x+3$，建立仿真模型并得出仿真结果。

第13章　文件和数据的导入与导出

在编写一个程序时，经常需要从外部读入数据，或者将程序运行的结果保存为文件。MATLAB 使用多种格式打开和保存数据。本章将要介绍 MATLAB 中文件的读写和数据的导入导出。

本章学习目标

- ☑ 了解 MATLAB 的基本数据操作
- ☑ 掌握 MATLAB 中文本文件的读写方式
- ☑ 掌握 MATLAB 通过界面导入导出数据
- ☑ 了解 MATLAB 中的基本输入输出函数

13.1　数据基本操作

本节介绍基本的数据操作，包括工作区的保存、导入和文件打开。

13.1.1　文件的存储

MATLAB 支持工作区的保存。用户可以将工作区或工作区中的变量以文件的形式保存，以备在需要时再次导入。保存工作区可以通过菜单进行，也可以通过命令窗口进行。

1. 保存整个工作区

选择 File 菜单中的 Save Workspace As...命令，或者单击工作区浏览器工具栏中的 Save，可以将工作区中的变量保存为 MAT 文件。

2. 保存工作区中的变量

在工作区浏览器中，右击需要保存的变量名，选择 Save As...，将该变量保存为 MAT 文件。

3. 利用 save 命令保存

该命令可以保存工作区，或工作区中任何指定文件。该命令的调用格式如下：

- save：将工作区中的所有变量保存在当前工作区中的文件中，文件名为 matlab.mat，MAT 文件可以通过 load 函数再次导入工作区，MAT 函数可以被不同的机器导入，甚至可以通过其他的程序调用。
- save('filename')：将工作区中的所有变量保存为文件，文件名由 filename 指定。如果 filename 中包含路径，则将文件保存在相应目录下，否则默认路径为当前路径。
- save('filename', 'var1', 'var2', ...)：保存指定的变量在 filename 指定的文件中。
- save('filename', '-struct', 's')：保存结构体 s 中全部域作为单独的变量。
- save('filename', '-struct', 's', 'f1', 'f2', ...)：保存结构体 s 中的指定变量。
- save('-regexp', expr1, expr2, ...)：通过正则表达式指定待保存的变量需满足的条件。
- save('...', 'format')，指定保存文件的格式，格式可以为 MAT 文件、ASCII 文件等。

13.1.2　数据导入

MATLAB 中导入数据通常由函数 load 实现，该函数的用法如下：

- load：如果 matlab.mat 文件存在，导入 matlab.mat 中的所有变量，如果不存在，则返回 error。
- load filename：将 filename 中的全部变量导入到工作区中。
- load filename X Y Z ...：将 filename 中的变量 X、Y、Z 等导入到工作区中，如果是 MAT 文件，在指定变量时可以使用通配符"*"。
- load filename -regexp expr1 expr2 ...：通过正则表达式指定需要导入的变量。
- load -ascii filename：无论输入文件名是否包含有扩展名，将其以 ASCII 格式导入；如果指定的文件不是数字文本，则返回 error。
- load -mat filename：无论输入文件名是否包含有扩展名，将其以 mat 格式导入；如果指定的文件不是 MAT 文件，则返回 error。

例 13-1　将文件 matlab.map 中的变量导入到工作区中。

首先应用命令 whos –file 查看该文件中的内容：

```
>> whos -file matlab.mat
    Name              Size              Bytes    Class
    A                 2x3               48       double array
    I_q               415x552x3         687240   uint8 array
    ans               1x3               24       double array
    num_of_cluster    1x1               8        double array
    Grand total is 687250 elements using 687320 bytes
```

将该文件中的变量导入到工作区中：

>> load matlab.mat

该命令执行后，可以在工作区浏览器中看见这些变量，如图 13-1 所示。

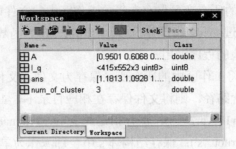

图 13-1　导入变量后的工作区视图

接下来用户可以访问这些变量。

>> num_of_cluster
num_of_cluster =
　　　3

MATLAB 中，另一个导入数据的常用函数为 importdata，该函数的用法如下：

- importdata('filename')，将 filename 中的数据导入到工作区中；
- A = importdata('filename')，将 filename 中的数据导入到工作区中，并保存为变量 A；
- importdata('filename','delimiter')，将 filename 中的数据导入到工作区中，以 delimiter 指定的符号作为分隔符；

例 13-2　从文件中导入数据。

>> imported_data = importdata('matlab.mat')
imported_data =
　　　　　　　　ans: [1.1813 1.0928 1.6534]
　　　　　　　　　A: [2x3 double]
　　　　　　　　I_q: [415x552x3 uint8]
　　　num_of_cluster: 3

与 load 函数不同，importdata 将文件中的数据以结构体的方式导入到工作区中。

13.1.3　文件的打开

MATLAB 中可以使用 open 命令打开各种格式的文件，MATLAB 自动根据文件的扩展名选择相应的编辑器。

需要注意的是 open('filename.mat') 和 load('filename.mat') 的不同，前者将 filename.mat 以结构体的方式打开在工作区中，后者将文件中的变量导入到工作区中，如果需要访问其中的内容，需要以不同的格式进行。

例 13-3　open 与 load 的比较。

```
>> clear
>> A = magic(3);
>> B = rand(3);
>> save
Saving to: matlab.mat
>> clear
>> load('matlab.mat')
>> A
A =
        8        1        6
        3        5        7
        4        9        2
>> B
B =
    0.9501    0.4860    0.4565
    0.2311    0.8913    0.0185
    0.6068    0.7621    0.8214
>> clear
>> open('matlab.mat')
ans =
    A: [3x3 double]
    B: [3x3 double]
>> struc1=ans;
>> struc1.A
ans =
        8        1        6
        3        5        7
        4        9        2
>> struc1.B
ans =
    0.9501    0.4860    0.4565
    0.2311    0.8913    0.0185
    0.6068    0.7621    0.8214
```

13.2　文本文件的读写

在上一节中介绍的函数和命令主要用于读写 mat 文件，而在应用中，需要读写更多格式的文件，如文本文件、word 文件、xml 文件、xls 文件、图像文件和音视频文件等。本节介绍文本文件(txt)的读写。其他文件的读写，用户可以参考 MATLAB 帮助文档。

MATLAB 中实现文本文件读写的函数如表 13-1 所示。

表 13-1　　MATLAB 中文本文件读写函数

函　　数	功　　能
csvread	读入以逗号分隔的数据
csvwrite	将数据写入文件，数据间以逗号分隔
dlmread	将以 ASCII 码分隔的数值数据读入到矩阵中
dlmwrite	将矩阵数据写入到文件中，以 ASCII 分隔
textread	从文本文件中读入数据，将结果分别保存
textscan	从文本文件中读入数据，将结果保存为单元数组

下面详细介绍这些函数。

1. csvread、csvwrite

csvread 函数的调用格式如下：

- M = csvread('filename')，将文件 filename 中的数据读入，并且保存为 M，filename 中只能包含数字，并且数字之间以逗号分隔。M 是一个数组，行数与 filename 的行数相同，列数为 filename 列的最大值，对于元素不足的行，以 0 补充。
- M = csvread('filename', row, col)，读取文件 filename 中的数据，起始行为 row，起始列为 col，需要注意的是，此时的行列从 0 开始。
- M = csvread('filename', row, col, range)，读取文件 filename 中的数据，起始行为 row，起始列为 col，读取的数据由数组 range 指定，range 的格式为：[R1 C1 R2 C2]，其中 R1、C1 为读取区域左上角的行和列，R2、C2 为读取区域右下角的行和列。

csvwrite 函数的调用格式如下：

- csvwrite('filename',M)，将数组 M 中的数据保存为文件 filename，数据间以逗号分隔。
- csvwrite('filename',M,row,col)，将数组 M 中的指定数据保存在文件中，数据由参数 row 和 col 指定，保存 row 和 col 右下角的数据。
- csvwrite 写入数据时每一行以换行符结束。另外，该函数不返回任何值。

这两个函数的应用见下面的例子。

例 13-4　函数 csvread 和 csvwrite 的应用。

本例首先将 MATLAB 的图标转化为灰度图，将数据存储在文本文件中，再将其部分读出，显示为图形。

编写 M 文件，命名为 immatlab.m，内容为：

```
% the example of functions csvread and csvwrite
I_MATLAB= imread('D:\matlab.bmp');                    % read in the image
I_MATLAB= rgb2gray(I_matlab);                         % convert the image to gray image
figure,imshow(I_matlab,'InitialMagnification',100);   % show the image
csvwrite('D:\matlab.txt',I_matlab);                   % write the data into a text file
```

```
sub_MATLAB= csvread('D:\matlab.txt',100,100);% read in part of the data
sub_MATLAB= uint8(sub_matlab);              % convert the data to uint8
figure,imshow(sub_matlab,'InitialMagnification',100);      % show the new image
```

在命令窗口中运行该脚本，输出图形如图 13-2 所示。

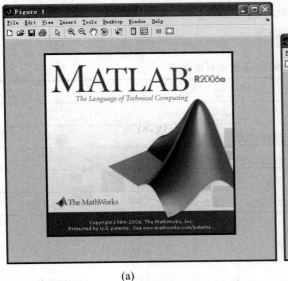
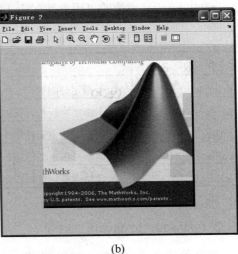

(a)　　　　　　　　　　　　　　　　　　(b)

图 13-2　例 13-3 的运行结果

该例中涉及到了少量的图像处理内容，超出本书的范围，感兴趣的读者可以查阅
MATLAB 帮助文档中关于 Image Processing Toolbox 的介绍。

2. dlmread、dlmwrite

dlmread 函数用于从文档中读入数据，其功能强于 csvread。dlmread 的调用格式如下：

- M = dlmread('filename')
- M = dlmread('filename', delimiter)
- M = dlmread('filename', delimiter, R, C)
- M = dlmread('filename', delimiter, range)

其中参数 delimiter 用于指定文件中的分隔符，其他参数的意义与 csvread 函数中参数
的意义相同，这里不再赘述。dlmread 函数与 csvread 函数的差别在于，dlmread 函数在读
入数据时可以指定分隔符，不指定时默认分隔符为逗号。

dlmwrite 函数用于向文档中写入数据，其功能强于 csvwrite 函数。dlmwrite 函数的调
用格式为：

- dlmwrite('filename', M)，将矩阵 M 的数据写入文件 filename 中，以逗号分隔。
- dlmwrite('filename', M, 'D')，将矩阵 M 的数据写入文件 filename 中，采用指定的分
  隔符分隔数据，如果需要 tab 键，可以用 "\t" 指定。
- dlmwrite('filename', M, 'D', R, C)，指定写入数据的起始位置。

- dlmwrite('filename', M, attribute1, value1, attribute2, value2, ...)，指定任意数目的参数，可以指定的参数见下表。
- dlmwrite('filename', M, '-append')，如果 filename 指定的文件存在，在文件后面写入数据，不指定时则覆盖原文件。
- dlmwrite('filename', M, '-append', attribute-value list)，叙写文件，并指定参数。
- dlmwrite 函数的可用参数如表 13-2 所示。

表 13-2   dlmwrite 函数的可用参数

参 数 名	功 能
delimiter	用于指定分隔符
newline	用于指定换行符，可以选择 "pc" 或者 "unix"
roffset	行偏差，指定文件第一行的位置，roffset 的基数为 0
coffset	列偏差，指定文件第一列的位置，coffset 的基数为 0
precision	指定精确度，可以指定精确维数，或者采用 c 语言的格式，如 "%10.5f"

3. textread，textscan

当文件的格式已知时，可以利用 textread 函数和 textscan 函数读入。这里只介绍这两个函数应用的实例。

例 13-5 通过%读入文件，按照原有格式读取。

文件的内容为：

    Sally   Level1 12.34 45 Yes

在命令窗口中输入：

    >> [names, types, x, y, answer] = textread('D:\mat.txt','%s %s %f %d %s', 1)

得到结果为：

    names =
        'Sally'
    types =
        'Level1'
    x =
        12.3400
    y =
        45
    answer =
        'Yes'

例 13-6 函数 csvread 和 csvwrite 的应用

Sally Level1 12.34 45 1.23e10 inf NaN Yes
Joe Level2 23.54 60 9e19 -inf 0.001 No
Bill Level3 34.90 12 2e5 10 100 No
```
>> fid = fopen('D:\mat.txt');
>> C = textscan(fid, '%s %s %f32 %d8 %u %f %f %s');
>> fclose(fid);
```

13.3 低级文件 I/O

本节介绍一些基本的文件操作，这些操作如表 13-3 所示。

表 13-3 MATLAB 的基本文件操作

函　数	功　　能
fclose	关闭打开的文件
feof	判断是否为文件结尾
ferror	文件输入输出中的错误查找
fgetl	读入一行，忽略换行符
fgets	读入一行，直到换行符
fopen	打开文件，或者获取打开文件的信息
fprintf	格式化输入数据到文件
fread	从文件中读取二进制数据
frewind	将文件的位置指针移至文件开头位置
fscanf	格式化读入
fseek	设置文件位置指针
ftell	文件位置指针
fwrite	向文件中写入数据

下面重点介绍函数 fprintf。该函数的调用格式如下：

count = fprintf(fid, format, A, ...)，该语句将矩阵 A 及后面其他参数中数字的实部以 format 指定的格式写入到 fid 指定的文件中，返回写入数据的字节数。

上面语句中，参数 format 由%开头，共可由 4 个部分组成，分别如下：

● 标记(flag)，为可选部分。
● 宽度和精度指示，为可选部分。
● 类型标志符，为可选部分。
● 转换字符，为必需部分。

1. 标记

标记用于控制输出的对齐方式，可以选择的内容如表 13-4 所示。

表 13-4　标记的可选内容

函　数	功　能	示　例
负号(-)	在参数左侧进行判别	%-5.2d
加号(+)	在数字前添加符号	%+5.2d
空格	在数字前插入空格	% 5.2d
0	在数字前插入 0	%05.2d

2. 宽度和精度指示

用户可以通过数字指定输出数字的宽度及精度，格式如下：

- %6f，指定数字的宽度；
- %6.2f，指定数字的宽度及精度；
- %.2f，指定数字的精度。

例 13-6　fprintf 函数宽度和精度指示符示例。

在命令窗口中输入如下命令：

```
>> file_type = fopen('D:\type.txt','w');
>> fprintf(file_h, '%6.2f %12.8f\n', 1.2, -43.3);
>> fprintf(file_h, '%6f %12f\n', 1.2, -43.3);
>> fprintf(file_h, '%.2f %.8f\n', 1.2, -43.3);
>> fclose(file_h)
ans =
     0
```

打开该文件，其内容为：

```
  1.20 -43.30000000
1.200000    -43.300000
1.20 -43.30000000
```

从上述结果可以看出宽度和精度控制的效果。

3. 转换字符

转换字符用于指定输出的符号，可以选择的内容如表 13-5 所示。

表 13-5　格式化输出的标志符及意义

标　志　符	意　义
%c	输出单个字符
%d	输出有符号十进制数
%e	采用指数格式输出，采用小写字母 e，如：3.1415e+00

（续表）

标　志　符	意　　　义
%E	采用指数格式输出，采用大写字母 E，如：3.1415E+00
%f	以定点数的格式输出
%g	%e 及%f 的更紧凑的格式，不显示数字中无效的 0
%G	与%g 相同，但是使用大写字母 E
%i	有符号十进制数
%o	无符号八进制数
%s	输出字符串
%u	无符号十进制数
%x	十六进制数(使用小写字母 a－f)
%X	十六进制数(使用大写字母 A－F)

其中 %o、%u、%x、%X 支持使用子类型，具体情况这里不再赘述。格式化输出标志符的效果见下面的例子。

例 13-7　fprintf 格式化输出示例。

```
>> x = 0:.1:1;
>> y = [x; exp(x)];
>> fid = fopen('exp.txt', 'wt');
>> fprintf(fid, '%6.2f %12.8f\n', y);
>> fclose(fid)
ans =
     0
```

显示该文件：

```
>> type exp.txt
    0.00   1.00000000
    0.10   1.10517092
...
    0.90   2.45960311
    1.00   2.71828183
```

例 13-9　利用 fprintf 函数在显示器上输出字符串

```
>> fprintf(1,'It''s Friday.\n')
It's Friday.
```

在该例中，利用 1 表示显示器，并且用两个单引号显示单引号，使用\n 进行换行。在格式化输出中，这类符号称为转义符。MATLAB 中的常用转义符如表 13-6 所示。

表 13-6　　MATLAB 中的常用转义符

转　义　符	功　　　能
\b	退格
\f	表格填充
\n	换行符
\r	回车
\t	tab
\\	\，反斜线
\" 或 "	'，单引号
%%	%，百分号

13.4　利用界面工具导入数据

除前面几节介绍的函数外，也可以通过界面工具将数据导入到工作区中。本节介绍利用工作区浏览器中的工具导入数据。

选择工作区浏览器工具栏中的"Import Data"，选择待导入的文件，这里我们选择了一个文本文件，其内容为逗号分隔的数字，打开窗口如图 13-3 所示。

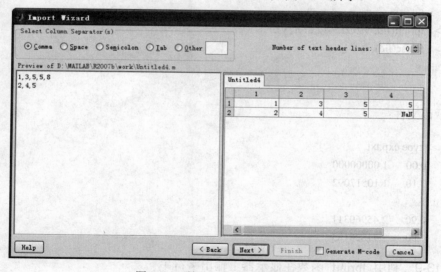

图 13-3　利用工具导入数据界面

在该窗口中选择分隔符号，设置导入数据的起始行。在左侧窗口中显示的是文件中的内容，右侧窗口中是导入数据的预览。设置完成后，单击 Next，进入下一界面。在该界面中可以设置导入方式，预览导入的变量，如图 13-4 所示。

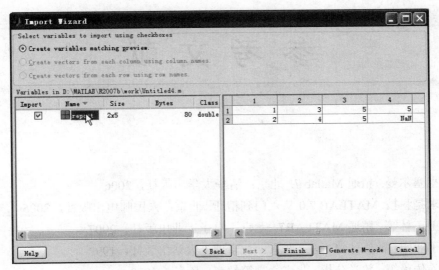

图 13-4　导入界面内容预览

13.5　习　　题

1. 尝试保存当前工作区，之后利用 clear 命令清空当前工作区，再将保存的工作区导入(用界面和命令两种方法进行)。

2. 尝试保存当前工作区中的变量，之后清除该变量，再将其导入(用界面和命令两种方法进行)。

3. 创建矩阵，并将其以不同的方式保存在文件中，再读出。如：通过 save 函数、csvwrite 函数、fprintf 函数等方法及对应的读出方法。

参 考 文 献

[1] 亨塞尔曼. 精通 Matlab 7. 北京：清华大学出版社，2006

[2] 求是科技. MATLAB 7.0 从入门到精通. 北京：人民邮电出版社，2006

[3] 王正林等. 精通 MATLAB7. 北京：电子工业出版社，2007

[4] 丁丽娟. 数值计算方法. 北京：北京理工大学出版社，1997

[5] 陈传璋等. 数学分析. 北京：高等教育出版社，1979

[6] 王高雄等. 常微分方程-(第三版). 北京：高等教育出版社，2006

[7] 陈杨等. MATLAB 6.X 图形编程与图像处理. 西安：西安电子科技大学出版社，002

[8] 常巍等. MATLAB R2007 基础与提高. 北京：电子工业出版社，2007

[9] http://www.mathworks.com/